Digital Wave
Advanced Technology of
Industrial Internet

编委会

"十四五"时期国家重点出版物
出版专项规划项目

国家出版基金项目
NATIONAL PUBLICATION FOUNDATION

Digital Wave
Advanced Technology of Industrial Internet

数字浪潮
工业互联网先进技术 丛书

Resilient Control for Cyber-Physical Systems: Design and Analysis

信息物理系统安全控制设计与分析

牛玉刚 宋军 陈蓓 赵海娟 张志娜 著

化学工业出版社
·北京·

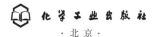

内容简介

本书针对非线性/随机/切换/大规模CPS的安全控制问题，系统阐述了复杂CPS建模、编解码协议的设计与实现、基于滑模技术的安全控制理论和方法。内容包括：CPS提出的相关背景及研究进展、随机丢包影响下编解码协议的设计问题、虚假注入攻击下CPS的滑模安全控制问题、拒绝服务攻击下CPS的滑模安全控制问题。

本书可供控制科学与工程、计算机等领域的技术人员参考，也可作为相关专业研究生和高年级本科生的教学用书。

图书在版编目（CIP）数据

信息物理系统安全控制设计与分析/牛玉刚等著. —北京：化学工业出版社，2022.11

（“数字浪潮：工业互联网先进技术”丛书）

ISBN 978-7-122-42126-5

Ⅰ.①信… Ⅱ.①牛… Ⅲ.①信息系统-安全系统-控制系统设计②信息系统-安全系统分析 Ⅳ.①TP309

中国版本图书馆CIP数据核字（2022）第164435号

责任编辑：宋 辉 刘 哲
文字编辑：李亚楠 陈小滔
责任校对：赵懿桐
装帧设计：王晓宇

出版发行：化学工业出版社
（北京市东城区青年湖南街13号 邮政编码100011）
印 装：中煤（北京）印务有限公司
710mm×1000mm 1/16 印张$14^1/_4$ 字数202千字
2023年4月北京第1版第1次印刷

购书咨询：010-64518888
售后服务：010-64518899
网 址：http：//www.cip.com.cn
凡购买本书，如有缺损质量问题，本社销售中心负责调换。

定 价：78.00元

序言 FOREWORD

当前，人类社会来到第四次工业革命的十字路口。数字化、网络化、智能化是新一轮工业革命的核心特征与必然趋势。工业互联网是新一代信息通信技术与工业经济深度融合的新型基础设施、应用模式和工业生态，通过对人、机、物、系统等的全面连接，构建起覆盖全产业链、全价值链的全新制造和服务体系，为工业乃至产业数字化、网络化、智能化发展提供了实现途径，是第四次工业革命的重要基石。目前，我国经济社会发展处于新旧动能转换的关键时期，作为在国民经济中占据绝对主体地位的工业经济同样面临着全新的挑战与机遇。在此背景下，我国将工业互联网纳入新型基础设施建设范畴，相关部门相继出台《“十四五”规划和2035年远景目标纲要》《“十四五”智能制造发展规划》《“十四五”信息化和工业化深度融合发展规划》等一系列与工业互联网紧密相关的政策，希望把握住新一轮的科技革命和产业革命，推进工业领域实体经济数字化、网络化、智能化转型，赋能中国工业经济实现高质量发展，通过全面推进工业互联网的发展和应用来进一步促进我国工业经济规模的增长。

因此，我牵头组织了“数字浪潮：工业互联网先进技术”丛书的编写。本丛书是一套全面、系统、专门研究面向工业互联网新一代信息技术的丛书，是“十四五”时期国家重点出版物出版专项规划项目和国家出版基金项目。丛书从不同的视角出发，兼顾理论、技术与应用的各方面知识需求，构建了全面的、跨层次、跨学科的工业互联网技术知识体系。本套丛书着力创新、注重发展、体现特色，既有基础知识的介绍，更有应用和探索中的新概念、新方法与新技术，可以启迪人们的创新思维，为运用新一代信息技术推动我国工业互联网发展做出重要贡献。

为了确保“数字浪潮：工业互联网先进技术”丛书的前沿性，我邀请杜文莉、侍洪波、顾幸生、牛玉刚、唐漾、严怀成、杨文、和望利、王喆等20余位专家参与编写。丛书编写人员均为工业互联网、自动化、人工智能领域的领军人物，包含多名国家级高层次人才、国家杰出青年基金获得者、国家优秀青年基金获得者，以及各类省部级人才计划入选者。多年来，这些专家对工业互联网关键理论和技术进行了系统深入的研究，取得了丰硕的理论与技术成果，并积累了丰富的实践经验，由他们编写的这套丛书，系统全面、结构严谨、条理清晰、文字流畅，具有较高的理论水平和技术水平。

这套丛书内容非常丰富，涉及工业互联网系统的平台、控制、调度、安全等。丛书不仅面向实际工业场景，如《工业互联网关键技术》《面向工业网络系统的分布式协同控制》《工业互联网信息融合与安全》《工业混杂系统智能调度》《数据驱动的工业过程在线监测与故障诊断》，也介绍了工业互联网相关前沿技术和概念，如《信息物理系统安全控制设计与分析》《网络化系统智能控制与滤波》《自主智能系统控制》和《机器学习关键技术及应用》。通过本套丛书，读者可以了解到信息物理系统、网络化系统、多智能体系统、多刚体系统等常用和新型工业互联网系统的概念表述，也可掌握网络化控制、智能控制、分布式协同控制、信息物理安全控制、安全检测技术、在线监测技术、故障诊断技术、智能调度技术、信息融合技术、机器学习技术以及工业互联网边缘技术等最新方法与技术。丛书立足于国内技术现状，突出新理论、新技术和新应用，提供了国内外最新研究进展和重要研究成果，包含工业互联网相关落地应用，使丛书与同类书籍相比具有较高的学术水平和实际应用价值。本套丛书将工业互联网相关先进技术涉及到的方方面面进行引申和总结，可作为高等院校、科研院所电子信息领域相关专业的研究生教材，也可作为工业互联网相关企业研发人员的参考学习资料。

工业互联网的全面实现是一个长期的过程，当前仅仅是开篇。“数字浪潮：工业互联网先进技术”丛书的编写是一次勇敢的探索，系统论述国内外工业互联网发展现状、工业互联网应用特点、工业互联网基础理论和关键技术，希望本套丛书能够对读者全面了解工业互联网并全面提升科学技术水平起到推进作用，促进我国工业互联网相关理论和技术的发展。也希望有更多的有志之士和一线技术人员投身到工业互联网技术和应用的创新实践中，在工业互联网技术创新和落地应用中发挥重要作用。

钱锋

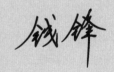

前言

PREFACE

信息物理系统（Cyber-Physical Systems, CPS）是一种集信息空间、通信网络、物理空间于一体的深度融合系统，是加快实现信息化和工业化于一体的智能制造的重要支撑体系。近年来，CPS 在智能电网、无人机、智能制造等多个领域展现了巨大的潜在应用价值，因而受到了学界和工业界的广泛关注。值得注意的是，在 CPS 中，通信系统在融合信息空间和物理空间过程中起着核心的连接作用。然而，在工业中，通信传输设备会受到来自信息空间的各类攻击（网络攻击）影响，可能导致信息传输错误甚至失败，进而引起 CPS 系统的不稳定或者性能下降。上述问题触发了通信和控制科学领域对 CPS 安全控制问题越来越多的研究。

面对 CPS 的安全控制问题，有主动和被动两种处理方法。主动处理方法的核心思想是，在 CPS 中引入编解码、加解密、隐私保护等网络协议，主动提高网络通信数据的安全性。被动处理方法的主要思路是，在考虑网络攻击情形下，根据不同网络攻击模型进行数学建模，并在设计远程控制器时被动抑制网络攻击对控制系统的性能影响。同时，在实际工程动态系统中，不可避免地存在外界扰动和内部模型不确定性，这些不利因素会恶化系统的稳定性。在目前的工程应用中，滑模控制是一类广泛应用且有效的鲁棒控制理论及方法，其核心优势是对匹配不确定性的完全补偿作用，即不变特性（比鲁棒性更好）。然而，目前学界针对 CPS 的安全滑模控制问题的研究尚处于初步阶段，特别是考虑随机 / 切换 / 大规模 / 非线性 CPS 的相关研究更是鲜有涉及。本书将系统性地围绕 CPS 的安全控制问题进行深入研究，包括主动引入编解码协议和被动面对网络攻击，分别给出设计安全控制策略的方法和条件，并定量揭示编解码协议和网络攻击对闭环控制系统的性能影响。

本书由 9 章组成。第 1 章是绪论，介绍了 CPS 提出的相关背景及关于 CPS 安全控制的研究进展情况。第 2 章讨论了随机丢包影响下编解码协议的设计问题，并给出了基于可调量化参数的编解码协议设计方法和 H_∞ 安全控制策略的设计条件。第 3 ～ 6 章讨论了虚假数据注入攻击下 CPS 的滑模安全控制问题，其中，第 3 章讨论了虚假数据注入攻击下 Markov 跳变 CPS 的自适应滑模安全控制问题；第 4 章讨论了虚假数据注入攻击下区间二型 T-S 模糊系统的自适应滑模安全控制问题；第 5 章基于自适应动态规划理论，讨论了虚假数据注入攻击下部分未知大规模 CPS 自适应最优滑模安全控制问题；第 6 章研究了虚假数据注入攻击和循环协议下切换 CPS 滑模安全控制问题。第 7 ～ 9 章讨论了拒绝服务（Denial-of-Service, DoS）攻击下 CPS 的滑模安全控制问题，其中，第 7 章讨论了 DoS 攻击下不确定切换 CPS 的事件触发滑模安全控制问题；第 8 章和第 9 章基于区间二型 T-S 模糊系统模型，分别讨论了随机和间歇性 DoS 攻击下非线性 CPS 的安全滑模控制问题。

本书可以为控制科学与工程、计算机等领域相关技术人员提供参考，也可供相关专业高年级本科及研究生学习。

本书研究工作得到了国家自然科学基金项目（62073139; 61673174; 62173222; 61903143; 61803255; 62103219）和上海市教育委员会、上海市教育发展基金会“晨光计划”项目（19CG33）、上海市科学技术委员会“扬帆计划”项目（19YF1412100）、上海市科学技术委员会自然科学基金面上项目（18ZR1416700）、安徽工程大学引进人才科研启动基金资助项目（2021YQQ059）的大力支持。笔者由衷感谢香港城市大学 Daniel W. C. Ho 教授、伦敦国王学院 Hak-Keung Lam 教授、英国布鲁内尔大学 Zidong Wang 教授、上海交通大学邹媛媛教授给予的大力支持。课题组研究生李佳芮、杨业凯、黄龙阳、汪煜坤等承担了本书的文字整理、录入与校对工作，在此表示感谢。

由于笔者水平有限，书中存在不妥之处在所难免，我们诚恳地希望广大读者批评指正。

著 者

目录

CONTENTS

本书数学符号说明

$\mathbb{R}$	实数集
$\mathbb{Z}$	整数集
$\mathbb{R}^n$	n 维欧氏空间
$\mathbb{R}^+$	非负实数集合
$\mathbb{N}^+$	非负整数集合
$\boldsymbol{A}^{\mathrm{T}}$	矩阵 $\boldsymbol{A}$ 的转置
$\boldsymbol{P}>0(\boldsymbol{P}<0)$	实对称正定（负定）矩阵
$Pr\{\mathrm{a}\}$	事件 a 发生的概率
$\varepsilon\{a\}$	随机变量 a 的数学期望
$\varepsilon\{a\|b\}$	随机变量 a 关于随机变量 b 的条件期望
$\mathrm{tr}(\boldsymbol{A})$	矩阵 $\boldsymbol{A}$ 的迹
$\mathrm{sgn}(\boldsymbol{s})$	向量 $\boldsymbol{s}\in\mathbb{R}^m$ 的符号函数且定义为

$$\mathrm{sgn}(\boldsymbol{s})=[\mathrm{sgn}(s_1)\ \ \mathrm{sgn}(s_2)\ \ \cdots\ \ \mathrm{sgn}(s_m)]^{\mathrm{T}},$$

$$\mathrm{sgn}(s_i)=\begin{cases}1, & s_i>0\\ 0, & s_i=0 \quad i=1,2,\cdots,m.\\ -1, & s_i<0\end{cases}$$

Digital Wave
Advanced Technology of Industrial Internet

Resilient Control for Cyber-Physical Systems: Design and Analysis

信息物理系统安全控制设计与分析

第 1 章

绪论

1.1
信息物理系统

信息物理系统（Cyber-Physical Systems，CPS），也称赛博物理系统，于 1992 年由美国国家航空航天局首次提出。CPS 是跨学科、多领域科学技术共同发展的结果，目前，各国关于 CPS 的理解和定义不尽相同。但总体来看，其本质与计算、通信、控制密切相关。《信息物理系统白皮书（2017）》中将 CPS 定义为：“CPS 通过集成先进的感知、计算、通信、控制等信息技术和自动控制技术，构建了物理空间与信息空间中人、机、物、环境、信息等要素相互映射、适时交互、高效协同的复杂系统，实现系统内资源配置和运行的按需响应、快速迭代、动态优化。”

CPS 主要包括物理层、网络层和应用层等。物理层是指 CPS 中与物理环境紧密相关的传感设备、执行设备及由它们构建的具备特定功能的有线 / 无线局域网络单元。网络层指跨区域的网络，用于数据传输、数据融合和资源共享，实现设备的互联和互操作。应用层为用户提供查询、控制、调度等服务接口。CPS 的主要思路是将感知获得的海量信息利用网络层中的计算单元进行处理，控制层的用户利用网络层处理之后的信息对物理层的实体进行控制。另外，从 CPS 的定义可以看出，CPS 是具备控制功能的网络，但又与现有的工业控制系统不同。后者基本是封闭的控制系统，即使某些工业控制系统具备通信能力，但其网络总线大都是工业控制总线，网络内部相互独立的设备和子系统一般不使用开放总线或者互联网进行互联且通信功能较弱。而 CPS 更加注重网络之间的交互，注重控制单元和控制对象的数量和种类、自治能力、相互之间的协调能力，尤其是网络规模远远超过现有的工业控制系统。

CPS 与人类的生产生活密切相关，在制造业、交通网络、智能电网、健康医疗、智能建筑和农业等方面都有广泛的应用。例如，在制造领域，CPS 可用于自动检测、生产控制、信息共享；在卫生领域，CPS 可用来实时远程监测患者的身体健康状况；在交通领域，CPS 允许车辆和基础设施之间进行通信，共享交通强度、拥堵位置和交通事故等信息，减少交通堵塞和事故的发生；在农业部门，CPS 搜集有关天气、温度、湿度等信息，提高农业管理的精度；在智能建筑方面，CPS 与智能设备的交互可以降低能耗，增加对居民的保护程度，提高安全与舒适性。但是需要注意，CPS 的发展给人类带来高效便捷服务的同时，人们也对 CPS 的安全性也提出了更高的要求。因此，CPS 安全问题的研究具有重要的意义。

1.2 信息物理系统安全控制

信息和物理系统的深度融合为人类在工业制造、智能家居、智慧交通等方面提供了高效便捷的服务，另一方面，CPS 的开放性也将物理设备、关键信息等暴露于共享网络环境下，从而给系统安全带来了潜在的威胁，CPS 的安全问题也受到越来越多研究者的关注。

目前，针对 CPS 安全控制的处理主要有主动和被动两种方法。主动处理方法通过在 CPS 中引入编解码、加解密、隐私保护等网络协议，主动提高网络通信数据的安全性。被动处理方法更加关注网络攻击对控制系统性能的影响，考虑不同网络攻击的数学模型，通过设计远程控制器使得在网络攻击情况下依然能够达到满意的系统性能。本书将同时从上述两个角度出发，分别研究基于编解码协议的 CPS 安全控制问题和两类典型网络攻击下 CPS 的安全滑模控制设计与分析问题。

1.2.1 编解码协议

近年来，随着网络通信技术的快速发展和普及，网络通信安全的重要性日益凸显。同时，网络通信带宽的物理约束和网络诱导随机复杂性（如通信时滞、数据丢包、通信衰减、数据错序等）都会影响网络化控制系统的性能。面对上述挑战，在网络化控制系统中引入编解码协议是一种有效的解决途径。编解码协议的核心思想是：首先，根据编码字母表，编码器会对测量输出信号进行编码并生成码字；然后，码字再通过通信网络传递到解码器；最后，解码器根据收到的码字和已知的字母表计算原信号的估计值，并将该值发送给远程控制器。显然，编解码协议不仅会降低通信负担，而且可以起到加密通信信息的作用。

目前，基于动态量化技术的编解码协议的网络化系统控制综合问题已得到一些初步的研究和应用。Savkin A. V.（2007）首次提出了新的基于动态量化的编解码协议，并将该协议应用到了一类连续时间非线性系统的输出反馈控制问题。受该研究工作的启发，Zhou L.（2009）将编解码协议推广到了离散情形，并解决了奇异系统在编解码协议下的控制问题。Xiao X.（2013）等同时考虑了编解码协议和数据丢包对网络通信的影响，提出了随机丢包下的编解码协议，并分别解决了连续和离散奇异系统在该编解码协议下的反馈控制问题。

1.2.2 网络攻击

近年来，网络攻击问题得到了国内外学术界的广泛关注。常见的网络攻击包括拒绝服务（Denial-of-Service, DoS）攻击、重放攻击（Replay Attack, RA）、欺骗攻击（Deception Attack, DA）等。拒绝服务攻击是向网络发送大量数据，使网络忙于处理这些无意义的数据，无法响应正常的服务请求，导致系统资源不能利用。重放攻击指攻击者在系统正常运行时记录一段数据，经过一段时间后将这些数据重放给执行单元，使设备无法接收到真实的数据。欺骗攻击，也有文献中称为虚假数据注入攻击（Data Injection Attack, DIA），攻击者非法获取网络的传输数据，并将篡改后的数据发送给数据接收方。下面主要针对欺骗攻击和DoS攻击的建模、处理方法及网络攻击下不同信息物理系统［主要包括Markov（马尔可夫）跳变系统、大规模系统、切换系统、区间二型T-S模糊系统等］的控制器设计方法进行分析。

为了量化分析攻击对控制性能的影响，已有文献提出了不同的欺骗攻击和DoS攻击数学模型，并给出了相应的处理方法。对于欺骗攻击，

Huang X. 等人（2018）称之为虚假数据注入攻击，数学模型体现为虚假信息与真实数据的加和。Chang Y. H. 等人（2018）将注入到传感器和控制器通道的欺骗攻击信号当作干扰进行处理。Jin X. 等人（2017）构造了传感器和执行器攻击下线性系统的自适应控制框架，基于投影算子，设计了自适应律和相应的控制器，保证了闭环系统在传感器和执行器攻击下的一致最终有界性。He W. 等人（2018）研究了随机欺骗攻击下多智能体系统的安全脉冲同步控制问题，虚假数据注入攻击发生在传感器到控制器通道，是否受到攻击用能量有界的 Bernoulli（伯努利）分布来描述。对于 DoS 攻击，已有文献中的数学模型包括但不限于：排队模型、Bernoulli 模型、Markov 模型等。例如，Amin S.(2013) 和 Befekadu G.K. 等人（2015）借鉴了丢包的思想，分别用 Bernoulli 随机模型和 Markov 随机模型对 DoS 攻击进行建模；De Persis C. 等人（2015）受切换系统平均驻留时间思想的启发，通过对攻击频率和持续时间进行合理假设，建立了间歇性 DoS 攻击模型；Zhang J. 等人（2019）构造了 DoS 攻击者和防御者双方零和博弈模型，提出纳什 Q- 学习算法来求解双方最优策略。

网络攻击下区间二型 T-S 模糊系统的分析和控制问题也有了一些初步的结果。Rong N. 等人（2021）研究了欺骗攻击下区间二型 T-S 模糊互联系统的输入-状态稳定问题，把攻击信号当作有界的外部干扰进行处理，由于区间二型 T-S 模糊系统隶属度函数未知，控制器与系统具有不同的隶属度函数，另外，由于 Rong N. 等人（2021）的研究中攻击发生在控制器到执行器通道，网络攻击不会影响控制器隶属度函数的设计。在 Zhang Z. 等人（2022）的研究中，传感器到控制器通道随机发生拒绝服务攻击，前提变量可能受到攻击的影响而发生变化，因此，控制器隶属度函数依赖估计的状态。Hu Z. 等人（2022）用不同 Bernoulli 过程刻画同时发生在物理层向量测量单元和传感器到控制器之间的网络层的 DoS 攻击，但是，作者忽略了未知系统隶属度函数和 DoS 攻击的影响，静态输出反馈控制器中隶属度函数与系统相同，控制器很难实现。

针对网络攻击下切换系统的控制器设计问题，Li Z. 等人（2021）同时考虑了传感器到控制器通道和控制器到执行器通道的欺骗攻击，通过构造攻击补偿器和神经网络逼近方法减少传感器和执行器攻击的影响，利用公共 Lyapunov（李雅普诺夫）函数保证闭环系统在未知切换机制下的半全局一致最终有界。Yang F. 等人（2020）研究了一类虚假数据注入攻击下的事件触发有限时间控制问题，通过集中时间间隔分析方法，将切换系统、网络攻击、事件触发机制统一到一个新的闭环系统，利用 Lyapunov 稳定性分析方法，给出了切换系统有限时间有界的充分条件。Lian J. 等人（2020）研究了干扰攻击（即基于攻击频率和持续时间的 DoS 攻击）下基于感测器的控制器设计问题，采用联合概率模型描述由于攻击导致的通信失效，基于平均驻留时间机制，得到了同时具有稳定和不稳定子系统的全局系统渐近稳定的充分条件。

网络攻击下 Markov 跳变系统的控制器设计问题也得到了关注。He H. 等人（2021）研究了传感器和执行器攻击下 Markov 跳变系统的抗攻击控制问题，其数学模型由加性攻击刻画。基于投影算子，设计了自适应弹性控制律，保证了传感器和执行器攻击下 Markov 跳变系统的系统状态和参数估计误差的有界性。Lin W. 等人（2021）考虑了转移概率部分未知时，虚假数据注入攻击下 Markov 跳变系统的自适应控制问题，未知的注入信息用神经网络进行逼近。Su L. 等人（2019）研究了欺骗攻击下 Markov 跳变系统的异步控制问题，网络攻击发生在传感器到控制器通道，由于网络攻击导致控制器端无法获得系统模态，采用一种隐 Markov 模型观测系统模态。Qi W. 等人（2022）研究了随机发生的欺骗攻击下半 Markov 跳变系统的控制器设计问题。

为了减少网络攻击对大规模系统的影响，Li S. 等人（2021）研究了一类 CPS 的采样控制问题，断断续续的 DoS 攻击发生在传感器到控制器通道，通过利用控制器收到的实际测量信号，构造了模态依赖的状态观测器和控制器。Sun Y. 等人（2020）用 Bernoulli 分布描述 DoS 攻击发生的随机性，利用 Lyapunov 稳定性理论，设计了一种基于观测器的分散类比例微分控制器来实现期望的控制性能。

1.2.3 基于安全性约束的滑模控制

作为一种有效的鲁棒控制方法，滑模控制（Sliding Mode Control,

SMC）具有响应速度快、对匹配干扰不敏感等优点［见高为炳（1996）、李杨（2014）、Sun X. 等人（2019）的著作］。在过去的几十年中，滑模控制在各种复杂实际系统中得到了广泛应用，如机械手、飞机、水下航行器等。与其他控制方法相比，滑模控制的主要特点是控制的不连续性，是一类特殊的非线性控制。其基本思想是利用不连续控制律在有限时间内将系统轨迹驱动到包含原点的指定滑动流形上（这个阶段称为可达段），通常称之为滑模面，然后使系统轨迹沿滑模面向平衡点运动，并具有期望的性能（这个阶段称为滑动段）。传统的滑模控制器设计一般包含两个部分：

① 设计合适的滑模面，使得系统沿滑模面的运动满足指定性能。已有文献中常见的滑模面包括线性滑模面、积分型滑模面等。

② 设计滑模控制器，使得系统状态在有限时间内驱动到滑模面，并在未来所有时间都保持在滑模面上。常见的设计滑模控制器的方法包括等效控制方法、趋近律方法等。

近年来，滑模控制已经成功应用于信息物理系统的安全控制问题。例如，基于滑模控制策略，Zhao L. 等人（2017）研究了 DoS 攻击下非线性混沌系统的可靠控制问题，通过一个很小的阈值反映攻击是否发生，基于积分型滑模面，设计了相应的自适应滑模控制器。Wu C. 等人（2020）研究了恶意传感器 DoS 攻击下一类线性系统的滑模控制问题，DoS 攻击用攻击频率和持续时间描述，根据是否发生攻击，将原物理系统写成切换形式，基于零和博弈，建立有效的混合防御机制，并设计了基于防御的滑模控制策略，达到了预期的控制性能。针对网络攻击下 Markov 跳变系统的滑模控制问题，Liu L. 等人（2020）考虑的 DoS 攻击随机发生在多个通信信道，通过考虑攻击概率的分布信息，设计了新的滑模变量，在此基础上，设计了滑模控制器，保证了闭环系统的稳定性。Cao Z. 等人（2020）假设虚假数据注入攻击的上界已知，滑模控制器依赖攻击的已知上界。考虑到该上界在实际中未必可得，Cao Z. 等人（2021）进一步考虑了欺骗攻击完全未知的情况，基于神经网络方法逼近恶意对手注入的虚假信息，滑模控制器依赖虚假信息的估计值。

上面对不同种类 CPS 的安全（滑模）控制问题研究现状进行了分析，

虽然已有文献中有了一些初步的结果，但是仍有很多问题有待解决，如不同信息物理系统（主要包括 Markov 跳变系统、大规模系统、切换系统、区间二型 T-S 模糊系统等）的滑模控制问题等。如何结合不同 CPS 特点，探讨网络攻击和编解码情况下的可用信息并设计适当的控制器保证被控系统的动态性能，对于 CPS 理论发展和应用具有重要意义，这也是本书的研究动机和出发点。

1.3 本书内容

基于上述讨论，本书系统性地介绍了针对非线性 / 随机 / 切换 / 大规模 CPS 的安全控制设计理论与方法，阐述了基于通信安全性的编解码协议的设计与实现以及基于滑模的安全控制理论和方法。主要内容安排如下：

第 1 章是绪论，主要介绍了 CPS 的发展背景、定义及其应用，介绍了不同 CPS（包括 Markov 跳变系统、大规模系统、切换系统、区间二型 T-S 模糊系统等）安全控制的研究现状，最后介绍本书的研究内容。

第 2 章提出了一种新的自适应量化器参数更新方案，通过动态调整依赖状态的量化参数，使不含量化信号的控制器增益可以被直接用于含量化信号的控制器，且能得到相同的系统性能。进一步给出自适应量化参数的在线更新规则，将依赖状态的动态量化参数编码为整数对，并通过网络传输到解码器端。

第 3 章研究一类虚假数据注入攻击和不完整转移概率下 Markov 跳变系统的安全控制问题。对于时变、未知的网络攻击模式，提出了一种在线估计策略。针对不同模态，设计了具有不同鲁棒项的自适应滑模控制器，来保证指定滑模面的可达性。基于 Lyapunov 稳定理论，建立了滑动模态依概率 1 全局渐近稳定的充分条件。

第 4 章研究虚假数据注入攻击下区间二型 T-S 模糊系统的自适应滑模控制问题。由于系统模型中隶属度函数包含不确定参数，系统隶属度函数无法用于观测器和控制器的设计。通过引入新的权重因子重构观测器的隶属度函数，结合自适应估计方法，构造了状态观测器。利用输入-状态稳定的方法处理估计误差系统中的残差项，建立了闭环系统输入-状态稳定的充分条件。滑模控制器削弱了网络攻击带来的影响，保证了指定滑模面的可达性。

第 5 章研究一类虚假数据注入攻击下大规模系统的分布式最优控制问题。假设所有子系统的系统矩阵都未知，利用各子系统的状态信息和已知的子系统间的耦合与注入攻击的边界，设计了每个子系统的无模型分布式滑模控制方案。采用自适应动态规划方法求解滑模动态系统的最优控制问题。此外，提出了一种新的基于并行策略的迭代算法来实现所提出的分布式滑模控制方案，该算法的实现过程不需使用所有子系统的系统矩阵。

第 6 章研究欺骗攻击和循环调度协议下切换系统的滑模控制问题。欺骗攻击发生在控制器到执行器通道，循环调度协议用来调控接入网络的执行器节点。基于补偿策略，给出执行器端可用的信息，设计了依赖调度信号的滑模控制律。基于依概率输入-状态稳定的方法，建立了指定滑模面可达和闭环系统稳定的充分条件。

第 7 章研究 DoS 攻击和状态不可测情况下切换系统的事件触发滑模控制问题。DoS 攻击用 Bernoulli 过程刻画，事件触发机制用来减轻传感器到控制器之间的通信负担。通过分析攻击和事件触发机制之间的关系，估计了控制器可用的输出测量。利用事件触发机制和攻击统计信息，设计了动态输出反馈滑模控制器。基于平均驻留时间分析方法给出了切换系统均方指数稳定的充分条件。

第 8 章研究随机 DoS 攻击和随机通信调度协议下区间二型 T-S 模糊系统的安全滑模控制问题。利用上一时刻的状态信息作为补偿，给出了 DoS 攻击和随机通信调度协议的数学模型。考虑 DoS 攻击的影响，设计了增益矩阵不依赖调度信号的控制器。由于控制器与系统模型隶属度函数不同，构建了二者之间的等式关系，得到了使得闭环系统稳定和滑模面可达的充分条件。

第 9 章研究 DoS 攻击间歇发生情况下区间二型 T-S 模糊系统的切换滑模控制方法。用攻击频率和持续时间描述间歇发生的 DoS 攻击。为了估计系统状态和补偿攻击造成的测量丢失，通过引入新的隶属度函数构造了切换估计器。根据 DoS 攻击发生的状态，设计了攻击发生和未发生情况下的切换滑模控制器，保证了指定滑模面的可达性。此外，基于切换 Lyapunov 函数，对可接受的攻击上限进行了定量分析，保证了该上限内滑模动态和误差系统的输入-状态稳定性。

参考文献

高为炳，1996. 变结构控制的理论及设计方法 [M]. 北京：科学出版社 .

李杨，等，2014. 不确定非线性系统的鲁棒滑模控制方法 [M]. 北京：国防工业出版社 .

Amin S, et al, 2013. Security of interdependent and identical networked control systems. Automatica, 49(1): 186-192.

Befekadu G K, et al, 2015. Risk-sensitive control under Markov modulated denial-of-service (DoS) attack strategies. IEEE Transactions on Automatic Control, 60(12): 3299-3304.

Cao Z, et al, 2020. Sliding mode control of Markovian jump cyber-physical systems against randomly occurring injection attacks. IEEE Transactions on Automatic Control, 65(3): 1264-1271.

Cao Z, et al, 2021. Adaptive neural sliding mode control for singular semi-Markovian jump systems against actuator attacks. IEEE Transactions on Systems, Man, and Cybernetics: Systems, 51(3): 1523-1533.

Chang Y H, et al, 2018. Secure estimation based Kalman filter for cyber-physical systems against sensor attacks. Automatica, 95: 399-412.

De Persis C, et al, 2015. Input-to-state stabilizing control under denial-of-service. IEEE Transactions on Automatic Control, 60(11): 2930-2944.

He W, et al, 2021. Adaptive attack-resilient control for Markov jump system with additive attacks. Nonlinear Dynamics, 103: 1585-1598.

He W, et al, 2018. Secure impulsive synchronization control of multi-agent systems under deception attacks. Information Sciences, 459: 354-368.

Hu Z, et al, 2022. Resilient distributed fuzzy load frequency regulation for power systems under cross-layer random denial-of-service attacks. IEEE Transactions on Cybernetics, 52(4): 2396-2406.

Huang X, et al, 2018. Adaptive integral sliding-mode control strategy of data-driven cyber-physical systems against a class of actuator attacks. IET Control Theory and Applications, 12(10): 1440-1447.

Jin X, et al, 2017. An adaptive control architecture for mitigating sensor and actuator attacks in cyber-physical systems. IEEE Transactions on Automatic Control, 62(11): 6058-6064.

Li S, et al, 2021. Decentralized sampled-data control for cyber-physical systems subject to DoS attacks. IEEE Systems Journal, 15(4): 5126-5134.

Li Z, et al, 2021. Resilient adaptive control of switched nonlinear cyber-physical systems under uncertain deception attacks. Information Sciences, 543: 398-409.

Lian J, et al, 2020. Observer-based stability of switched system under jamming attack and random packet loss. IET Control Theory and Applications, 14(9): 1183-1192.

Lin W, et al, 2021. Adaptive neural sliding mode control of Markov jump systems subject to malicious attacks. IEEE Transactions on Systems, Man, and Cybernetics: Systems, 51(12): 7870-7881.

Liu L, et al,2020. Sliding mode control for nonlinear Markovian jump systems under denial-of-service attacks. IEEE/CAA Journal of Automatica Sinica, 7(6): 1638-1648.

Qi W, et al, 2022. SMC for semi-Markov jump cyber-physical systems subject to randomly occurring deception attacks. IEEE Transactions on Circuits and Systems II: Express Briefs, 69(1): 159-163.

Rong N, et al, 2021. Event-based impulsive control of IT2 T-S fuzzy interconnected system under deception attacks. IEEE Transactions on Fuzzy Systems, 29(6): 1615-1628.

Su L, et al, 2019. Static output feedback control for discrete-time hidden Markov jump systems against deception attacks. International Journal of Robust and Nonlinear Control, 29(3): 6616-6637.

Sun X, et al, 2019. Admissibility analysis for interval type-2 fuzzy descriptor systems based on sliding mode control. IEEE Transactions on Cybernetics, 49(8):3032-3040.

Sun Y, et al, 2020. PD-Like H_∞ control for large-scale stochastic nonlinear systems under denial-of-service attacks. IEEE Access, 8: 222635-222644.

Wu C, et al, 2020. Active defense-based resilient sliding mode control under denial-of-service attacks. IEEE Transactions on Information Forensics and Security, 15: 237-249.

Yang F, et al, 2020. Event-driven finite-time control for continuous-time networked switched systems under cyber attacks. Journal of the Franklin Institute, 357(16): 11690-11709.

Zhang J, et al, 2019. A game theoretic approach to multi-channel transmission scheduling for multiple linear systems under DoS attacks. Systems and Control Letters,133(1): 104546.

Zhang Z, et al, 2022. Fault-tolerant containment control for IT2 fuzzy networked multiagent systems against denial-of-service attacks and actuator faults. IEEE Transactions on Systems, Man, and Cybernetics: Systems, 52(4): 2213-2224.

Zhao L, et al, 2017. Adaptive sliding mode fault tolerant control for nonlinearly chaotic systems against DoS attack and network faults. Journal of the Franklin Institute, 354(15): 6520-6535.

Digital Wave
Advanced Technology of
Industrial Internet

Resilient Control for Cyber-Physical Systems: Design and Analysis

信息物理系统安全控制设计与分析

第2章

基于自适应量化参数的安全控制策略

2.1
概述

当系统中的组件（如控制器、执行器、传感器）间通过网络进行通信时，不可避免会发生一些网络诱导现象。由于通信网络特殊的传输方式以及带宽限制，信号必须经过一定程度的量化后才能传输，以满足节点的数据率约束（Brockett R W, 2000; Elia N, 2001; Sharon, 2011）。然而，量化误差可能会导致系统性能的恶化，甚至会使系统不稳定。在现有的大部分文献中，主要是在设计控制器时被动地考虑量化误差的影响，从而使闭环系统达到预期的控制性能（Fu M, 2005; 2009; Gao H, 2008; Yun S W, 2009）。这使得很多不含量化信号情况下的研究结果不能直接应用于含量化信号的系统。因此，本章解决如下两个问题：①在包含量化信号的情况中，如何有效地利用这些已有不含量化信号的控制律？②量化器需要满足什么条件才能保证原来的系统性能（如稳定性）？

本章提出了一种新的在线更新量化参数的控制策略，可保证被控系统与未进行量化的被控系统具有相同的动态性能及 H_∞ 干扰抑制水平。

2.2
问题描述

考虑离散时间系统如下：

$$\boldsymbol{x}(k+1)=\boldsymbol{A}\boldsymbol{x}(k)+\boldsymbol{B}\boldsymbol{u}(k)+\boldsymbol{D}\boldsymbol{\omega}(k) \tag{2.1}$$

$$\boldsymbol{z}(k)=\boldsymbol{E}\boldsymbol{x}(k) \tag{2.2}$$

其中，$\boldsymbol{x}(k)\in\mathbb{R}^n$ 为状态，$\boldsymbol{u}(k)\in\mathbb{R}^m$ 为控制输入，$\boldsymbol{z}(k)\in\mathbb{R}^l$ 为被控输出，$\boldsymbol{\omega}(k)\in L_2[0,\infty)$ 为外部扰动。$\boldsymbol{A}$、$\boldsymbol{B}$、$\boldsymbol{D}$ 和 $\boldsymbol{E}$ 为已知常数矩阵，且假设矩阵 $\boldsymbol{B}$ 列满秩。

正如本章概述所讨论的，在闭环系统中引入通信网络会导致某些不利的网络诱导现象，如由于网络堵塞导致的数据包丢失（Wu J, 2007; Xiong J, 2007; You K, 2010）。本章主要考虑数据包丢失发生在传感器-控制器网络中的情况，且丢包模型由如下的伯努利过程（$\theta\in\mathbb{R}$）刻画：

$$Pr\{\theta=1\}=\bar{\theta}, Pr\{\theta=0\}=1-\bar{\theta} \tag{2.3}$$

其中，已知常数 $\bar{\theta}$ 表示数据包丢失的概率。

对于系统 (2.1)、(2.2)，考虑如何设计控制器能保证丢包情况下系统的稳定性。为此，我们首先设计 H_∞控制器，使系统 (2.1)、(2.2) 在存在丢包的情况下是鲁棒随机稳定的，且满足指定的 H_∞性能指标。然后，进一步考虑如何设计动态量化器，使上述 H_∞控制器在状态信号量化情况下仍能保证原系统获得相同的稳定性能。

本节假设仅存在丢包且不考虑量化。采用如下状态补偿器估计丢失的状态信号：

$$\hat{\boldsymbol{x}}(k)=(1-\theta)\boldsymbol{x}(k)+\theta\hat{\boldsymbol{x}}(k-1) \tag{2.4}$$

其中，随机变量 θ 在式 (2.3) 中定义。因此，利用估计的状态［式 (2.4)］，构建如下控制器：

$$\boldsymbol{u}(k)=\boldsymbol{K}\hat{\boldsymbol{x}}(k) \tag{2.5}$$

其中，控制增益矩阵 $\boldsymbol{K}$ 将在定理 2.1 中设计。

将式 (2.4)、式 (2.5) 代入式 (2.1)、式 (2.2) 可得

$$\boldsymbol{x}(k+1)=[\boldsymbol{A}+(1-\theta)\boldsymbol{BK}]\boldsymbol{x}(k)+\theta\boldsymbol{BK}\hat{\boldsymbol{x}}(k-1)+\boldsymbol{D}\omega(k) \tag{2.6}$$

定义 $\boldsymbol{\eta}(k)=[\boldsymbol{x}^{\mathrm{T}}(k) \quad \hat{\boldsymbol{x}}^{\mathrm{T}}(k-1)]^{\mathrm{T}}$，则增广后的动态系统为：

$$\boldsymbol{\eta}(k+1)=(\bar{\boldsymbol{A}}+\tilde{\boldsymbol{A}})\boldsymbol{\eta}(k)+\bar{\boldsymbol{D}}\omega(k) \tag{2.7}$$

$$\boldsymbol{z}(k)=\bar{\boldsymbol{E}}\boldsymbol{\eta}(k) \tag{2.8}$$

其中，$\bar{\boldsymbol{E}}=[\boldsymbol{E} \quad 0]$, $\bar{\boldsymbol{A}}=\begin{bmatrix}\boldsymbol{A}+(1-\bar{\theta})\boldsymbol{BK} & \bar{\theta}\boldsymbol{BK}\\(1-\bar{\theta})\boldsymbol{I} & \bar{\theta}\boldsymbol{I}\end{bmatrix}$, $\tilde{A}=\begin{bmatrix}(\bar{\theta}-\theta)\boldsymbol{BK} & (\theta-\bar{\theta})\boldsymbol{BK}\\(\bar{\theta}-\theta)\boldsymbol{I} & (\theta-\bar{\theta})\boldsymbol{I}\end{bmatrix}$,

$\bar{\boldsymbol{D}}=\begin{bmatrix}\boldsymbol{D}\\0\end{bmatrix}$。

注意到系统 (2.7)、(2.8) 依赖于随机变量 θ。接下来分析系统 (2.7)、(2.8) 的随机稳定性。

定义 2.1 如果存在一个标量 $c>0$，满足：

$$\mathcal{E}\left\{\sum_{k=0}^{\infty}|\boldsymbol{x}(k)|^2\right\}\leqslant c\mathcal{E}\{|\boldsymbol{x}(0)|^2\}$$

其中，$\boldsymbol{x}(k)$ 是初始状态为 $\boldsymbol{x}(0)$ 时随机系统的解，当 $\boldsymbol{\omega}(k)=0$ 时，称离散随机系统 (2.7) 是随机稳定的。

定义 2.2 对给定的常数 $\gamma>0$，如果系统在 $\boldsymbol{\omega}(k)=0$ 时随机稳定，且在零初始条件下对所有的非零 $\boldsymbol{\omega}(k)\in L_2[0,\infty)$ 被控输出 $\boldsymbol{z}(k)$ 满足 $\sum_{k=0}^{\infty}\mathcal{E}\left\{\|\boldsymbol{z}(k)\|^2\right\}<\gamma\sum_{k=0}^{\infty}\mathcal{E}\left\{\|\boldsymbol{\omega}(k)\|^2\right\}$，那么称系统是随机稳定的，且满足给定的 H_∞ 扰动抑制水平 γ，简称 H_∞ 稳定。

下面给出保证系统 (2.7)、(2.8) H_∞ 稳定性的充分条件。考虑到证明过程比较简单，这里省略了详细的推导步骤。

定理 2.1 给定参数 $\gamma>0$，且丢包模型 (2.3) 中的丢包率 $\bar{\theta}$ 已知。如果存在矩阵 $\boldsymbol{P}>0$、$\boldsymbol{Q}>0$ 和 $\boldsymbol{K}$ 满足：

$$\begin{bmatrix}
-\boldsymbol{P} & * & * & * & * & * & * & * \\
0 & -\boldsymbol{Q} & * & * & * & * & * & * \\
0 & 0 & \boldsymbol{\Omega}_1 & * & * & * & * & * \\
\boldsymbol{\Omega}_2 & \bar{\theta}\boldsymbol{BK} & \boldsymbol{D} & -\boldsymbol{P}^{-1} & * & * & * & * \\
(1-\bar{\theta})\boldsymbol{I} & \bar{\theta}\boldsymbol{I} & 0 & 0 & -\boldsymbol{Q}^{-1} & * & * & * \\
\boldsymbol{BK} & -\boldsymbol{BK} & 0 & 0 & 0 & -\delta^{-2}\boldsymbol{P}^{-1} & * & * \\
\boldsymbol{I} & -\boldsymbol{I} & 0 & 0 & 0 & 0 & -\delta^{-2}\boldsymbol{Q}^{-1} & * \\
\boldsymbol{E} & 0 & 0 & 0 & 0 & 0 & 0 & -\boldsymbol{I}
\end{bmatrix}<0 \quad (2.9)$$

其中，$\delta=[(1-\bar{\theta})\bar{\theta}]^{1/2}$, $\boldsymbol{\Omega}_1=-\gamma^2\boldsymbol{I}+\boldsymbol{D}^{\mathrm{T}}\boldsymbol{PD}$, $\boldsymbol{\Omega}_2=\boldsymbol{A}+(1-\bar{\theta})\boldsymbol{BK}$。那么，闭环系统 (2.7)、(2.8) 是随机稳定的，且满足给定的 H_∞ 扰动抑制水平 γ。

接下来，进一步给出控制器增益的求解算法。

定理 2.2 在与定理 2.1 相同的假设下，如果存在矩阵 $\boldsymbol{Y}$、$\boldsymbol{P}_0$、$\boldsymbol{P}>0$ 和 $\boldsymbol{Q}>0$ 满足下面的 LMI（线性矩阵不等式）：

$$\begin{bmatrix} -\boldsymbol{P} & * & * & * & * & * & * & * \\ 0 & -\boldsymbol{Q} & * & * & * & * & * & * \\ 0 & 0 & -\gamma^2\boldsymbol{I}+\boldsymbol{D}^{\mathrm{T}}\boldsymbol{PD} & * & * & * & * & * \\ \boldsymbol{PA}+(1-\bar{\theta})\boldsymbol{BY} & \bar{\theta}\boldsymbol{BY} & \boldsymbol{PD} & -\boldsymbol{P} & * & * & * & * \\ (1-\bar{\theta})\boldsymbol{Q} & \bar{\theta}\boldsymbol{Q} & 0 & 0 & -\boldsymbol{Q} & * & * & * \\ \alpha\boldsymbol{BY} & -\alpha\boldsymbol{BY} & 0 & 0 & 0 & -\boldsymbol{P} & * & * \\ \alpha\boldsymbol{Q} & -\alpha\boldsymbol{Q} & 0 & 0 & 0 & 0 & -\boldsymbol{Q} & * \\ \boldsymbol{E} & 0 & 0 & 0 & 0 & 0 & 0 & -\boldsymbol{I} \end{bmatrix} < 0 \quad (2.10)$$

$$\boldsymbol{PB}=\boldsymbol{BP}_0 \quad (2.11)$$

则闭环系统是随机稳定的，且满足给定的 H_∞ 扰动抑制水平 γ。此外，控制器增益为 $\boldsymbol{K}=\boldsymbol{P}_0^{-1}\boldsymbol{Y}$。

由上述分析可知，如果定理 2.1 或定理 2.2 中的充分条件成立，则控制器 (2.5) 可以保证闭环系统在丢包时 H_∞ 稳定。然而，系统的状态通过网络传输到控制器时通常需要进行量化，由于量化误差的影响，一般不能保证系统具有相同的稳定性。因此，如何设计量化器使上述 H_∞ 控制器仍能达到期望的系统性能将是下一节中的研究重点。

2.3 主要结果

本节将给出一种在线调整量化器参数的控制策略，使得状态信号被量化时仍能使用上述提出的控制器，并获得与未进行量化时相同的 H_∞ 稳定性。

2.3.1 量化器描述

假定量化器满足如下条件：

① 如果 $\|\boldsymbol{z}\| \leqslant M$，则 $\|\boldsymbol{q}(\boldsymbol{z})-\boldsymbol{z}\| \leqslant \varDelta$；

② 如果 $\|z\|>M$，则 $\|\boldsymbol{q}(z)\|>M-\Delta$。

其中，M 和 Δ 是正实标量。条件①给出了量化器不饱和时量化误差的界；而条件②给出了检测量化器饱和的方法。M 和 Δ 分别是量化器 $\boldsymbol{q}(\cdot)$ 的范围和量化误差。此外，我们将采用如下的量化器：

$$\boldsymbol{q}_{\mu}(z) \stackrel{\text{def}}{=} \mu\boldsymbol{q}\left(\frac{z}{\mu}\right) \tag{2.12}$$

其中，$\mu>0$ 是量化器参数。因此，以上两个条件可以被重新写为：

$$\text{如果 } \|z\| \leqslant M\mu\text{，则 } \left\| \mu\boldsymbol{q}\left(\frac{z}{\mu}\right)-z \right\| \leqslant \Delta\mu \tag{2.13}$$

$$\text{如果 } \|z\|>M\mu\text{，则 } \left\| \mu\boldsymbol{q}\left(\frac{z}{\mu}\right) \right\| > (M-\Delta)\mu \tag{2.14}$$

这意味着量化器 $\boldsymbol{q}_{\mu}(z)$ 的量化范围是 $M\mu$，量化误差为 $\Delta\mu$。可以看出，增大 μ 可以得到一个量化范围更大、量化误差更大的量化器；反之减小 μ 可得到一个量化范围更小、量化误差更小的量化器。因此，μ 可以看成是一个“缩放”变量，且分为两个阶段：缩小和放大。在本章中，量化器的参数 μ 可以根据系统状态在线调整。

注释 2.1 一般来说，在量化反馈控制中所考虑的量化器可以分为两种类型：第一种是静态定常的，也就是说，控制器设计不能改变预先给定的量化器的参数；另一种是动态时变的，量化器参数的更新依赖于时间和系统状态。很明显，动态调整量化器参数可以增加吸引域和减小稳态极限环。

2.3.2 带有可调量化参数的控制策略

根据假设，系统的状态在网络传输前需要量化。这意味着控制器只能使用量化信号 $\boldsymbol{q}_{\mu}(\boldsymbol{x}(k))$。因此，在本节中补偿器 (2.4) 是不可实现的。基于此，将状态补偿器 (2.4) 修改为：

$$\bar{x}(k)=(1-\theta)\boldsymbol{q}_{\mu}(\boldsymbol{x}(k))+\theta\bar{\boldsymbol{x}}(k-1) \tag{2.15}$$

其中，$\boldsymbol{q}_{\mu}(\boldsymbol{x}(k))$ 是量化后的状态，且量化器 $\boldsymbol{q}_{\mu}(\cdot)$ 由式 (2.12) 定义，将控制器 (2.5) 相应地修改为：

$$\boldsymbol{u}(k)=\boldsymbol{K}\bar{\boldsymbol{x}}(k) \tag{2.16}$$

其中，$\bar{\boldsymbol{x}}(k)$ 由式 (2.15) 给出，矩阵 $\boldsymbol{K}$ 是矩阵不等式 (2.9) 的解。

将式 (2.5)、式 (2.15) 和式 (2.16) 代入式 (2.1)，可得：

$$\boldsymbol{x}(k+1)=[\boldsymbol{A}+(1-\theta)\boldsymbol{BK}]\boldsymbol{x}(k)+\theta\boldsymbol{BK}\bar{\boldsymbol{x}}(k-1)+(1-\theta)\boldsymbol{BKe}(\boldsymbol{x},\mu)+\boldsymbol{D}\boldsymbol{\omega}(k) \tag{2.17}$$

其中，$\boldsymbol{e}(\boldsymbol{x},\mu)\overset{\text{def}}{=}\mu\left[\boldsymbol{q}\left(\frac{\boldsymbol{x}(k)}{\mu}\right)-\frac{\boldsymbol{x}(k)}{\mu}\right]$。通过式 (2.13)，可以得到对任意 $\|\boldsymbol{x}(k)\|\leqslant M\mu$，且 $\boldsymbol{e}(\boldsymbol{x},\mu)$ 满足 $\|\boldsymbol{e}(\boldsymbol{x},\mu)\|\leqslant\Delta\mu$。

注释 2.2 可以看到，系统 (2.17) 是随机不确定系统，其中量化误差 $\Delta\mu$ 带来不确定性，且丢包带来随机变量 θ。另外，将式 (2.17) 与式 (2.6)，式 (2.15) 与式 (2.4) 进行比较可知，由于误差项 $\boldsymbol{e}(\boldsymbol{x},\mu)$ 的存在，可能无法保证闭环系统具有与未量化时相同的 H_∞ 扰动衰减水平。

定义 $\boldsymbol{\eta}(k)=\left[\boldsymbol{x}^{\mathrm{T}}(k)\quad\bar{\boldsymbol{x}}^{\mathrm{T}}(k-1)\right]^{\mathrm{T}}$，可得增广的动态系统 (2.17)、(2.15) 和 (2.2)。接下来，将根据系统的状态和丢包的概率，提出一种自适应调节量化器参数 μ 的控制策略，使含量化的 H_∞ 噪声抑制水平仍能与不含量化的相同。

定理 2.3 假设定理 2.1 中的条件［式 (2.9)］成立，即，存在矩阵 $\boldsymbol{K}$、$\boldsymbol{P}>0$ 和 $\boldsymbol{Q}>0$ 满足矩阵不等式 (2.9)。选择量化器范围 M，使得

$$M>\frac{1}{\phi} \tag{2.18}$$

且设计具有参数在线调整策略 μ 的量化器 (2.12)：

$$\frac{2\phi}{M\phi+1}\|\boldsymbol{x}(k)\|\leqslant\mu(k)\leqslant2\phi\|\boldsymbol{x}(k)\| \tag{2.19}$$

其中，$\phi=(\lambda_{\min}(-\boldsymbol{\Pi})-\xi)/\alpha\Delta$，$0<\xi<\lambda_{\min}(-\boldsymbol{\Pi})$，$\delta$、$\boldsymbol{\Omega}_1$ 同定理 2.1，参数 α 将在式 (2.32) 中给出。那么，具有调整规则［式 (2.19)］的控制器 (2.16) 能够确保由式 (2.17)、式 (2.15) 和式 (2.2) 构成的动态系统得到与无量化情况下相同的 H_∞ 稳定性。

$$\boldsymbol{\Pi}=\begin{bmatrix} \boldsymbol{A}+(1-\bar{\theta})\boldsymbol{BK} & \bar{\theta}\boldsymbol{BK} & \boldsymbol{D} \\ (1-\bar{\theta})\boldsymbol{I} & \bar{\theta}\boldsymbol{I} & 0 \\ \boldsymbol{BK} & -\boldsymbol{BK} & 0 \\ \boldsymbol{I} & -\boldsymbol{I} & 0 \\ \boldsymbol{E} & 0 & 0 \end{bmatrix}^{\mathrm{T}} \begin{bmatrix} \boldsymbol{P} & 0 & 0 & 0 & 0 \\ 0 & \boldsymbol{Q} & 0 & 0 & 0 \\ 0 & 0 & \delta^2\boldsymbol{P} & 0 & 0 \\ 0 & 0 & 0 & \delta^2\boldsymbol{Q} & 0 \\ 0 & 0 & 0 & 0 & \boldsymbol{I} \end{bmatrix} \times \begin{bmatrix} \boldsymbol{A}+(1-\bar{\theta})\boldsymbol{BK} & \bar{\theta}\boldsymbol{BK} & \boldsymbol{D} \\ (1-\bar{\theta})\boldsymbol{I} & \bar{\theta}\boldsymbol{I} & 0 \\ \boldsymbol{BK} & -\boldsymbol{BK} & 0 \\ \boldsymbol{I} & -\boldsymbol{I} & 0 \\ \boldsymbol{E} & 0 & 0 \end{bmatrix} + \begin{bmatrix} -\boldsymbol{P} & 0 & 0 \\ 0 & -\boldsymbol{Q} & 0 \\ 0 & 0 & \boldsymbol{\Omega}_1 \end{bmatrix} \tag{2.20}$$

证明:

由式 (2.12) ～式 (2.14) 可知，对于任意 $\|\boldsymbol{x}(k)\| \leqslant M\mu$，有 $\|\boldsymbol{e}(\boldsymbol{x},\mu)\| \leqslant \Delta\mu$，其中，误差项 $\boldsymbol{e}(\boldsymbol{x},\mu)$ 在式 (2.17) 中定义。此外，对于任意满足式 (2.18) 和式 (2.19) 的 M 和 $\mu(k)$，有

$$\frac{1}{2\phi}\mu(k) \leqslant \|\boldsymbol{x}(k)\| \leqslant M\mu(k) \tag{2.21}$$

这意味着，对于任意的状态 $\boldsymbol{x}(k)$，总存在 μ 使 $\|\boldsymbol{x}(k)\| \leqslant M\mu$。因此，可得 $\|\boldsymbol{e}(\boldsymbol{x},\mu)\| \leqslant \Delta\mu$。

选择如下 Lyapunov 函数:

$$\boldsymbol{V}(\boldsymbol{\eta}(k))=\boldsymbol{x}^{\mathrm{T}}(k)\boldsymbol{P}\boldsymbol{x}(k)+\bar{\boldsymbol{x}}^{\mathrm{T}}(k-1)\boldsymbol{Q}\bar{\boldsymbol{x}}(k-1) \tag{2.22}$$

由式 (2.15) 和式 (2.17) 可得

$$\begin{aligned} &\mathcal{E}\{\boldsymbol{V}(\boldsymbol{\eta}(k+1))|\boldsymbol{\eta}(k)\}-\boldsymbol{V}(\boldsymbol{\eta}(k)) \\ &=\mathcal{E}\{\boldsymbol{x}^{\mathrm{T}}(k+1)\boldsymbol{P}\boldsymbol{x}(k+1)+\bar{\boldsymbol{x}}^{\mathrm{T}}(k)\boldsymbol{Q}\bar{\boldsymbol{x}}(k)\}-\boldsymbol{x}^{\mathrm{T}}(k)\boldsymbol{P}\boldsymbol{x}(k)-\bar{\boldsymbol{x}}^{\mathrm{T}}(k-1)\boldsymbol{Q}\bar{\boldsymbol{x}}(k-1) \\ &=\{[\boldsymbol{A}+(1-\bar{\theta})\boldsymbol{BK}]\boldsymbol{x}(k)+\bar{\theta}\boldsymbol{BK}\bar{\boldsymbol{x}}(k-1)+(1-\bar{\theta})\boldsymbol{BK}\boldsymbol{e}(\boldsymbol{x},\mu)+\boldsymbol{D}\boldsymbol{\omega}(k)\}^{\mathrm{T}}\boldsymbol{P} \end{aligned}$$

$$
\begin{aligned}
&\times\{[\boldsymbol{A}+(1-\bar{\theta})\boldsymbol{BK}]\boldsymbol{x}(k)+\bar{\theta}\boldsymbol{BK}\bar{\boldsymbol{x}}(k-1)+(1-\bar{\theta})\boldsymbol{BKe}(\boldsymbol{x},\mu)+\boldsymbol{D\omega}(k)\}\\
&+[(1-\bar{\theta})\boldsymbol{x}(k)+\bar{\theta}\bar{\boldsymbol{x}}(k-1)+(1-\bar{\theta})\boldsymbol{e}(\boldsymbol{x},\mu)]^{\mathrm{T}}\boldsymbol{Q}\\
&\times[(1-\bar{\theta})\boldsymbol{x}(k)+\bar{\theta}\bar{\boldsymbol{x}}(k-1)+(1-\bar{\theta})\boldsymbol{e}(\boldsymbol{x},\mu)]\\
&+\mathcal{E}\{(\bar{\theta}-\theta)^2\}[\boldsymbol{BKx}(k)-\boldsymbol{BK}\bar{\boldsymbol{x}}(k-1)+\boldsymbol{BKe}(\boldsymbol{x},\mu)]^{\mathrm{T}}\boldsymbol{P}\\
&\times[\boldsymbol{BKx}(k)-\boldsymbol{BK}\bar{\boldsymbol{x}}(k-1)+\boldsymbol{BKe}(\boldsymbol{x},\mu)]\\
&+\mathcal{E}\{(\theta-\bar{\theta})^2\}[\boldsymbol{x}(k)-\bar{\boldsymbol{x}}(k-1)+\boldsymbol{e}(\boldsymbol{x},\mu)]^{\mathrm{T}}\boldsymbol{Q}[\boldsymbol{x}(k)-\bar{\boldsymbol{x}}(k-1)+\boldsymbol{e}(\boldsymbol{x},\mu)]\\
&-\boldsymbol{x}(k)^{\mathrm{T}}\boldsymbol{Px}(k)-\bar{\boldsymbol{x}}^{\mathrm{T}}(k-1)\boldsymbol{Q}\bar{\boldsymbol{x}}(k-1)\\
=&-\boldsymbol{z}^{\mathrm{T}}(k)\boldsymbol{z}(k)+\gamma^2\boldsymbol{\omega}^{\mathrm{T}}(k)\boldsymbol{\omega}(k)+[\boldsymbol{\eta}^{\mathrm{T}}(k)\quad \boldsymbol{\omega}^{\mathrm{T}}(k)]\boldsymbol{\Xi}[\boldsymbol{\eta}^{\mathrm{T}}(k)\quad \boldsymbol{\omega}^{\mathrm{T}}(k)]^{\mathrm{T}}\\
&+2\{[\boldsymbol{A}+(1-\bar{\theta})\boldsymbol{BK}]\boldsymbol{x}(k)+\bar{\theta}\boldsymbol{BK}\bar{\boldsymbol{x}}(k-1)\}^{\mathrm{T}}\boldsymbol{P}(1-\bar{\theta})\boldsymbol{BKe}(\boldsymbol{x},\mu)\\
&+2\boldsymbol{\omega}^{\mathrm{T}}(k)\boldsymbol{D}^{\mathrm{T}}\boldsymbol{P}(1-\bar{\theta})\boldsymbol{BKe}(\boldsymbol{x},\mu)+2[(1-\bar{\theta})\boldsymbol{x}(k)+\bar{\theta}\bar{\boldsymbol{x}}(k-1)]^{\mathrm{T}}\boldsymbol{Q}(1-\bar{\theta})\boldsymbol{e}(\boldsymbol{x},\mu)\\
&+[(1-\bar{\theta})^2+\delta^2]\boldsymbol{e}^{\mathrm{T}}(\boldsymbol{x},\mu)(\boldsymbol{K}^{\mathrm{T}}\boldsymbol{B}^{\mathrm{T}}\boldsymbol{PBK}+\boldsymbol{Q})\boldsymbol{e}(\boldsymbol{x},\mu)\\
&+2\delta^2[\boldsymbol{BKx}(k)-\boldsymbol{BK}\bar{\boldsymbol{x}}(k-1)]^{\mathrm{T}}\boldsymbol{PBKe}(\boldsymbol{x},\mu)+2\delta^2[\boldsymbol{x}(k)-\bar{\boldsymbol{x}}(k-1)]^{\mathrm{T}}\boldsymbol{Qe}(\boldsymbol{x},\mu)
\end{aligned}
\tag{2.23}
$$

其中，

$$
\begin{aligned}
\boldsymbol{\Xi}=&\begin{bmatrix}\boldsymbol{A}+(1-\bar{\theta})\boldsymbol{BK} & \bar{\theta}\boldsymbol{BK} & \boldsymbol{D}\\ (1-\bar{\theta})\boldsymbol{I} & \bar{\theta}\boldsymbol{I} & 0\\ \boldsymbol{BK} & -\boldsymbol{BK} & 0\\ \boldsymbol{I} & -\boldsymbol{I} & 0\\ \boldsymbol{E} & 0 & 0\end{bmatrix}^{\mathrm{T}}\begin{bmatrix}\boldsymbol{P} & 0 & 0 & 0 & 0\\ 0 & \boldsymbol{Q} & 0 & 0 & 0\\ 0 & 0 & \delta^2\boldsymbol{P} & 0 & 0\\ 0 & 0 & 0 & \delta^2\boldsymbol{Q} & 0\\ 0 & 0 & 0 & 0 & \boldsymbol{I}\end{bmatrix}\\
&\times\begin{bmatrix}\boldsymbol{A}+(1-\bar{\theta})\boldsymbol{BK} & \bar{\theta}\boldsymbol{BK} & D\\ (1-\bar{\theta})\boldsymbol{I} & \bar{\theta}\boldsymbol{I} & 0\\ \boldsymbol{BK} & -\boldsymbol{BK} & 0\\ \boldsymbol{I} & -\boldsymbol{I} & 0\\ \boldsymbol{E} & 0 & 0\end{bmatrix}+\begin{bmatrix}-\boldsymbol{P} & 0 & 0\\ 0 & -\boldsymbol{Q} & 0\\ 0 & 0 & -\gamma^2\boldsymbol{I}\end{bmatrix}
\end{aligned}
\tag{2.24}
$$

根据以下条件

$$
2\boldsymbol{\omega}^{\mathrm{T}}(k)\boldsymbol{D}^{\mathrm{T}}\boldsymbol{P}(1-\bar{\theta})\boldsymbol{BKe}(\boldsymbol{x},\mu)\leqslant\boldsymbol{\omega}^{\mathrm{T}}(k)\boldsymbol{D}^{\mathrm{T}}\boldsymbol{PD\omega}(k)+(1-\bar{\theta})^2\boldsymbol{e}^{\mathrm{T}}(\boldsymbol{x},\mu)\boldsymbol{B}^{\mathrm{T}}\boldsymbol{K}^{\mathrm{T}}\boldsymbol{BK}^2\boldsymbol{e}(\boldsymbol{x},\mu)
\tag{2.25}
$$

$$2\{[\boldsymbol{A}+(1-\bar{\theta})\boldsymbol{BK}]\boldsymbol{x}(k)+\bar{\theta}\boldsymbol{BK}\bar{\boldsymbol{x}}(k-1)\}^{\mathrm{T}}\boldsymbol{P}(1-\bar{\theta})\boldsymbol{BKe}(\boldsymbol{x},\mu)$$
$$\leqslant 2(1-\bar{\theta})\|\boldsymbol{N}_1\|\|\boldsymbol{PBK}\|\|\boldsymbol{\eta}(k)\|\|\boldsymbol{e}(\boldsymbol{x},\mu)\| \tag{2.26}$$

$$2[(1-\bar{\theta})\boldsymbol{x}(k)+\bar{\theta}\,\bar{\boldsymbol{x}}(k-1)]^{\mathrm{T}}\boldsymbol{Q}(1-\bar{\theta})\boldsymbol{e}(\boldsymbol{x},\mu) \leqslant 2(1-\bar{\theta})\|\boldsymbol{N}_2\|\|\boldsymbol{Q}\|\|\boldsymbol{\eta}(k)\|\|\boldsymbol{e}(\boldsymbol{x},\mu)\| \tag{2.27}$$

$$2\delta^2[\boldsymbol{x}(k)-\bar{\boldsymbol{x}}(k-1)]^{\mathrm{T}}\boldsymbol{Qe}(\boldsymbol{x},\mu) \leqslant 2\delta^2\|\boldsymbol{N}_3\|\|\boldsymbol{Q}\|\|\boldsymbol{\eta}(k)\|\|\boldsymbol{e}(\boldsymbol{x},\mu)\| \tag{2.28}$$

$$2\delta^2[\boldsymbol{BKx}(k)-\boldsymbol{BK}\bar{\boldsymbol{x}}(k-1)]^{\mathrm{T}}\boldsymbol{PBKe}(\boldsymbol{x},\mu) \leqslant 2\delta^2\|\boldsymbol{N}_4\|\|\boldsymbol{PBK}\|\|\boldsymbol{\eta}(k)\|\|\boldsymbol{e}(\boldsymbol{x},\mu)\| \tag{2.29}$$

$$[(1-\bar{\theta})^2+\delta^2]\boldsymbol{e}^{\mathrm{T}}(\boldsymbol{x},\mu)(\boldsymbol{K}^{\mathrm{T}}\boldsymbol{B}^{\mathrm{T}}\boldsymbol{PBK}+\boldsymbol{Q})\boldsymbol{e}(\boldsymbol{x},\mu) \leqslant [(1-\bar{\theta})^2+\delta^2]\|\boldsymbol{N}_5\|\|\boldsymbol{e}(\boldsymbol{x},\mu)\|^2 \tag{2.30}$$

式中，$\boldsymbol{N}_1=[\boldsymbol{A}+(1-\bar{\theta})\boldsymbol{BK} \quad \bar{\theta}\boldsymbol{BK}]^{\mathrm{T}}$，$\boldsymbol{N}_2=[(1-\bar{\theta})\boldsymbol{I} \quad \bar{\theta}\boldsymbol{I}]^{\mathrm{T}}$，$\boldsymbol{N}_3=[\boldsymbol{I} \quad -\boldsymbol{I}]^{\mathrm{T}}$，$\boldsymbol{N}_4=\boldsymbol{N}_3\boldsymbol{K}^{\mathrm{T}}\boldsymbol{B}^{\mathrm{T}}$，$\boldsymbol{N}_5=\boldsymbol{K}^{\mathrm{T}}\boldsymbol{B}^{\mathrm{T}}\boldsymbol{PBK}+\boldsymbol{Q}$，以及式 (2.23) 可得：

$$\begin{aligned}
&\mathcal{E}\{\boldsymbol{V}(\boldsymbol{\eta}(k+1))|\boldsymbol{\eta}(k)\}-\boldsymbol{V}(\boldsymbol{\eta}(k))\\
&\leqslant -\boldsymbol{z}^{\mathrm{T}}(k)\boldsymbol{z}(k)+\gamma^2\boldsymbol{\omega}^{\mathrm{T}}(k)\boldsymbol{\omega}(k)+[\boldsymbol{\eta}^{\mathrm{T}}(k) \quad \boldsymbol{\omega}^{\mathrm{T}}(k)]\boldsymbol{\Pi}[\boldsymbol{\eta}^{\mathrm{T}}(k) \quad \boldsymbol{\omega}^{\mathrm{T}}(k)]^{\mathrm{T}}\\
&\quad +2\mu b_1\|\boldsymbol{\eta}(k)\|\Delta+\mu^2 b_2\Delta^2
\end{aligned} \tag{2.31}$$

其中，$b_1=2[(1-\bar{\theta})\|\boldsymbol{N}_1\|+\delta^2\|\boldsymbol{N}_4\|]\|\boldsymbol{PBK}\|+[(1-\bar{\theta})\|\boldsymbol{N}_2\|+\delta^2\|\boldsymbol{N}_3\|]\|\boldsymbol{Q}\|$，$b_2=4[(1-\bar{\theta})^2+\delta^2]\|\boldsymbol{N}_5\|$，$\boldsymbol{\Pi}$ 与式 (2.20) 中相同。由定理 2.1 中的条件 (2.9) 可以得到 $\boldsymbol{\Pi}<0$。因此，由式 (2.31) 可得：

$$\begin{aligned}
&\mathcal{E}\{\boldsymbol{V}(\boldsymbol{\eta}(k+1))|\boldsymbol{\eta}(k)\}-\boldsymbol{V}(\boldsymbol{\eta}(k))\\
&\leqslant -\boldsymbol{z}^{\mathrm{T}}(k)\boldsymbol{z}(k)+\gamma^2\boldsymbol{\omega}^{\mathrm{T}}(k)\boldsymbol{\omega}(k)-\xi\|\boldsymbol{\eta}(k)\|^2-(\lambda_{\min}(-\boldsymbol{\Pi})-\xi)\|\boldsymbol{\eta}(k)\|^2\\
&\quad +b_1\Delta\mu(k)\|\boldsymbol{\eta}(k)\|+\frac{1}{4}b_2\Delta^2\mu(k)^2\\
&\leqslant -\boldsymbol{z}^{\mathrm{T}}(k)\boldsymbol{z}(k)+\gamma^2\boldsymbol{\omega}^{\mathrm{T}}(k)\boldsymbol{\omega}(k)-\xi\|\boldsymbol{\eta}(k)\|^2-(\lambda_{\min}(-\boldsymbol{\Pi})-\xi)\\
&\quad\times\left(\|\boldsymbol{\eta}(k)\|-\frac{\alpha}{2\left(\lambda_{\min}(-\boldsymbol{\Pi})-\xi\right)}\Delta\mu(k)\right)\left(\|\boldsymbol{\eta}(k)\|-\frac{\beta}{2\left(\lambda_{\min}(-\boldsymbol{\Pi})-\xi\right)}\Delta\mu(k)\right)
\end{aligned} \tag{2.32}$$

其中，$\alpha=b_1+\sqrt{b_1^2+b_2\left(\lambda_{\min}\left(-\boldsymbol{\Pi}\right)-\xi\right)}$，$\beta=b_1-\sqrt{b_1^2+b_2\left(\lambda_{\min}\left(-\boldsymbol{\Pi}\right)-\xi\right)}$。根据 $\boldsymbol{\Pi}<0$，则存在一个小的常数 ξ 满足 $0<\xi<\lambda_{\min}(-\boldsymbol{\Pi})$，即，$\lambda_{\min}(-\boldsymbol{\Pi})-\xi>0$。

这就意味着 $\beta<0$。此外，根据 $\boldsymbol{\eta}(k)$ 的定义和式 (2.21) 可知 $\|\boldsymbol{\eta}(k)\| \geqslant \alpha\Delta\mu(k)/2(\lambda_{\min}(-\boldsymbol{\Pi})-\xi)$。因此，

$$\mathcal{E}\{\boldsymbol{V}(\boldsymbol{\eta}(k+1))|\boldsymbol{\eta}(k)\}-\boldsymbol{V}(\boldsymbol{\eta}(k)) \leqslant -\boldsymbol{z}^{\mathrm{T}}(k)\boldsymbol{z}(k)+\gamma^2\boldsymbol{\omega}^{\mathrm{T}}(k)\boldsymbol{\omega}(k)-\xi\|\boldsymbol{\eta}(k)\|^2 \tag{2.33}$$

当 $\boldsymbol{\omega}(k)=0$ 时，通过与定理 2.1 相同的步骤，利用式 (2.33) 可以保证系统的随机稳定性。当 $\boldsymbol{\omega}(k) \neq 0$ 时，对式 (2.33) 两边求期望，并对任意整数 $N>1$，从 0 到 N 求和可得：

$$\mathcal{E}\left\{\boldsymbol{V}\left(\boldsymbol{\eta}\left(N+1\right)\right)\right\}-\mathcal{E}\left\{\boldsymbol{V}\left(\boldsymbol{\eta}\left(0\right)\right)\right\} \leqslant -\mathcal{E}\left\{\sum_{k=1}^{N}\|\boldsymbol{z}(k)\|^2\right\}+\gamma^2\mathcal{E}\left\{\sum_{k=1}^{N}\|\boldsymbol{\omega}(k)\|^2\right\} \tag{2.34}$$

在零初始条件下，当 $N\rightarrow\infty$ 时，可得

$$\sum_{k=0}^{\infty}\mathcal{E}\left\{\|\boldsymbol{z}(k)\|^2\right\}<\gamma^2\sum_{k=0}^{\infty}\mathcal{E}\left\{\|\boldsymbol{\omega}(k)\|^2\right\}$$

证毕。

2.3.3 编解码下的量化参数实际调整规则

需要指出的是，条件 (2.19) 与系统状态 $\boldsymbol{x}(k)$ 有关。然而，解码器端只能接收到量化后的状态信号，也就是说，与系统状态 $\boldsymbol{x}(k)$ 有关的参数 $\mu(k)$ 对于解码器是不可得的。为了保证所提出的控制策略在实际中可以实现，下面将进一步给出量化器参数 $\mu(k)$ 的调整规则。量化器参数 $\mu(k)$ 将以整数对 (i, j) 通过通信信道传输，可以保证参数 $\mu(k)$ 在编码器和解码器端都是可得的。整数对 (i, j) 将在后面的调整过程中定义。

为了简化表达，令 $[a_1,a_2]\overset{\text{def}}{=\!=}\left[\dfrac{2\phi}{M\phi+1}\|\boldsymbol{x}(k)\|,2\phi\|\boldsymbol{x}(k)\|\right]$，$D_x\overset{\text{def}}{=\!=}a_2-a_1=\left(2\phi-\dfrac{2\phi}{M\phi+1}\right)\|\boldsymbol{x}(k)\|$，即，区间的长度为 $\left[\dfrac{2\phi}{M\phi+1}\|\boldsymbol{x}(k)\|,2\phi\|\boldsymbol{x}(k)\|\right]$。

由条件 (2.19) 可以得到以下的调整规则。

调整规则：

(Ⅰ) 如果 $D_x \geqslant 1$，那么该区间内至少存在一个整数［见图 2.1(i)]，

令 $\mu(k)= i \overset{\text{def}}{=\!=} \text{floor}(2\phi\|\boldsymbol{x}(k)\|)$，其中，当 $x>0$ 时，函数 floor(x) 的值是小于等于变量 x 的最大整数。即，$\mu(k)=i\times 10^{-j}$，其中，$j=0$。

(Ⅱ) 如果 $D_x<1$，由条件 (2.18)，以及 $M\phi>1$ 可得

$$\phi\|\boldsymbol{x}(k)\|=2\phi\left(1-\frac{1}{2}\right)\|\boldsymbol{x}(k)\|<\left(2\phi-\frac{2\phi}{M\phi+1}\right)\|\boldsymbol{x}(k)\|=D_x<1 \tag{2.35}$$

进而，

$$a_1=\frac{2\phi}{M\phi+1}\|\boldsymbol{x}(k)\|<\phi\|\boldsymbol{x}(k)\|<1 \tag{2.36}$$

即，区间 $[a_1, a_2]$ 的左端点 a_1 小于 1。

对于右端点 a_2，有如下两种情况：

(Ⅱa) $a_2\geqslant 1$［见图 2.1(ii)］，由于 $a_1<1$ 和 $D_x<1$，易知，在区间 $[a_1, a_2]$ 中存在唯一一个整数 1。因此，可令 $\mu(k)=i=1$，即，$\mu(k)=i\times 10^{-j}$，其中，$i=1$，$j=0$。

(Ⅱb) $a_2<1$［见图 2.1(iii)］，即，$0\leqslant a_1<a_2<1$，也就是，$\frac{2\phi}{M\phi+1}\|\boldsymbol{x}(k)\|\leqslant \mu(k)\leqslant 2\phi\|\boldsymbol{x}(k)\|<1$，对于这种情况，总是存在 $i, j\in\mathbb{N}^+$ 满足：

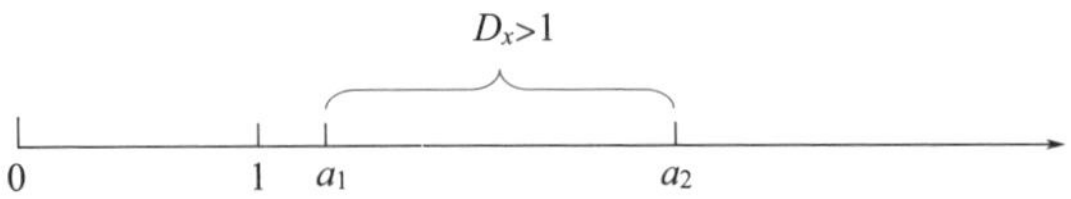

(i) 情况(Ⅰ)

(ii) 情况(Ⅱa)

(iii) 情况(Ⅱb)

图 2.1　区间 $[a_1, a_2]$ 间的示意图

$$\frac{2\phi}{M\phi+1}\|\boldsymbol{x}(k)\| \leqslant i\times 10^{-j} \leqslant 2\phi\|\boldsymbol{x}(k)\|<1 \tag{2.37}$$

因此，可令 $\mu(k)=i\times 10^{-j}$。我们给出以下引理来保证式 (2.37) 成立。

引理 2.1 如果 $\frac{2\phi}{M\phi+1}\|\boldsymbol{x}(k)\| < 2\phi\|\boldsymbol{x}(k)\|<1$，则一定存在 $i, j\in\mathbb{N}^+$ 使得

$$\frac{2\phi}{M\phi+1}\|10^j\boldsymbol{x}(k)\| \leqslant i \leqslant 2\phi\|10^j\boldsymbol{x}(k)\| \tag{2.38}$$

证明:

如果 $\frac{2\phi}{M\phi+1}\|\boldsymbol{x}(k)\| < 2\phi\|\boldsymbol{x}(k)\|<1$，则一定存在 $j\in\mathbb{N}^+$ 使得

$$1<10^j\times\frac{2\phi}{M\phi+1}\|\boldsymbol{x}(k)\|<10^j\times 2\phi\|\boldsymbol{x}(k)\|$$

成立。即，

$$1<\frac{2\phi}{M\phi+1}\|10^j\boldsymbol{x}(k)\|<2\phi\|10^j\boldsymbol{x}(k)\| \tag{2.39}$$

这就表明区间 $\left[\frac{2\phi}{M\phi+1}\|10^j\boldsymbol{x}(k)\|, 2\phi\|10^j\boldsymbol{x}(k)\|\right]$ 的左端点 $\frac{2\phi}{M\phi+1}\|10^j\boldsymbol{x}(k)\|$ 大于 1。因此，区间 $\left[\frac{2\phi}{M\phi+1}\|10^j\boldsymbol{x}(k)\|, 2\phi\|10^j\boldsymbol{x}(k)\|\right]$ 的长度不小于 1，即，

$$2\phi\|10^j\boldsymbol{x}(k)\|-\frac{2\phi}{M\phi+1}\|10^j\boldsymbol{x}(k)\| \geqslant 1 \tag{2.40}$$

如果 $2\phi\|10^j\boldsymbol{x}(k)\|-\frac{2\phi}{M\phi+1}\|10^j\boldsymbol{x}(k)\| < 1$，由式 (2.35)、式 (2.36) 可知，区间 $\left[\frac{2\phi}{M\phi+1}\|10^j\boldsymbol{x}(k)\|, 2\phi\|10^j\boldsymbol{x}(k)\|\right]$ 的左端点 $\frac{2\phi}{M\phi+1}\|10^j\boldsymbol{x}(k)\|$ 小于 1，这与式 (2.39) 相矛盾。

式 (2.40) 意味着区间 $\left[\frac{2\phi}{M\phi+1}\|10^j\boldsymbol{x}(k)\|,\ 2\phi\|10^j\boldsymbol{x}(k)\|\right]$ 的长度大于等于 1，那么在该区间内一定存在一个整数 $i\in\mathbb{N}^+$，即，式 (2.38) 成立。

注释 2.3 根据以上调整规则，可知在 (I) 和 (IIa) 情况下，量化器参数为 $\mu(k)=i(i\in\mathbb{N}^+)$；而对于 (IIb) 情况，量化器参数为 $\mu(k)=i\times10^{-j}$，其中 $i, j\in\mathbb{N}^+$。显然，对于所有情况都可以记为 $\mu(k)=i\times10^{-j}$，在 (I) 和 (IIa) 情况下，取 $j=0$；在 (IIb) 情况下，取 $j\in\mathbb{N}^+$。

注释 2.4 由 $\mu(k)$ 的调整规则可以看出，量化器参数是一个分段常数 $\mu(k)=i\times10^{-j}$，其中，j 是一个大于等于 0 的整数。该量化器参数以整数对 (i, j) 的形式与量化的状态信号同时通过通信信道进行发送。因此，量化器参数 $\mu(k)$ 在编码器和解码器端都是可得的。

注释 2.5 由调整策略 (2.19) 和规则 (I)、(II) 可知，量化器参数 $\mu(k)$，即整数对 (i, j) 的计算仅仅取决于矩阵 $\boldsymbol{\Pi}$ 的最小特征值和系统状态的范数 $\|\boldsymbol{x}(k)\|$。这也表明了该算法具有较低的计算复杂度。

注释 2.6 由式 (2.18) 和式 (2.19) 可以看出，量化器的参数会根据系统状态和丢包率在线调整。因此，$\mu(k)$ 能够有效地反映出系统的动态以及丢包率的影响。

注释 2.7 尽管本书考虑的控制器 (2.5) 是状态反馈形式的，但这种思想可以推广到其他类型的控制器形式，如输出反馈控制策略。在输出反馈情形下，可以设计类似式 (2.19) 的量化器参数更新规则。

2.4
仿真实例

这部分将通过仿真例子验证所提出的方案。网络控制系统 (2.1)、(2.2) 的参数为：

$$\boldsymbol{A}=\begin{bmatrix}-0.5 & -0.1 & 0\\ 0 & -1 & 0.4\\ 0.3 & 0 & 0.1\end{bmatrix},\boldsymbol{B}=\begin{bmatrix}0.5\\ 2.5\\ -0.8\end{bmatrix},\boldsymbol{D}=\begin{bmatrix}0.3\\ 1\\ 0.2\end{bmatrix},\boldsymbol{E}=\begin{bmatrix}1\\ 0.2\\ 0.6\end{bmatrix}^{\mathrm{T}},$$

$\omega(k)=10/k^3$，$\boldsymbol{x}(0)=[2\quad 0\quad -7]^{\mathrm{T}}$。通过求解稳定性条件［式 (2.10)、式 (2.11)］可得：

$$\boldsymbol{P}=\begin{bmatrix}3.5102 & -0.3664 & 0.7602\\ -0.3664 & 0.5128 & -0.0706\\ 0.7602 & -0.0706 & 0.7165\end{bmatrix},\boldsymbol{Q}=\begin{bmatrix}0.6141 & -0.3902 & 0.1027\\ -0.3902 & 0.3080 & -0.1086\\ 0.1027 & -0.1086 & 0.2801\end{bmatrix},$$

$$\boldsymbol{Y}=\begin{bmatrix}-0.2127 & 0.2137 & -0.0834\end{bmatrix},P_0=0.4622$$

其中，$\gamma=1.2$，$\bar{\theta}=0.1$。在系统状态没有量化的情况下，设计形如式 (2.5) 的 H_∞控制器，其中，$\boldsymbol{K}=P_0^{-1}\boldsymbol{Y}=[-0.4601\quad 0.4624\quad -0.1806]$。从图 2.2 和图 2.3 中可以看出，带有补偿器 (2.4) 的控制器 (2.5) 能够有效地消除丢

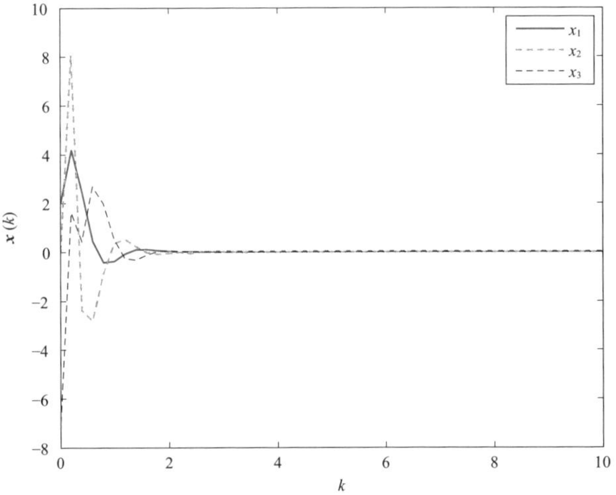

图 2.2　无量化下的系统状态 $\boldsymbol{x}(k)$

包和外界扰动的影响，并且可以保证闭环系统渐近稳定。

接下来，假设系统的状态量化后才能传送到控制器端，那么式 (2.5) 中的 H_∞控制器将变为式 (2.16) 中的控制器形式。为了保证与没有量化时同样的扰动抑制水平，设计带有可调规则 μ 的量化器 (2.12)。在仿真中，选择 M=100 和 Δ=0.01 以满足条件 (2.18) 和 ϕ=0.012，仿真结果如图 2.4 ～图 2.6 所示。由图 2.4、图 2.5 的仿真结果可以看出，量化对系

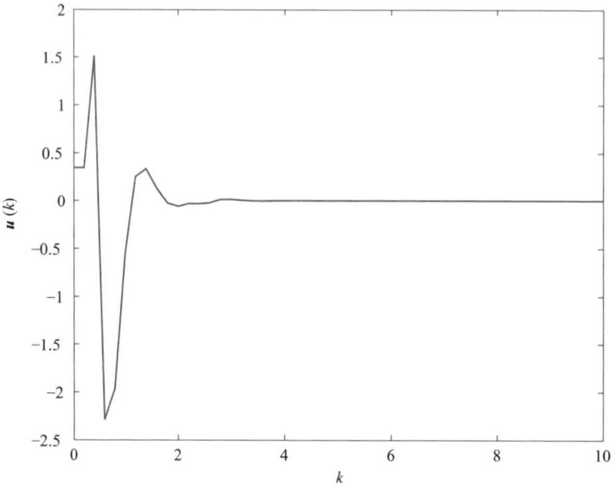

图 2.3　无量化下的控制信号 $\boldsymbol{u}(k)$

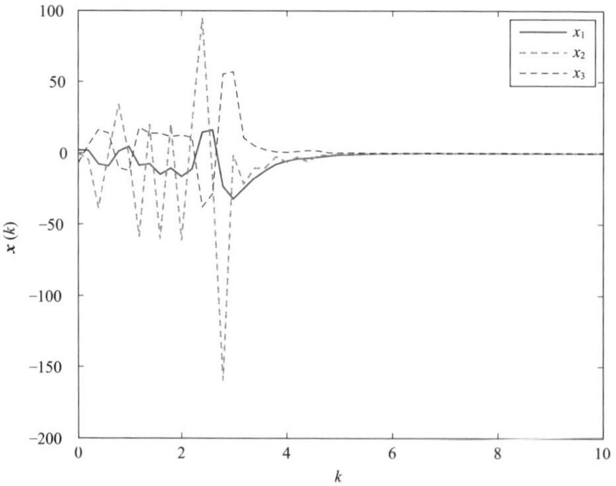

图 2.4　量化下的系统状态 $\boldsymbol{x}(k)$

统的控制性能有显著的影响，并且需要更大的控制输入信号。尽管如此，该控制策略仍然可以保证被控系统的渐近稳定性。此外，如图 2.4 和图 2.6 所示，量化器参数 $\mu(k)$ 会随着系统的状态变化自适应地调整。当系统的状态 $\boldsymbol{x}(k)$ 趋于 0 的时候，量化器参数 $\mu(k)$ 也会趋于 0。另外，如图 2.6 所示，$\mu(k)$ 是一个大于等于 1 的整数，或者是一个小数，这与上面的自适应调整规则一致。

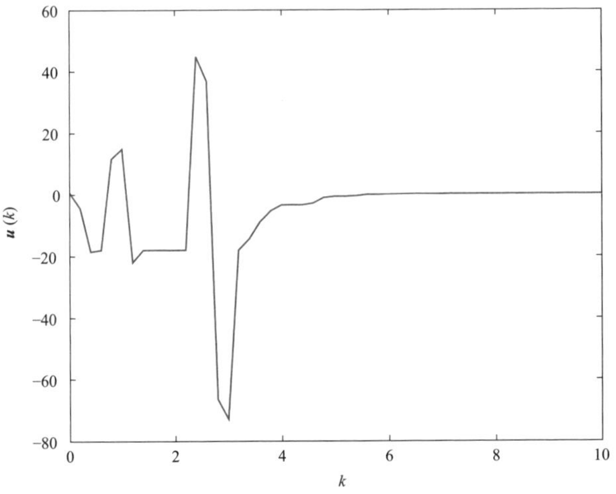

图 2.5　量化下的控制信号 $\boldsymbol{u}(k)$

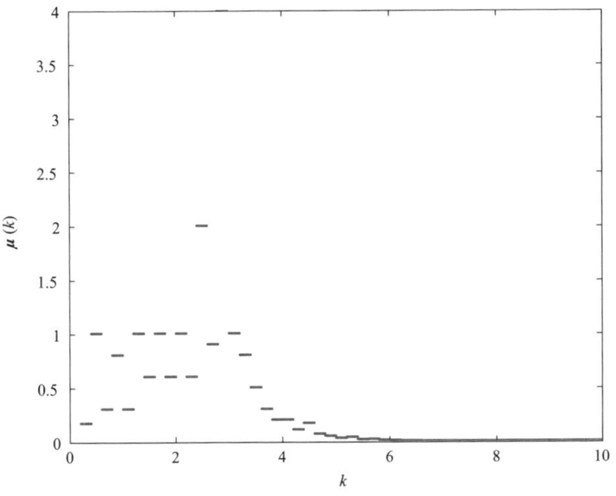

图 2.6　量化器参数 $\boldsymbol{\mu}(k)$

2.5
本章小结

本章研究了一种 H_∞控制器的设计方案，通过自适应地调整量化器的参数，使控制器对状态被量化后的系统仍然有效。其中，量化器的参数同时依赖于系统状态和丢包率。因此，这种控制策略可以应用到更一般的（量化）网络环境中。

参考文献

Brockett R W, et al, 2000. Quantized feedback stabilization of linear systems. IEEE transactions on Automatic Control, 45(7): 1279-1289.

Elia N, et al, 2001. Stabilization of linear systems with limited information. IEEE transactions on Automatic Control, 46(9): 1384-1400.

Fu M, et al, 2005. The sector bound approach to quantized feedback control. IEEE transactions on Automatic Control, 50(11): 1698- 1711.

Fu M, et al, 2009. Finite-level quantized feedback control for linear systems. IEEE transactions on Automatic Control, 54(5): 1165-1170.

Gao H, et al, 2008. A new approach to quantized feedback control systems. Automatica, 44(2): 534-542.

Sharon Y, et al, 2011. Input to state stabilizing controller for systems with coarse quantization. IEEE transactions on Automatic Control, 57(4): 830-844.

Wu J, et al, 2007. Design of networked control systems with packet dropouts. IEEE transactions on Automatic Control,52(7): 1314-1319.

Xiong J, et al, 2007. Stabilization of linear systems over networks with bounded packet loss. Automatica, 43(1): 80-87.

You K, et al, 2010. Minimum data rate for mean square stabilizability of linear systems with Markovian packet losses. IEEE transactions on Automatic Control, 56(4): 772-785.

Yun S W, et al, 2009. H_2 control of continuous-time uncertain linear systems with input quantization and matched disturbances. Automatica, 45(10): 2435-2439.

Digital Wave
Advanced Technology of Industrial Internet

Resilient Control for Cyber-Physical Systems: Design and Analysis

信息物理系统安全控制设计与分析

第3章

虚假数据注入攻击下的Markov跳变系统滑模安全控制

3.1 概述

在网络攻击下，测量 / 控制信息的缺失或延迟、虚假数据注入等现象都可能导致控制系统结构的突变（Zonouz S, 2012; Befekadu G K, 2015; Dolk V S, 2017; Zhao L, 2017; Lee P, 2013; Hu L, 2018）。而 Markov 跳变系统（Markov Jump Systems, MJS）在分析该类具有动态 / 结构突变特性的实际系统中发挥了重要作用（Li X, 2016; Song J, 2017; Zou Y, 2015; Zhang M, 2018）。Markov 跳变系统是一类由多个模态组成的混杂系统，其显著特点是各模态按 Markov 过程进行随机切换，而系统模态（即 Markov 过程的状态）作为该类系统的基本参数信息反映了各模态间跳跃的随机不确定性，因此模态信息对 Markov 跳变系统的设计和分析有重要影响。然而在实际应用中，由于通信资源的限制和网络攻击的影响，常常难以实时获知准确的系统模态信息。因此，研究模态转移速率（Transition Rates, TR）无法完全获知的 Markov 跳变系统在虚假数据注入攻击下的安全控制问题具有重要的理论和实际意义。

最近，对于 Markov 跳变系统的滑模控制研究日益受到关注，而且已有工作表明，滑模控制方法能有效处理网络攻击情况下的镇定问题。而在不确定系统中，SMC 也被公认为有效的鲁棒控制方法。

综上所述，本章着重研究一类非线性随机 MJS 在虚假数据注入攻击和不完整转移速率下的安全控制问题。具体来说，本章要解决的控制问题是当存在网络攻击和不完整的系统信息时，如何设计滑模控制策略来满足系统所需的闭环稳定性和性能。

3.2 问题描述

设 $(\Omega,\mathcal{F},\mathcal{P})$ 为概率空间，其中 Ω 为样本空间，$\mathcal{F}$ 为样本空间子集

的 σ 代数，而 $\mathcal{P}$ 为概率度量。在此概率空间上，考虑以下 Itô 型非线性随机马尔可夫跳变系统：

$$\mathrm{d}\boldsymbol{x}(t)=[(\boldsymbol{A}(r_t)+\Delta\boldsymbol{A}(r_t))\boldsymbol{x}(t)+\boldsymbol{B}(r_t)(\boldsymbol{u}(t)+\boldsymbol{f}(t,\boldsymbol{x}(t),r_t))]\mathrm{d}t+\boldsymbol{D}(r_t)\boldsymbol{g}(t,\boldsymbol{x}(t),r_t)\mathrm{d}\boldsymbol{w}(t) \tag{3.1}$$

其中，$\boldsymbol{x}(t)\in\mathbb{R}^n$ 是系统的状态变量，$\boldsymbol{u}(t)\in\mathbb{R}^m$ 是虚假数据注入攻击下的控制输入，$\boldsymbol{w}(t)$ 是定义在概率空间 $(\Omega,\mathcal{F},\mathcal{P})$ 上的一维 Wiener（维纳）过程，$\{r_t,t\geqslant 0\}$ 是在概率空间 $(\Omega,\mathcal{F},\mathcal{P})$ 上的右连续 Markov 过程，该过程在有限集合 $S=\{1, 2, \cdots, N\}$ 取值，$\boldsymbol{\Lambda}=(\lambda_{ij})(i,j\in S)$ 由下式给出：

$$\mathcal{P}\{r_{t+\Delta}=j\mid r_t=i\}=\begin{cases}\lambda_{ij}\Delta+o(\Delta), i\neq j\\ 1+\lambda_{ii}\Delta+o(\Delta), i=j\end{cases} \tag{3.2}$$

其中，$\Delta>0$ 且 $\lim_{\Delta\to 0}o(\Delta)/\Delta=0$。这里 $\lambda_{ij}\geqslant 0$（对于 $i\neq j$）是从模态 i 到 j 的转移速率，满足条件 $\lambda_{ii}=-\sum_{j\neq i}\lambda_{ij}(i,j\in S)$。

对于每一个 $r_t=i\in S$, $\boldsymbol{A}(r_t)=\boldsymbol{A}_i$, $\Delta\boldsymbol{A}(r_t)=\Delta\boldsymbol{A}_i(t)$, $\boldsymbol{B}(r_t)=\boldsymbol{B}_i$, $\boldsymbol{D}(r_t)=\boldsymbol{D}_i$, 有 $\boldsymbol{f}(t,\boldsymbol{x}(t),r_t)=\boldsymbol{f}(t,\boldsymbol{x}(t),i)$ 和 $\boldsymbol{g}(t,\boldsymbol{x}(t),r_t)=\boldsymbol{g}(t,\boldsymbol{x}(t),i)$。因此，系统 (3.1) 可以被重新描述为：

$$\mathrm{d}\boldsymbol{x}(t)=[(\boldsymbol{A}_i+\Delta\boldsymbol{A}_i(t))\boldsymbol{x}(t)+\boldsymbol{B}_i(\boldsymbol{u}(t)+\boldsymbol{f}(t,\boldsymbol{x}(t),i))]\mathrm{d}t+\boldsymbol{D}_i\boldsymbol{g}(t,\boldsymbol{x}(t),i)\mathrm{d}\boldsymbol{w}(t) \tag{3.3}$$

这里 $\boldsymbol{A}_i$、$\boldsymbol{B}_i$ 和 $\boldsymbol{D}_i$ 是已知矩阵，未知函数 $\boldsymbol{f}(t,\boldsymbol{x}(t),i)\in\mathbb{R}^n$ 和 $\boldsymbol{g}(t,\boldsymbol{x}(t),i)\in\mathbb{R}^k$（满足条件 $k<n$）是有界干扰，参数不确定项 $\Delta\boldsymbol{A}_i(t)$ 以及未知函数 $\boldsymbol{f}(t,\boldsymbol{x}(t),i)$ 和 $\boldsymbol{g}(t,\boldsymbol{x}(t),i)$ 满足：

$$\Delta\boldsymbol{A}_i(t)=\boldsymbol{M}_i\boldsymbol{F}_i(t)\boldsymbol{N}_i \tag{3.4}$$

$$\|\boldsymbol{f}(t,\boldsymbol{x}(t),i)\|\leqslant\alpha_i\|\boldsymbol{x}(t)\| \tag{3.5}$$

$$\mathrm{tr}[\boldsymbol{g}(t,\boldsymbol{x}(t),i)^{\mathrm{T}}\boldsymbol{g}(t,\boldsymbol{x}(t),i)]\leqslant\|\boldsymbol{H}_i\boldsymbol{x}(t)\|^2, \text{和 } \boldsymbol{g}(t,\boldsymbol{x}(t_0),i)=0 \tag{3.6}$$

其中，$\boldsymbol{M}_i$、$\boldsymbol{N}_i$ 和 $\boldsymbol{H}_i$ 是已知的实常数矩阵，$\alpha_i>0$ 是已知的标量，$\boldsymbol{F}_i(t)$ 是对于任何 $i\in S$，满足 $\boldsymbol{F}_i(t)^{\mathrm{T}}\boldsymbol{F}_i(t)\leqslant\boldsymbol{I}$ 的未知矩阵函数。不失一般性，假设 $(\boldsymbol{A}_i,\boldsymbol{B}_i)$ 是可控的，矩阵 $\boldsymbol{B}_i$ 列满秩，即 $\mathrm{rank}(\boldsymbol{B}_i)=m$。

如前所述，在实际应用中，Markov 跳变系统的转移速率通常难以完全获知。例如，具有四个模态的系统转移速率矩阵（Transition Rate Matrix, TRM）可以表示为：

$$\boldsymbol{\Lambda}=\begin{bmatrix}\lambda_{11} & ? & \lambda_{13}+\Delta_{13} & \lambda_{14}\\ \lambda_{21} & \lambda_{22}+\Delta_{22} & ? & \lambda_{24}\\ \lambda_{31}+\Delta_{31} & \lambda_{32} & ? & \lambda_{34}\\ \lambda_{41} & ? & \lambda_{43} & \lambda_{44}\end{bmatrix} \tag{3.7}$$

其中，λ_{ij}、? 和 $\Delta_{ij}\in[-\delta_{ij}, \delta_{ij}]$ 分别表示已知的元素、未知元素、不确定元素的估计误差，其中 $\delta_{ij}>0$ 是已知的。

在下文中，为简化描述，用 $\hat{\lambda}_{ij}$ 表示第 i 行中的所有情况（已知、不确定和未知）的 TR，并满足 $\hat{\lambda}_{ij}=-\sum_{j\neq i}\hat{\lambda}_{ij}(i, j\in S)$。

对于 TRM 的每一行，定义：

$$\mathcal{R}_k^i \overset{\text{def}}{=\!=} \{j, \hat{\lambda}_{ij}\text{ 是已知的 }\} \tag{3.8}$$

$$\mathcal{R}_{uc}^i \overset{\text{def}}{=\!=} \{j, \hat{\lambda}_{ij}\text{ 是不确定的 }\} \tag{3.9}$$

$$\mathcal{R}_{uk}^i \overset{\text{def}}{=\!=} \{j, \hat{\lambda}_{ij}\text{ 是未知的 }\} \tag{3.10}$$

$$S_o^i \overset{\text{def}}{=\!=} \mathcal{R}_k^i + \mathcal{R}_{uc}^i\ ,\ S_{\bar{o}}^i \overset{\text{def}}{=\!=} \mathcal{R}_{uk}^i \tag{3.11}$$

因此，对于每个 $i\in S$, 有限集 S 分为 S_o^i 和 $S_{\bar{o}}^i$ 。

注释 3.1 与未知元素不同的是，不确定元素具有有界估计误差，可以充分利用其来改善设计的保守性。实际上，已知元素是不确定元素在 $\Delta_{ij}=0$ 时的特例。

在实际控制系统中，发生在控制器侧的虚假数据注入攻击是一种常见的攻击方式，并通常满足以下两个假设：

假设 3.1 攻击者可以获取并利用系统的状态信息 / 测量输出来生成虚假数据。

假设 3.2 攻击者能够通过控制器和执行器之间的通信信道注入虚假数据。

在虚假数据注入攻击下，执行器实际收到的控制输入如下：

$$\tilde{\boldsymbol{u}}(t)=\boldsymbol{u}(t)+\boldsymbol{\psi}_a(\boldsymbol{x}(t),t) \tag{3.12}$$

其中，$\boldsymbol{u}(t)$ 是所设计的控制律，$\boldsymbol{\psi}_a(\boldsymbol{x}(t),t)=\boldsymbol{W}_a(t)\boldsymbol{\Phi}_a(\boldsymbol{x}(t),t)$ 是攻击信号，即攻击者实际注入的虚假数据。

假设 3.3 注入模式矩阵 $\boldsymbol{W}_a(t)$ 随时间变化且未知，并且满足 $\|\boldsymbol{W}_a(t)\| \leqslant \rho$，$\rho$ 未知且有界。

假设 3.4 存在一个已知的非负函数 $\phi(\boldsymbol{x}(t),t)$ 且满足 $\|\boldsymbol{\Phi}_a(\boldsymbol{x}(t),t)\| \leqslant \phi(\boldsymbol{x}(t),t)$。

注释 3.2 如假设 3.3 所示，注入模式矩阵 $\boldsymbol{W}_a(t)$ 表示攻击者采用的攻击模式或者形式，通常是时变且未知的，这就难以被检测到。在已有工作中，它多被描述为 $\boldsymbol{W}_a(t)=\mathrm{diag}(w_1,\cdots,w_m)$ 且 $\boldsymbol{w}_i\in\{0,1\}$，这其实是本工作所考虑情况的一个特例。接下来，我们针对这一具有挑战性的设计问题，设计一种自适应 SMC 策略，用来在线估计时变和未知的攻击模式。

定义 3.1 假设对于任意 $s \geqslant 0$ 且 $\varepsilon>0$，$\boldsymbol{u}(t)=0$ 的随机微分方程 (3.1) 的平衡点 $\boldsymbol{x}_t=0$ 是全局渐近稳定的（概率为 1），

$$\lim_{x\to 0} Pr\left\{\sup_{s<t} | x_t^{s,x} | > \varepsilon\right\} = 0 \ \& \ Pr\left\{\lim_{t\to+\infty} | x_t^{s,x} | = 0\right\} = 1$$

其中，$x_t^{s,x}$ 表示随机微分方程在时间 t 的解，该解从 s（$s \leqslant t$）处开始。由于 ε 充分小，因此该稳定性也被称为几乎必然渐近稳定性。

引理 3.1 考虑有如下形式的马尔可夫切换随机微分方程：

$$\mathrm{d}\boldsymbol{x}(t)=\boldsymbol{a}(t,\boldsymbol{x}(t),i)\mathrm{d}t+\boldsymbol{b}(t,\boldsymbol{x}(t),i)\mathrm{d}\boldsymbol{w}(t) \tag{3.13}$$

假设有在 $\boldsymbol{x}$ 上二阶连续可导，在 t 上连续可导的正定函数 $\boldsymbol{V}(t,\boldsymbol{x},i)$，则可以通过以下方法定义算子 $\mathcal{L}\boldsymbol{V}(t,\boldsymbol{x},i)$：

$$\begin{aligned}\mathcal{L}\boldsymbol{V}(t,\boldsymbol{x},i) &= \frac{\partial \boldsymbol{V}(t,\boldsymbol{x},i)}{\partial t} + \frac{\partial \boldsymbol{V}(t,\boldsymbol{x},i)}{\partial \boldsymbol{x}}\boldsymbol{a}(t,\boldsymbol{x},i) \\ &+ \frac{1}{2}\mathrm{tr}\left\{\boldsymbol{b}^{\mathrm{T}}(t,\boldsymbol{x},i)\frac{\partial^2 \boldsymbol{V}(t,\boldsymbol{x},i)}{\partial \boldsymbol{x}^2}\boldsymbol{b}(t,\boldsymbol{x},i)\right\} + \sum_{j=1}^{N}\lambda_{ij}\boldsymbol{V}(t,\boldsymbol{x},j)\end{aligned}$$

当 $\mathcal{L}\boldsymbol{V}(t,\boldsymbol{x},i)$ 是负定函数（对于 $\boldsymbol{x} \neq 0$），则式 (3.13) 的平凡解是全局渐近稳定的（概率为 1）。

引理 3.2 对于任何实数 ε 和矩阵 $\boldsymbol{Q}$，矩阵不等式：

$$\varepsilon(\boldsymbol{Q}+\boldsymbol{Q}^{\mathrm{T}}) \leqslant \varepsilon^2\boldsymbol{T}+\boldsymbol{Q}\boldsymbol{T}^{-1}\boldsymbol{Q}^{\mathrm{T}}$$

对于任何矩阵 $\boldsymbol{T}>0$ 成立。

3.3 主要结果

3.3.1 滑模面设计

滑模控制的主要特点是对系统参数变化和外界干扰不敏感，其基本思想是将系统的状态轨迹驱动到经过原点的滑模面上，并使状态轨迹一直保持在该滑模面上。在本节中，首先构造切换函数如下（对于 $i\in S$）：

$$\boldsymbol{s}(\boldsymbol{x}(t),i)=\boldsymbol{B}_{\mathrm{i}}^{\mathrm{T}}\boldsymbol{X}_{\mathrm{i}}\boldsymbol{x}(t)-\boldsymbol{B}_{\mathrm{i}}^{\mathrm{T}}\boldsymbol{X}_{\mathrm{i}}\boldsymbol{x}(0)-\int_0^t\boldsymbol{B}_{\mathrm{i}}^{\mathrm{T}}\boldsymbol{X}_{\mathrm{i}}(\boldsymbol{A}_i+\boldsymbol{B}_i\boldsymbol{K}_i)\boldsymbol{x}(\tau)\mathrm{d}\tau \tag{3.14}$$

其中，矩阵 $\boldsymbol{X}_i>0$ 将在后面设计，选择适当的矩阵 $\boldsymbol{K}_i$，使 $\boldsymbol{A}_i+\boldsymbol{B}_i\boldsymbol{K}_i$ 为 Hurwitz（赫尔维茨）矩阵。值得注意的是，由于矩阵 $\boldsymbol{B}_i$ 的列满秩，可以保证任意 $\boldsymbol{X}_i>0$ 下 $\boldsymbol{B}_i^{\mathrm{T}}\boldsymbol{X}_i\boldsymbol{B}_i$ 的非奇异性。

由系统 (3.3) 可得：

$$\begin{aligned}\boldsymbol{x}(t)=&\boldsymbol{x}(0)+\int_0^t(\boldsymbol{A}_i+\Delta\boldsymbol{A}_i(\tau))\boldsymbol{x}(\tau)\mathrm{d}\tau\\&+\int_0^t\boldsymbol{B}_i(\boldsymbol{u}(\tau)+\boldsymbol{f}(\tau,\boldsymbol{x}(\tau),i))\mathrm{d}\tau+\int_0^t\boldsymbol{D}_i\boldsymbol{g}(\tau,\boldsymbol{x}(\tau),i)\mathrm{d}\boldsymbol{w}(\tau)\end{aligned} \tag{3.15}$$

根据式 (3.14) 和式 (3.15) 得到：

$$\begin{aligned}\boldsymbol{s}(\boldsymbol{x}(t),i)=&\int_0^t\boldsymbol{B}_i^{\mathrm{T}}\boldsymbol{X}_i[(\Delta\boldsymbol{A}_i(\tau)-\boldsymbol{B}_i\boldsymbol{K}_i)\boldsymbol{x}(\tau)+\boldsymbol{B}_i(\boldsymbol{u}(\tau)+\boldsymbol{f}(\tau,\boldsymbol{x}(\tau),i))]\mathrm{d}\tau\\&+\int_0^t\boldsymbol{B}_i^{\mathrm{T}}\boldsymbol{X}_i\boldsymbol{D}_i\boldsymbol{g}(\tau,\boldsymbol{x}(\tau),i)\mathrm{d}\boldsymbol{w}(\tau)\end{aligned} \tag{3.16}$$

其中，最后一项是 Itô 随机积分项，可以注意到，当 $\boldsymbol{B}_i^{\mathrm{T}}\boldsymbol{X}_i\boldsymbol{D}_i=0$（零矩阵）时，$\boldsymbol{s}(\boldsymbol{x}(t),i)$ 是有限可微的。也就是说，在 $\boldsymbol{B}_i^{\mathrm{T}}\boldsymbol{X}_i\boldsymbol{D}_i=0$（在定理 3.2 中将得到保证）的条件下，对 $\boldsymbol{s}(\boldsymbol{x}(t),i)$ 进行时间 t 求导是合理的。因此，后续将针对如下滑模函数进行滑模控制律设计：

$$\boldsymbol{s}(\boldsymbol{x}(t),i)=\int_0^t \boldsymbol{B}_i^{\mathrm{T}}\boldsymbol{X}_i[(\Delta\boldsymbol{A}_i(\tau)-\boldsymbol{B}_i\boldsymbol{K}_i)\boldsymbol{x}(\tau)+\boldsymbol{B}_i(\boldsymbol{u}(\tau)+\boldsymbol{f}(\tau,\boldsymbol{x}(\tau),i))]\mathrm{d}\tau \tag{3.17}$$

注释 3.3 在上面的工作中，滑动函数 (3.14) 是依模态设计的，并且它们之间的联系是通过矩阵建立的。与其他已有设计的线性切换面相比，设计的积分滑模面 (3.14) 可以从初始时间即保证可达性，从而有效提高了对系统外部干扰的鲁棒性。

3.3.2 针对攻击参数未知的自适应滑模控制器设计

由式 (3.12) 和假设 3.3 可知，注入模式矩阵 $\boldsymbol{W}_a(t)$ 的准确信息及上界是未知的。针对这一问题，设计了一种自适应 SMC 律，如下所示：

$$\boldsymbol{u}(t)=\boldsymbol{K}_i\boldsymbol{x}(t)+\boldsymbol{u}_a(t)+\boldsymbol{u}_r(t) \tag{3.18}$$

和

$$\boldsymbol{u}_a(t)=-\hat{\rho}(t)\phi(\boldsymbol{x}(t),t)\mathrm{sgn}(\boldsymbol{s}(\boldsymbol{x}(t),i)) \tag{3.19}$$

$$\boldsymbol{u}_r(t)=-\gamma_i(t)\mathrm{sgn}(\boldsymbol{s}(\boldsymbol{x}(t),i)) \tag{3.20}$$

其中，$\hat{\rho}(t)$ 是根据以下自适应律对 ρ 的自适应估计：

$$\dot{\hat{\rho}}(t)=\varpi\,\mathrm{Proj}(\hat{\rho}(t),\|\boldsymbol{s}^{\mathrm{T}}(\boldsymbol{x}(t),i)\|\phi(\boldsymbol{x}(t),t)) \tag{3.21}$$

ϖ是任意的正常数。

构造以下连续函数：

$$\boldsymbol{\Upsilon}(\hat{\rho}(t))\overset{\mathrm{def}}{=\!=}\frac{2}{\tau}\left(\frac{\hat{\rho}^2(t)}{\hat{\rho}_{\max}^2}-1+\tau\right) \tag{3.22}$$

当 $0<\tau<1$ 为实数时，$\hat{\rho}_{\max}$ 是给定映射的边界。

基于函数 $\boldsymbol{\Upsilon}$，现在定义下面的平滑映射函数 Proj：

$$\operatorname{Proj}(\hat{\rho}(t),\boldsymbol{y})=\begin{cases}\boldsymbol{y}, & \boldsymbol{\Upsilon}'(\hat{\rho}(t))\leqslant 0\\ \boldsymbol{y}, & \boldsymbol{\Upsilon}'(\hat{\rho}(t))\geqslant 0\text{且}\Upsilon'(\hat{\rho}(t))\leqslant 0\\ \boldsymbol{y}-\dfrac{\boldsymbol{\Upsilon}(\hat{\rho}(t))\boldsymbol{\Upsilon}'(\hat{\rho}(t))\boldsymbol{y}}{\|\boldsymbol{\Upsilon}'(\hat{\rho}(t))^2\|}\boldsymbol{\Upsilon}'^{\mathrm{T}}(\hat{\rho}(t)), & \text{其他情况}\end{cases} \tag{3.23}$$

于是，根据内嵌凸集假设，有如下结果：

$$\|\operatorname{Proj}(\hat{\rho}(t),\boldsymbol{y})\|\leqslant\|\boldsymbol{y}\| \tag{3.24}$$

$$(\hat{\rho}(t)-\rho)^{\mathrm{T}}(\operatorname{Proj}(\hat{\rho}(t),\boldsymbol{y})-\boldsymbol{y})\leqslant 0 \tag{3.25}$$

其中，式 (3.20) 中的鲁棒项 $\gamma_i(t)$ 为：

$$\gamma_i(t)=\begin{cases}\xi_i\|\boldsymbol{x}(t)\|+\epsilon_{i1}\|\boldsymbol{s}^{\mathrm{T}}(\boldsymbol{x}(t),i)\|_1^{-1}+\eta, & i\in S_o^i,l\in S_{\bar{o}}^i\\ \xi_i\|\boldsymbol{x}(t)\|+\epsilon_{i2}\|\boldsymbol{s}^{\mathrm{T}}(\boldsymbol{x}(t),i)\|_1^{-1}+\epsilon_{i3}\|\boldsymbol{s}(\boldsymbol{x}(t),i)\|+\eta, & i\in S_{\bar{o}}^i,l\in S_{\bar{o}}^i,l\neq i\end{cases} \tag{3.26}$$

和

$$\xi_i=\left\|(\boldsymbol{B}_i^{\mathrm{T}}\boldsymbol{X}_i\boldsymbol{B}_i)^{-1}\boldsymbol{B}_i^{\mathrm{T}}\boldsymbol{X}_i\boldsymbol{M}_i\right\|\|\boldsymbol{N}_i\|+\alpha_i$$

$$\epsilon_{i1}=\frac{1}{2}\left\|\sum_{j\in S_o^i}\hat{\lambda}_{ij}\boldsymbol{s}^{\mathrm{T}}(\boldsymbol{x}(t),j)(\boldsymbol{B}_j^{\mathrm{T}}\boldsymbol{X}_j\boldsymbol{B}_j)^{-1}\boldsymbol{s}(\boldsymbol{x}(t),j)\right\| -\frac{1}{2}\left(\sum_{j\in S_o^i}\hat{\lambda}_{ij}\right)\left\|\boldsymbol{s}^{\mathrm{T}}(\boldsymbol{x}(t),l)(\boldsymbol{B}_l^{\mathrm{T}}\boldsymbol{X}_l\boldsymbol{B}_l)^{-1}\boldsymbol{s}(\boldsymbol{x}(t),l)\right\|$$

$$\epsilon_{i2}=\frac{1}{2}\left\|\sum_{j\in S_o^i}\hat{\lambda}_{ij}\boldsymbol{s}^{\mathrm{T}}(\boldsymbol{x}(t),j)(\boldsymbol{B}_j^{\mathrm{T}}\boldsymbol{X}_j\boldsymbol{B}_j)^{-1}\boldsymbol{s}(\boldsymbol{x}(t),j)\right\| -\frac{1}{2}\left(\lambda_d^i\sum_{j\in S_o^i}\hat{\lambda}_{ij}\right)\left\|\boldsymbol{s}^{\mathrm{T}}(\boldsymbol{x}(t),l)(\boldsymbol{B}_l^{\mathrm{T}}\boldsymbol{X}_l\boldsymbol{B}_l)^{-1}\boldsymbol{s}(\boldsymbol{x}(t),l)\right\|$$

$$\epsilon_{i3}=-\frac{1}{2}\lambda_d^i\left\|\boldsymbol{B}_i^{\mathrm{T}}\boldsymbol{X}_i\boldsymbol{B}_i^{-1}\right\|$$

其中，$\eta>0$ 是一个很小的常数，而 λ_d^i 是 $\hat{\lambda}_{ii}$ 的已知下界。

3.3.3 可达性分析和稳定性分析

在本小节中，将证明在虚假数据注入攻击下，通过自适应 SMC 律［式 (3.18) ～式 (3.20)］可以将状态轨迹驱动到指定的滑模面［式 (3.14)］上。

定理 3.1 考虑虚假数据注入攻击 (3.12) 下的随机系统 (3.1)，切换函数如式 (3.14) 所示。如果将自适应 SMC 律设计为式 (3.18) ～式 (3.20)，则可以将系统的状态轨迹驱动到指定的切换面 $\boldsymbol{s}(\boldsymbol{x}(t),i)=0$ 上。

证明：

选取李雅普洛夫函数为：

$$\boldsymbol{V}_1(t,\boldsymbol{x},i)=\frac{1}{2}\boldsymbol{s}^{\mathrm{T}}(\boldsymbol{x}(t),i)(\boldsymbol{B}_i^{\mathrm{T}}\boldsymbol{X}_i\boldsymbol{B}_i)^{-1}\boldsymbol{s}(\boldsymbol{x}(t),i)+\frac{1}{2}\varpi^{-1}\tilde{\rho}^2(t) \tag{3.27}$$

其中，估计误差 $\tilde{\rho}^2(t)=\hat{\rho}(t)-\rho$，容易得到 $\dot{\tilde{\rho}}=\dot{\hat{\rho}}$。

然后，给出 $\mathcal{L}\boldsymbol{V}_1(t,x,i)$ 如下：

$$\begin{aligned}\mathcal{L}\boldsymbol{V}_1(t,\boldsymbol{x},i)=&\boldsymbol{s}^{\mathrm{T}}(\boldsymbol{x}(t),i)(\boldsymbol{B}_i^{\mathrm{T}}\boldsymbol{X}_i\boldsymbol{B}_i)^{-1}\boldsymbol{B}_i^{\mathrm{T}}\boldsymbol{X}_i[\Delta\boldsymbol{A}_i(t)\boldsymbol{x}(t)\\&+\boldsymbol{B}_i(\boldsymbol{u}_a(t)+\boldsymbol{u}_r(t)+\boldsymbol{\psi}_a(\boldsymbol{x}(t),t)+\boldsymbol{f}(t,\boldsymbol{x}(t),i))]\\&+\frac{1}{2}\sum_{j=1}^{N}\hat{\lambda}_{ij}\boldsymbol{s}^{\mathrm{T}}(\boldsymbol{x}(t),j)(\boldsymbol{B}_i^{\mathrm{T}}\boldsymbol{X}_j\boldsymbol{B}_j)^{-1}\boldsymbol{s}(\boldsymbol{x}(t),j)+\varpi^{-1}\tilde{\rho}(t)\dot{\hat{\rho}}(t)\end{aligned} \tag{3.28}$$

由于 $\|\boldsymbol{s}^{\mathrm{T}}(\boldsymbol{x}(t),i)\|\leqslant\|\boldsymbol{s}^{\mathrm{T}}(\boldsymbol{x}(t),i)\|_1$，可以从式 (3.11)、式 (3.18)、式 (3.20)、式 (3.24) 假设 3.3 和假设 3.4 中得出：

$$\begin{aligned}&\boldsymbol{s}^{\mathrm{T}}(\boldsymbol{x}(t),i)\{(\boldsymbol{B}_i^{\mathrm{T}}\boldsymbol{X}_i\boldsymbol{B}_i)^{-1}\boldsymbol{B}_i^{\mathrm{T}}\boldsymbol{X}_i[\boldsymbol{B}_i(\boldsymbol{u}_a(t)+\boldsymbol{\psi}_a(\boldsymbol{x}(t),t))]\}+\varpi^{-1}\tilde{\rho}(t)\dot{\hat{\rho}}(t)\\&\leqslant-\hat{\rho}(t)\phi(\boldsymbol{x}(t),t)\|\boldsymbol{s}^{\mathrm{T}}(\boldsymbol{x}(t),i)\|+\rho\phi(x(t),t)\|\boldsymbol{s}^{\mathrm{T}}(\boldsymbol{x}(t),i)\|\\&\quad+(\hat{\rho}(t)-\rho)\mathrm{Proj}(\hat{\rho}(t),\|\boldsymbol{s}^{\mathrm{T}}(\boldsymbol{x}(t),i)\|\phi(\boldsymbol{x}(t),t))\\&\leqslant(\hat{\rho}(t)-\rho)(\mathrm{Proj}(\hat{\rho}(t),\|\boldsymbol{s}^{\mathrm{T}}(\boldsymbol{x}(t),i)\|\phi(x(t),t))-\|\boldsymbol{s}^{\mathrm{T}}(\boldsymbol{x}(t),i)\|\phi(x(t),t))\\&\leqslant 0\end{aligned} \tag{3.29}$$

接下来将会分析 $\mathcal{L}\boldsymbol{V}_1(t,\boldsymbol{x},i)$ 中的其他项。考虑两种情况：$i\in S_o^i$ 和 $i\in S_{\bar{o}}^i$。

情况 1: $i \in S_o^i$，即对角线元素是已知或者不确定的。在这种情况下，

$$0 \leqslant \left(\hat{\lambda}_{ij} \Big/ \left(-\sum_{j \in S_o^i} \hat{\lambda}_{ij} \right) \right) \leqslant 1, \sum_{l \in S_{\bar{o}}^i} \left(\hat{\lambda}_{il} \Big/ \left(-\sum_{j \in S_o^i} \hat{\lambda}_{ij} \right) \right) = 1 \tag{3.30}$$

有以下条件：

$$\begin{aligned}
&\sum_{j=1}^{N} \hat{\lambda}_{ij} \boldsymbol{s}^{\mathrm{T}}(\boldsymbol{x}(t), j)(\boldsymbol{B}_j^{\mathrm{T}} \boldsymbol{X}_j \boldsymbol{B}_j)^{-1} \boldsymbol{s}(\boldsymbol{x}(t), j) \\
&= \sum_{j \in S_o^i} \hat{\lambda}_{ij} \boldsymbol{s}^{\mathrm{T}}(\boldsymbol{x}(t), j)(\boldsymbol{B}_j^{\mathrm{T}} \boldsymbol{X}_j \boldsymbol{B}_j)^{-1} \boldsymbol{s}(\boldsymbol{x}(t), j) \\
&- \sum_{j \in S_o^i} \hat{\lambda}_{ij} \left[\sum_{l \in S_{\bar{o}}^i} \frac{\hat{\lambda}_{il}}{-\sum_{j \in S_o^i} \hat{\lambda}_{ij}} \boldsymbol{s}^{\mathrm{T}}(\boldsymbol{x}(t), l)(\boldsymbol{B}_l^{\mathrm{T}} \boldsymbol{X}_l \boldsymbol{B}_l)^{-1} \boldsymbol{s}(\boldsymbol{x}(t), l) \right]
\end{aligned} \tag{3.31}$$

根据式 (3.28) ～式 (3.31) 可得

$$\begin{aligned}
\mathcal{L}\boldsymbol{V}_1(t, \boldsymbol{x}, i) \leqslant & \sum_{l \in S_{\bar{o}}^i} \frac{\hat{\lambda}_{il}}{-\sum_{j \in S_o^i} \hat{\lambda}_{ij}} [\boldsymbol{s}^{\mathrm{T}}(\boldsymbol{x}(t), i)(\boldsymbol{B}_i^{\mathrm{T}} \boldsymbol{X}_i \boldsymbol{B}_i)^{-1} \boldsymbol{B}_i^{\mathrm{T}} \boldsymbol{X}_i [\Delta \boldsymbol{A}_i(t) \boldsymbol{x}(t) \\
& + \boldsymbol{B}_i(\boldsymbol{u}_r(t) + \boldsymbol{f}(t, \boldsymbol{x}(t), i))] + \frac{1}{2} \sum_{j \in S_o^i} \hat{\lambda}_{ij} \boldsymbol{s}^{\mathrm{T}}(\boldsymbol{x}(t), j)(\boldsymbol{B}_j^{\mathrm{T}} \boldsymbol{X}_j \boldsymbol{B}_j)^{-1} \boldsymbol{s}(\boldsymbol{x}(t), j) \\
& - \frac{1}{2} \left(\sum_{j \in S_o^i} \hat{\lambda}_{ij} \right) \boldsymbol{s}^{\mathrm{T}}(\boldsymbol{x}(t), l)(\boldsymbol{B}_l^{\mathrm{T}} \boldsymbol{X}_l \boldsymbol{B}_l)^{-1} \boldsymbol{s}(\boldsymbol{x}(t), l)]
\end{aligned} \tag{3.32}$$

显然，式 $\mathcal{L}\boldsymbol{V}_1(t, \boldsymbol{x}, i) < 0$ 等价于：

$$\begin{aligned}
& \boldsymbol{s}^{\mathrm{T}}(\boldsymbol{x}(t), i)(\boldsymbol{B}_i^{\mathrm{T}} \boldsymbol{X}_i \boldsymbol{B}_i)^{-1} \boldsymbol{B}_i^{\mathrm{T}} \boldsymbol{X}_i \left[\Delta \boldsymbol{A}_i(t) \boldsymbol{x}(t) + \boldsymbol{B}_i(\boldsymbol{u}_r(t) + \boldsymbol{f}(t, \boldsymbol{x}(t), i)) \right] \\
& + \frac{1}{2} \sum_{j \in S_o^i} \hat{\lambda}_{ij} \boldsymbol{s}^{\mathrm{T}}(\boldsymbol{x}(t), j)(\boldsymbol{B}_j^{\mathrm{T}} \boldsymbol{X}_j \boldsymbol{B}_j)^{-1} \boldsymbol{s}(\boldsymbol{x}(t), j) \\
& - \frac{1}{2} \left(\sum_{j \in S_o^i} \hat{\lambda}_{ij} \right) \boldsymbol{s}^{\mathrm{T}}(\boldsymbol{x}(t), l)(\boldsymbol{B}_l^{\mathrm{T}} \boldsymbol{X}_l \boldsymbol{B}_l)^{-1} \boldsymbol{s}(\boldsymbol{x}(t), l) \\
& < 0, \text{当 } l \in S_{\bar{o}}^i
\end{aligned} \tag{3.33}$$

考虑式 (3.4)、式 (3.5) 和式 (3.20)，从式 (3.33) 得出：

$$\begin{aligned}
&\boldsymbol{s}^{\mathrm{T}}(\boldsymbol{x}(t),i)(\boldsymbol{B}_i^{\mathrm{T}}\boldsymbol{X}_i\boldsymbol{B}_i)^{-1}\boldsymbol{B}_i^{\mathrm{T}}\boldsymbol{X}_i\left[\Delta\boldsymbol{A}_i(t)\boldsymbol{x}(t)+\boldsymbol{B}_i(\boldsymbol{u}_r(t)+\boldsymbol{f}(t,\boldsymbol{x}(t),i))\right]\\
&+\frac{1}{2}\sum_{j\in S_o^i}\hat{\lambda}_{ij}\boldsymbol{s}^{\mathrm{T}}(\boldsymbol{x}(t),j)(\boldsymbol{B}_j^{\mathrm{T}}\boldsymbol{X}_j\boldsymbol{B}_j)^{-1}\boldsymbol{s}(\boldsymbol{x}(t),j)\\
&-\frac{1}{2}\left(\sum_{j\in S_o^i}\hat{\lambda}_{ij}\right)\boldsymbol{s}^{\mathrm{T}}(\boldsymbol{x}(t),l)(\boldsymbol{B}_l^{\mathrm{T}}\boldsymbol{X}_l\boldsymbol{B}_l)^{-1}\boldsymbol{s}(\boldsymbol{x}(t),l)\\
\leqslant&-\gamma_i(t)\left\|\boldsymbol{s}^{\mathrm{T}}(\boldsymbol{x}(t),i)\right\|_1+\left\|\boldsymbol{s}^{\mathrm{T}}(\boldsymbol{x}(t),i)\right\|\left[\left\|(\boldsymbol{B}_i^{\mathrm{T}}\boldsymbol{X}_i\boldsymbol{B}_i)^{-1}\boldsymbol{B}_i^{\mathrm{T}}\boldsymbol{X}_i\boldsymbol{M}_i\right\|\left\|\boldsymbol{N}_i\right\|\left\|\boldsymbol{x}(t)\right\|+\alpha_i\left\|\boldsymbol{x}(t)\right\|\right]\\
&+\frac{1}{2}\left\|\sum_{j\in S_o^i}\hat{\lambda}_{ij}\boldsymbol{s}^{\mathrm{T}}(\boldsymbol{x}(t),j)(\boldsymbol{B}_j^{\mathrm{T}}\boldsymbol{X}_j\boldsymbol{B}_j)^{-1}\boldsymbol{s}(\boldsymbol{x}(t),j)\right\|\\
&-\frac{1}{2}\left(\sum_{j\in S_o^i}\hat{\lambda}_{ij}\right)\left\|\boldsymbol{s}^{\mathrm{T}}(\boldsymbol{x}(t),l)(\boldsymbol{B}_l^{\mathrm{T}}\boldsymbol{X}_l\boldsymbol{B}_l)^{-1}\boldsymbol{s}(\boldsymbol{x}(t),l)\right\|\\
&=-\gamma_i(t)\left\|\boldsymbol{s}^{\mathrm{T}}(\boldsymbol{x}(t),i)\right\|_1+\xi_i\left\|\boldsymbol{x}(t)\right\|\left\|\boldsymbol{s}^{\mathrm{T}}(\boldsymbol{x}(t),i)\right\|+\epsilon_{i1}
\end{aligned}\tag{3.34}$$

其中，ξ_i 和 ϵ_{i1} 的定义如式 (3.26) 所示。

注意到关系式 $||\boldsymbol{s}(\boldsymbol{x}(t),i)||\leqslant||\boldsymbol{s}(\boldsymbol{x}(t),i)||_1$，因此，当 $\xi_i||\boldsymbol{x}(t)||+\epsilon_{i1}\left\|\boldsymbol{s}^{\mathrm{T}}(\boldsymbol{x}(t),i)\right\|_1^{-1}=\gamma_i(t)-\eta$ 时，可以从式 (3.32) ～式 (3.34) 推出：

$$\mathcal{L}\boldsymbol{V}_1(t,x,i)\leqslant-\eta\left\|\boldsymbol{s}^{\mathrm{T}}(\boldsymbol{x}(t),i)\right\|_1<0,\ 当\ \boldsymbol{s}(\boldsymbol{x}(t),i)\neq 0\tag{3.35}$$

情况 2：$i\in S_o^i$，即对角线元素未知，在这种情况下，以下条件成立：

$$0\leqslant\left[\hat{\lambda}_{il}\Big/\left(-\hat{\lambda}_{ii}-\sum_{j\in S_o^i}\hat{\lambda}_{ij}\right)\right]\leqslant 1,\ \sum_{l\in S_{\bar{o}}^i,l\neq i}\hat{\lambda}_{il}\Big/\left(-\hat{\lambda}_{ii}-\sum_{j\in S_o^i}\hat{\lambda}_{ij}\right)=1\tag{3.36}$$

可得出：

$$\sum_{j=1}^{N}\hat{\lambda}_{ij}\boldsymbol{s}^{\mathrm{T}}(\boldsymbol{x}(t),j)(\boldsymbol{B}_j^{\mathrm{T}}\boldsymbol{X}_j\boldsymbol{B}_j)^{-1}\boldsymbol{s}(\boldsymbol{x}(t),j)$$

$$
= \sum_{j\in S_o^i}\hat{\lambda}_{ij}\boldsymbol{s}^{\mathrm{T}}(\boldsymbol{x}(t),j)(\boldsymbol{B}_j^{\mathrm{T}}\boldsymbol{X}_j\boldsymbol{B}_j)^{-1}\boldsymbol{s}(\boldsymbol{x}(t),j)+\hat{\lambda}_{ii}\boldsymbol{s}^{\mathrm{T}}(\boldsymbol{x}(t),j)(\boldsymbol{B}_i^{\mathrm{T}}\boldsymbol{X}_i\boldsymbol{B}_i)^{-1}\boldsymbol{s}(\boldsymbol{x}(t),i)
$$

$$
+\left(-\hat{\lambda}_{ii}-\sum_{j\in S_o^i}\hat{\lambda}_{ij}\right)\left[\sum_{l\in S_{\bar{o}}^i,l\neq i}\frac{\hat{\lambda}_{il}}{-\hat{\lambda}_{ii}-\sum_{j\in S_o^i}\hat{\lambda}_{ij}}\boldsymbol{s}^{\mathrm{T}}(\boldsymbol{x}(t),l)(\boldsymbol{B}_l^{\mathrm{T}}\boldsymbol{X}_l\boldsymbol{B}_l)^{-1}\boldsymbol{s}(\boldsymbol{x}(t),l)\right]
\tag{3.37}
$$

然后，可以得到：

$$
\begin{aligned}
\mathcal{L}V_1(t,\boldsymbol{x},i)\leqslant &\sum_{l\in S_{\bar{o}}^i,l\neq i}\frac{\hat{\lambda}_{il}}{-\hat{\lambda}_{ii}-\sum_{j\in S_o^i}\hat{\lambda}_{ij}}\Bigg[\boldsymbol{s}^{\mathrm{T}}(\boldsymbol{x}(t),i)(\boldsymbol{B}_i^{\mathrm{T}}\boldsymbol{X}_i\boldsymbol{B}_i)^{-1}\boldsymbol{B}_i^{\mathrm{T}}\boldsymbol{X}_i(\Delta\boldsymbol{A}_i(t)\boldsymbol{x}(t)\\
&+\boldsymbol{B}_i(\boldsymbol{u}_r(t)+\boldsymbol{f}(t,\boldsymbol{x}(t),i)))+\frac{1}{2}\sum_{j\in S_o^i}\hat{\lambda}_{ij}\boldsymbol{s}^{\mathrm{T}}(\boldsymbol{x}(t),j)(\boldsymbol{B}_j^{\mathrm{T}}\boldsymbol{X}_j\boldsymbol{B}_j)^{-1}\boldsymbol{s}(\boldsymbol{x}(t),j)\\
&+\frac{1}{2}\hat{\lambda}_{ii}\boldsymbol{s}^{\mathrm{T}}(\boldsymbol{x}(t),i)(\boldsymbol{B}_i^{\mathrm{T}}\boldsymbol{X}_i\boldsymbol{B}_i)^{-1}\boldsymbol{s}(\boldsymbol{x}(t),i)\\
&+\frac{1}{2}\left(-\hat{\lambda}_{ii}-\sum_{j\in S_o^i}\hat{\lambda}_{ij}\right)\boldsymbol{s}^{\mathrm{T}}(\boldsymbol{x}(t),l)(\boldsymbol{B}_l^{\mathrm{T}}\boldsymbol{X}_l\boldsymbol{B}_l)^{-1}\boldsymbol{s}(\boldsymbol{x}(t),l)\Bigg]
\end{aligned}
\tag{3.38}
$$

显然，$\mathcal{L}V_1(t,\boldsymbol{x},i)<0$ 等价于：

$$
\begin{aligned}
&\boldsymbol{s}^{\mathrm{T}}(\boldsymbol{x}(t),i)(\boldsymbol{B}_i^{\mathrm{T}}\boldsymbol{X}_i\boldsymbol{B}_i)^{-1}\boldsymbol{B}_i^{\mathrm{T}}\boldsymbol{X}_i[\Delta\boldsymbol{A}_i(t)\boldsymbol{x}(t)+\boldsymbol{B}_i(\boldsymbol{u}_r(t)+\boldsymbol{f}(t,\boldsymbol{x}(t),i))]\\
&+\frac{1}{2}\sum_{j\in S_o^i}\hat{\lambda}_{ij}\boldsymbol{s}^{\mathrm{T}}(\boldsymbol{x}(t),j)(\boldsymbol{B}_j^{\mathrm{T}}\boldsymbol{X}_j\boldsymbol{B}_j)^{-1}\boldsymbol{s}(\boldsymbol{x}(t),j)+\frac{1}{2}\hat{\lambda}_{ii}\boldsymbol{s}^{\mathrm{T}}(\boldsymbol{x}(t),i)(\boldsymbol{B}_i^{\mathrm{T}}\boldsymbol{X}_i\boldsymbol{B}_i)^{-1}\boldsymbol{s}(\boldsymbol{x}(t),i)\\
&+\frac{1}{2}\left(-\hat{\lambda}_{ii}-\sum_{j\in S_o^i}\hat{\lambda}_{ij}\right)\boldsymbol{s}^{\mathrm{T}}(\boldsymbol{x}(t),l)(\boldsymbol{B}_l^{\mathrm{T}}\boldsymbol{X}_l\boldsymbol{B}_l)^{-1}\boldsymbol{s}(\boldsymbol{x}(t),l)\\
&<0
\end{aligned}
\tag{3.39}
$$

给定 $\hat{\lambda}_{ii}$ 的下界 λ_d^i，显然，$\lambda_d^i\leqslant\hat{\lambda}_{ii}\leqslant-\sum_{j\in S_o^i}\hat{\lambda}_{ij}$，因此 $\hat{\lambda}_{ii}$ 可以写为凸组合：

$$
\hat{\lambda}_{ii}=-\varphi\sum_{j\in S_o^i}\hat{\lambda}_{ij}+\varphi\varrho+(1-\varphi)\lambda_d^i
$$

其中，φ 在 [0,1] 中取值，且 $\varrho<0$ 足够小。因此，不等式 (3.39) 当且仅当以下条件成立：

$$
\begin{aligned}
&\boldsymbol{s}^{\mathrm{T}}(\boldsymbol{x}(t),i)(\boldsymbol{B}_i^{\mathrm{T}}\boldsymbol{X}_i\boldsymbol{B}_i)^{-1}\boldsymbol{B}_i^{\mathrm{T}}\boldsymbol{X}_i[\Delta\boldsymbol{A}_i(t)\boldsymbol{x}(t)+\boldsymbol{B}_i(\boldsymbol{u}_r(t)+\boldsymbol{f}(t,\boldsymbol{x}(t),i))]\\
&+\frac{1}{2}\sum_{j\in S_o^i}\hat{\lambda}_{ij}\boldsymbol{s}^{\mathrm{T}}(\boldsymbol{x}(t),j)(\boldsymbol{B}_j^{\mathrm{T}}\boldsymbol{X}_j\boldsymbol{B}_j)^{-1}\boldsymbol{s}(\boldsymbol{x}(t),j)+\frac{1}{2}\lambda_d^i\boldsymbol{s}^{\mathrm{T}}(\boldsymbol{x}(t),i)(\boldsymbol{B}_i^{\mathrm{T}}\boldsymbol{X}_i\boldsymbol{B}_i)^{-1}\boldsymbol{s}(\boldsymbol{x}(t),i)\\
&+\frac{1}{2}\left(-\lambda_d^i-\sum_{j\in S_o^i}\hat{\lambda}_{ij}\right)\boldsymbol{s}^{\mathrm{T}}(\boldsymbol{x}(t),l)(\boldsymbol{B}_l^{\mathrm{T}}\boldsymbol{X}_l\boldsymbol{B}_l)^{-1}\boldsymbol{s}(\boldsymbol{x}(t),l)\\
&<0
\end{aligned}
\tag{3.40}
$$

和

$$
\begin{aligned}
&\boldsymbol{s}^{\mathrm{T}}(\boldsymbol{x}(t),i)(\boldsymbol{B}_i^{\mathrm{T}}\boldsymbol{X}_i\boldsymbol{B}_i)^{-1}\boldsymbol{B}_i^{\mathrm{T}}\boldsymbol{X}_i[\Delta\boldsymbol{A}_i(t)\boldsymbol{x}(t)+\boldsymbol{B}_i(\boldsymbol{u}_r(t)+\boldsymbol{f}(t,\boldsymbol{x}(t),i))]\\
&+\frac{1}{2}\sum_{j\in S_o^i}\hat{\lambda}_{ij}\boldsymbol{s}^{\mathrm{T}}(\boldsymbol{x}(t),j)(\boldsymbol{B}_j^{\mathrm{T}}\boldsymbol{X}_j\boldsymbol{B}_j)^{-1}\boldsymbol{s}(\boldsymbol{x}(t),j)\\
&+\frac{1}{2}\left(-\sum_{j\in S_o^i}\hat{\lambda}_{ij}+\varrho\right)\boldsymbol{s}^{\mathrm{T}}(\boldsymbol{x}(t),i)(\boldsymbol{B}_i^{\mathrm{T}}\boldsymbol{X}_i\boldsymbol{B}_i)^{-1}\boldsymbol{s}(\boldsymbol{x}(t),i)\\
&+\frac{1}{2}\left(\sum_{j\in S_o^i}\hat{\lambda}_{ij}-\varrho-\sum_{j\in S_o^i}\hat{\lambda}_{ij}\right)\boldsymbol{s}^{\mathrm{T}}(\boldsymbol{x}(t),l)(\boldsymbol{B}_l^{\mathrm{T}}\boldsymbol{X}_l\boldsymbol{B}_l)^{-1}\boldsymbol{s}(\boldsymbol{x}(t),l)\\
&=\boldsymbol{s}^{\mathrm{T}}(\boldsymbol{x}(t),i)(\boldsymbol{B}_i^{\mathrm{T}}\boldsymbol{X}_i\boldsymbol{B}_i)^{-1}\boldsymbol{B}_i^{\mathrm{T}}\boldsymbol{X}_i[\Delta\boldsymbol{A}_i(t)\boldsymbol{x}(t)+\boldsymbol{B}_i(\boldsymbol{u}_r(t)+\boldsymbol{f}(t,\boldsymbol{x}(t),i))]\\
&+\frac{1}{2}\sum_{j\in S_o^i}\hat{\lambda}_{ij}\boldsymbol{s}^{\mathrm{T}}(\boldsymbol{x}(t),j)(\boldsymbol{B}_j^{\mathrm{T}}\boldsymbol{X}_j\boldsymbol{B}_j)^{-1}\boldsymbol{s}(\boldsymbol{x}(t),j)\\
&-\frac{1}{2}\sum_{j\in S_o^i}\hat{\lambda}_{ij}\boldsymbol{s}^{\mathrm{T}}(\boldsymbol{x}(t),i)(\boldsymbol{B}_i^{\mathrm{T}}\boldsymbol{X}_i\boldsymbol{B}_i)^{-1}\boldsymbol{s}(\boldsymbol{x}(t),i)\\
&+\frac{1}{2}\varrho[\boldsymbol{s}^{\mathrm{T}}(\boldsymbol{x}(t),i)(\boldsymbol{B}_i^{\mathrm{T}}\boldsymbol{X}_i\boldsymbol{B}_i)^{-1}\boldsymbol{s}(\boldsymbol{x}(t),i)-\boldsymbol{s}^{\mathrm{T}}(\boldsymbol{x}(t),l)(\boldsymbol{B}_l^{\mathrm{T}}\boldsymbol{X}_l\boldsymbol{B}_l)^{-1}\boldsymbol{s}(\boldsymbol{x}(t),l)]\\
&<0
\end{aligned}
\tag{3.41}
$$

由于不等式 (3.41) 是式 (3.40) 在 $i=l(l\in S_{\bar{o}}^i)$ 时的情况，因此不等式 (3.39)

可以由式 (3.40) 保证。

通过使用与式 (3.34) 中类似的结论，可以得到：

$$\begin{aligned}
&\boldsymbol{s}^{\mathrm{T}}(\boldsymbol{x}(t),i)(\boldsymbol{B}_i^{\mathrm{T}}\boldsymbol{X}_i\boldsymbol{B}_i)^{-1}\boldsymbol{B}_i^{\mathrm{T}}\boldsymbol{X}_i[\Delta\boldsymbol{A}_i(t)\boldsymbol{x}(t)+\boldsymbol{B}_i(\boldsymbol{u}_r(t)+\boldsymbol{f}(t,\boldsymbol{x}(t),i))]\\
&+\frac{1}{2}\sum_{j\in S_o^i}\hat{\lambda}_{ij}\boldsymbol{s}^{\mathrm{T}}(\boldsymbol{x}(t),j)(\boldsymbol{B}_j^{\mathrm{T}}\boldsymbol{X}_j\boldsymbol{B}_j)^{-1}\boldsymbol{s}(\boldsymbol{x}(t),j)+\frac{1}{2}\lambda_d^i\boldsymbol{s}^{\mathrm{T}}(\boldsymbol{x}(t),i)(\boldsymbol{B}_i^{\mathrm{T}}\boldsymbol{X}_i\boldsymbol{B}_i)^{-1}\boldsymbol{s}(\boldsymbol{x}(t),i)\\
&+\frac{1}{2}\left(-\lambda_d^i-\sum_{j\in S_o^i}\hat{\lambda}_{ij}\right)\boldsymbol{s}^{\mathrm{T}}(\boldsymbol{x}(t),l)(\boldsymbol{B}_l^{\mathrm{T}}\boldsymbol{X}_l\boldsymbol{B}_l)^{-1}\boldsymbol{s}(\boldsymbol{x}(t),l)\\
\leqslant&-\gamma_i(t)\left\|\boldsymbol{s}^{\mathrm{T}}(\boldsymbol{x}(t),i)\right\|_1+\left\|\boldsymbol{s}^{\mathrm{T}}(\boldsymbol{x}(t),i)\right\|\Big[\left\|(\boldsymbol{B}_i^{\mathrm{T}}\boldsymbol{X}_i\boldsymbol{B}_i)^{-1}\boldsymbol{B}_i^{\mathrm{T}}\boldsymbol{X}_i\boldsymbol{M}_i\right\|\left\|\boldsymbol{N}_i\right\|\left\|\boldsymbol{x}(t)\right\|+\alpha_i\left\|\boldsymbol{x}(t)\right\|\\
&-\frac{1}{2}\lambda_d^i\left\|(\boldsymbol{B}_i^{\mathrm{T}}\boldsymbol{X}_i\boldsymbol{B}_i)^{-1}\right\|\left\|\boldsymbol{s}(\boldsymbol{x}(t),i)\right\|\Big]+\frac{1}{2}\left\|\sum_{j\in S_o^i}\hat{\lambda}_{ij}\boldsymbol{s}^{\mathrm{T}}(\boldsymbol{x}(t),j)(\boldsymbol{B}_j^{\mathrm{T}}\boldsymbol{X}_j\boldsymbol{B}_j)^{-1}\boldsymbol{s}(\boldsymbol{x}(t),j)\right\|\\
&+\frac{1}{2}\left(-\lambda_d^i-\sum_{j\in S_o^i}\hat{\lambda}_{ij}\right)\left\|\boldsymbol{s}^{\mathrm{T}}(\boldsymbol{x}(t),l)(\boldsymbol{B}_l^{\mathrm{T}}\boldsymbol{X}_l\boldsymbol{B}_l)^{-1}\boldsymbol{s}(\boldsymbol{x}(t),l)\right\|\\
=&-\gamma_i(t)\left\|\boldsymbol{s}^{\mathrm{T}}(\boldsymbol{x}(t),i)\right\|_1+\left(\xi_i\left\|\boldsymbol{x}(t)\right\|+\epsilon_{i3}\left\|\boldsymbol{s}(\boldsymbol{x}(t),i)\right\|\right)\left\|\boldsymbol{s}^{\mathrm{T}}(\boldsymbol{x}(t),i)\right\|+\epsilon_{i2}
\end{aligned}\tag{3.42}$$

因此，当 $\xi_i\|\boldsymbol{x}(t)\|+\epsilon_{i3}\left\|\boldsymbol{s}(\boldsymbol{x}(t),i)\right\|+\epsilon_{i2}\left\|\boldsymbol{s}^{\mathrm{T}}(\boldsymbol{x}(t),i)\right\|_1^{-1}=\gamma_i(t)-\eta$，从式 (3.42) 得出：

$$\mathcal{L}V_1(t,x,i)\leqslant-\eta\left\|\boldsymbol{s}^{\mathrm{T}}(\boldsymbol{x}(t),i)\right\|_1<0,\ \text{当}\ \boldsymbol{s}(\boldsymbol{x}(t),i)\neq 0 \tag{3.43}$$

结合上式与情况 1 中式 (3.35) 的结论，尽管存在虚假数据注入攻击和不完整的模态转移速率，但是通过设计的自适应 SMC 律［式 (3.18) ～式 (3.20)］，仍可以将系统的状态轨迹驱动到指定的滑模面 $\boldsymbol{s}(\boldsymbol{x}(t),i)=0$ 上。

在定理 3.1 中，确保了滑模面 $\boldsymbol{s}(\boldsymbol{x}(t),i)=0$ 的可达性，接下来将进一步研究滑动模态的稳定性。

根据滑动模态的理论，当系统的状态轨迹进入滑模面后，有 $\boldsymbol{s}(\boldsymbol{x}(t),i)=0$ 和 $\dot{\boldsymbol{s}}(\boldsymbol{x}(t),i)=0$。根据上述条件，可以推出如下等效控制律：

$$\boldsymbol{u}_{eq}(t)=\boldsymbol{K}_i\boldsymbol{x}(t)-(\boldsymbol{B}_i^{\mathrm{T}}\boldsymbol{X}_i\boldsymbol{B}_i)^{-1}\boldsymbol{B}_i^{\mathrm{T}}\boldsymbol{X}_i\Delta\boldsymbol{A}_i(t)\boldsymbol{x}(t)-\boldsymbol{f}(t,\boldsymbol{x}(t),i)-\boldsymbol{\psi}_a(\boldsymbol{x},t) \tag{3.44}$$

代入系统动态方程，得到滑模动态方程如下：

$$\mathrm{d}\boldsymbol{x}(t)=[\boldsymbol{A}_i+\boldsymbol{B}_i\boldsymbol{K}_i+\Delta\boldsymbol{A}_i(t)-\boldsymbol{B}_i(\boldsymbol{B}_i^{\mathrm{T}}\boldsymbol{X}_i\boldsymbol{B}_i)^{-1}\boldsymbol{B}_i^{\mathrm{T}}\boldsymbol{X}_i\Delta\boldsymbol{A}_i(t)]\boldsymbol{x}(t)\mathrm{d}t+\boldsymbol{D}_i\boldsymbol{g}(t,\boldsymbol{x}(t),i)\mathrm{d}\boldsymbol{w}(t) \tag{3.45}$$

定理 3.2 对于自适应 SMC［式 (3.18) ～式 (3.20)］作用下的随机系统 (3.3)，如果存在矩阵 $\boldsymbol{X}_i>0$，$\boldsymbol{T}_{ij}>0$ 和参数 $\varepsilon_i>0$，$\sigma_i>0$，$\theta_i>0(i\in S)$，满足以下带有等式约束的线性矩阵不等式（LMI）：

$$\begin{bmatrix} \boldsymbol{\Theta}_i(1,1) & \boldsymbol{X}_i\boldsymbol{M}_i & \boldsymbol{X}_i\boldsymbol{B}_i & \boldsymbol{\Theta}_i(1,4) \\ * & -\varepsilon_i\boldsymbol{I} & 0 & 0 \\ * & * & -\boldsymbol{B}_i^{\mathrm{T}}\boldsymbol{X}_i\boldsymbol{B}_i & 0 \\ * & * & * & \boldsymbol{\Theta}_i(4,4) \end{bmatrix}<0 \tag{3.46}$$

$$\begin{bmatrix} -\boldsymbol{X}_i & \boldsymbol{X}_i\boldsymbol{M}_i \\ * & -\sigma_i\boldsymbol{I} \end{bmatrix}<0 \tag{3.47}$$

$$\boldsymbol{X}_i<\theta_i\boldsymbol{I} \tag{3.48}$$

$$\boldsymbol{X}_l \leqslant \boldsymbol{X}_i,(l\in S_{\bar{o}}^i,l\neq i) \tag{3.49}$$

$$\boldsymbol{B}_i^{\mathrm{T}}\boldsymbol{X}_i\boldsymbol{D}_i=0 \tag{3.50}$$

其中

$$\begin{aligned}\boldsymbol{\Theta}_i(1,1)=&\boldsymbol{X}_i(\boldsymbol{A}_i+\boldsymbol{B}_i\boldsymbol{K}_i)+(\boldsymbol{A}_i+\boldsymbol{B}_i\boldsymbol{K}_i)^{\mathrm{T}}\boldsymbol{X}_i+\varepsilon_i\boldsymbol{N}_i^{\mathrm{T}}\boldsymbol{N}_i+\sigma_i\boldsymbol{N}_i^{\mathrm{T}}\boldsymbol{N}_i+\theta_i\lambda_{\max}(\boldsymbol{D}_i^{\mathrm{T}}\boldsymbol{D}_i)\boldsymbol{H}_i^{\mathrm{T}}\boldsymbol{H}_i\\ &+\frac{1}{4}\sum_{j\in S_o^i}\delta_{ij}^2\boldsymbol{T}_{ij}+\begin{cases}\sum\limits_{j\in S_o^i}\lambda_{ij}(\boldsymbol{X}_j-\boldsymbol{X}_l),\left(i\in S_o^i,l\in S_{\bar{o}}^i\right)\\ \sum\limits_{j\in S_o^i}\lambda_{ij}(\boldsymbol{X}_j-\boldsymbol{X}_i),\left(i\in S_{\bar{o}}^i\right)\end{cases}\end{aligned} \tag{3.51}$$

$$\boldsymbol{\Theta}_i(1,4)=\begin{cases}\left[\boldsymbol{X}_{j_1}-\boldsymbol{X}_l \quad \cdots \quad \boldsymbol{X}_{j_m}-\boldsymbol{X}_l \quad \boldsymbol{X}_i-\boldsymbol{X}_l\right],\left(i,j_m\in S_o^i,l\in S_{\bar{o}}^i,j_m\neq i\right)\\ \left[\boldsymbol{X}_{j_1}-\boldsymbol{X}_i \quad \cdots \quad \boldsymbol{X}_{j_m}-\boldsymbol{X}_i\right],\left(i\in S_{\bar{o}}^i,j_m\in \mathcal{S}_o^i\right)\end{cases} \tag{3.52}$$

$$\boldsymbol{\Theta}_i(4,4)=\begin{cases}-\mathrm{diag}\left(\boldsymbol{T}_{ij_1},\cdots,\boldsymbol{T}_{ij_m},\boldsymbol{T}_{ii}\right),\left(i,j_m\in S_o^i,j_m\neq i\right)\\ -\mathrm{diag}\left(\boldsymbol{T}_{ij_1},\cdots,\boldsymbol{T}_{ij_m}\right),\left(i\in S_{\bar{o}}^i,j_m\in S_o^i\right)\end{cases} \tag{3.53}$$

则滑动模态 (3.45) 是全局渐近稳定的（概率为 1）。

证明：

选择合适的李雅普洛夫函数如下：

$$\boldsymbol{V}_2(t,\boldsymbol{x},i)=\boldsymbol{x}^{\mathrm{T}}(t)\boldsymbol{X}_i\boldsymbol{x}(t) \tag{3.54}$$

通过式 (3.6) 和式 (3.48)，有：

$$\begin{aligned}\mathcal{L}\boldsymbol{V}_2(t,\boldsymbol{x},i)=&2\boldsymbol{x}^{\mathrm{T}}(t)\boldsymbol{X}_i[\boldsymbol{A}_i+\boldsymbol{B}_i\boldsymbol{K}_i+\Delta\boldsymbol{A}_i(t)-\boldsymbol{B}_i(\boldsymbol{B}_i^{\mathrm{T}}\boldsymbol{X}_i\boldsymbol{B}_i)^{-1}\boldsymbol{B}_i^{\mathrm{T}}\boldsymbol{X}_i\Delta\boldsymbol{A}_i(t)]\boldsymbol{x}(t)\\&+\mathrm{tr}[(\boldsymbol{D}_i\boldsymbol{g}(t,\boldsymbol{x}(t),i))^{\mathrm{T}}\boldsymbol{X}_i(\boldsymbol{D}_i\boldsymbol{g}(t,\boldsymbol{x}(t),i))]+\sum_{j=1}^{N}\hat{\lambda}_{ij}\ \boldsymbol{x}^{\mathrm{T}}(t)\boldsymbol{X}_j\boldsymbol{x}(t)\\&\leqslant \boldsymbol{x}^{\mathrm{T}}(t)\boldsymbol{\varXi}_i\boldsymbol{x}(t)\end{aligned} \tag{3.55}$$

其中 $\boldsymbol{\varXi}_i=2X_i[\boldsymbol{A}_i+\boldsymbol{B}_i\boldsymbol{K}_i+\Delta\boldsymbol{A}_i(t)-\boldsymbol{B}_i(\boldsymbol{B}_i^{\mathrm{T}}\boldsymbol{X}_i\boldsymbol{B}_i)^{-1}\boldsymbol{B}_i^{\mathrm{T}}\boldsymbol{X}_i\Delta\boldsymbol{A}_i(t)]+\theta_i\lambda_{\max}(\boldsymbol{D}_i^{\mathrm{T}}\boldsymbol{D}_i)\boldsymbol{H}_i^{\mathrm{T}}\boldsymbol{H}_i+\sum_{j=1}^{N}\hat{\lambda}_{ij}\boldsymbol{X}_j$。

因此，如果 $\boldsymbol{\varXi}_i<0$，则能够保证 $\mathcal{L}\boldsymbol{V}_2(t,\boldsymbol{x},i)<0$。

现在，考虑两种可能的情况，分别为 $i\in S_o^i$ 和 $i\in S_{\bar{o}}^i$。

情况 1：$i\in S_o^i$，即对角线元素是已知的或者不确定的。在这种情况下，由于存在下述关系：

$$0\leqslant\left(\hat{\lambda}_{ij}\Big/\left(-\sum_{j\in S_o^i}\hat{\lambda}_{ij}\right)\right)\leqslant 1,\sum_{l\in S_{\bar{o}}^i}\left(\hat{\lambda}_{il}\Big/\left(-\sum_{j\in S_o^i}\hat{\lambda}_{ij}\right)\right)=1 \tag{3.56}$$

根据引理 3.2，有：

$$\begin{aligned}\sum_{j=1}^{N}\hat{\lambda}_{ij}\boldsymbol{X}_j=&\sum_{j\in S_o^i}\lambda_{ij}\left(\boldsymbol{X}_j-\boldsymbol{X}_l\right)+\sum_{j\in S_o^i,j\neq i}\varDelta_{ij}\left(\boldsymbol{X}_j-\boldsymbol{X}_l\right)+\varDelta_{ii}\left(\boldsymbol{X}_i-\boldsymbol{X}_l\right)\\&\leqslant\sum_{j\in S_o^i}\lambda_{ij}\left(\boldsymbol{X}_j-\boldsymbol{X}_l\right)+\sum_{j\in S_o^i}\frac{1}{4}\delta_{ij}^2\boldsymbol{T}_{ij}\\&+\sum_{j\in S_o^i,j\neq i}(\boldsymbol{X}_j-\boldsymbol{X}_l)^{\mathrm{T}}\boldsymbol{T}_{ij}^{-1}\left(\boldsymbol{X}_j-\boldsymbol{X}_l\right)+(\boldsymbol{X}_i-\boldsymbol{X}_l)^{\mathrm{T}}\boldsymbol{T}_{ii}^{-1}\left(\boldsymbol{X}_i-\boldsymbol{X}_l\right)\end{aligned} \tag{3.57}$$

通过式 (3.4)，对于任何的标量 $\varepsilon_i>0$，可以得到：

$$2\boldsymbol{x}^{\mathrm{T}}(t)\boldsymbol{X}_i\Delta\boldsymbol{A}_i(t)\boldsymbol{x}(t)\leqslant\varepsilon_i^{-1}\boldsymbol{x}^{\mathrm{T}}(t)\boldsymbol{X}_i\boldsymbol{M}_i\boldsymbol{M}_i^{\mathrm{T}}\boldsymbol{X}_i\boldsymbol{x}(t)+\varepsilon_i\boldsymbol{x}^{\mathrm{T}}(t)\boldsymbol{N}_i^{\mathrm{T}}\boldsymbol{N}_i\boldsymbol{x}(t) \tag{3.58}$$

$$-2\boldsymbol{x}^{\mathrm{T}}(t)\boldsymbol{X}_i\boldsymbol{B}_i(\boldsymbol{B}_i^{\mathrm{T}}\boldsymbol{X}_i\boldsymbol{B}_i)^{-1}\boldsymbol{B}_i^{\mathrm{T}}\boldsymbol{X}_i\Delta\boldsymbol{A}_i(t)\boldsymbol{x}(t)$$

$$\leqslant \boldsymbol{x}^{\mathrm{T}}(t)\boldsymbol{X}_i\boldsymbol{B}_i(\boldsymbol{B}_i^{\mathrm{T}}\boldsymbol{X}_i\boldsymbol{B}_i)^{-1}\boldsymbol{B}_i^{\mathrm{T}}\boldsymbol{X}_i\boldsymbol{x}(t)+\boldsymbol{x}^{\mathrm{T}}(t)\Delta\boldsymbol{A}_i(t)^{\mathrm{T}}\boldsymbol{X}_i\Delta\boldsymbol{A}_i(t)\boldsymbol{x}(t) \tag{3.59}$$

推出：

$$\mathcal{L}\boldsymbol{V}_2(t,x,i) \leqslant \boldsymbol{x}^{\mathrm{T}}(t)\tilde{\boldsymbol{\Xi}}_i\boldsymbol{x}(t) \tag{3.60}$$

其中

$$\begin{aligned}\tilde{\boldsymbol{\Xi}}_i=&\boldsymbol{X}_i(\boldsymbol{A}_i+\boldsymbol{B}_i\boldsymbol{K}_i)+(\boldsymbol{A}_i+\boldsymbol{B}_i\boldsymbol{K}_i)^{\mathrm{T}}\boldsymbol{X}_i+\varepsilon_i^{-1}\boldsymbol{X}_i\boldsymbol{M}_i\boldsymbol{M}_i^{\mathrm{T}}\boldsymbol{X}_i\\&+\varepsilon_i\boldsymbol{N}_i^{\mathrm{T}}\boldsymbol{N}_i+\boldsymbol{X}_i\boldsymbol{B}_i(\boldsymbol{B}_i^{\mathrm{T}}\boldsymbol{X}_i\boldsymbol{B}_i)^{-1}\boldsymbol{B}_i^{\mathrm{T}}\boldsymbol{X}_i+\Delta\boldsymbol{A}_i(t)^{\mathrm{T}}\boldsymbol{X}_i\Delta\boldsymbol{A}_i(t)\\&+\theta_i\lambda_{\max}\left(\boldsymbol{D}_i^{\mathrm{T}}\boldsymbol{D}_i\right)\boldsymbol{H}_i^{\mathrm{T}}\boldsymbol{H}_i+\sum_{j\in S_o^i}\lambda_{ij}\left(\boldsymbol{X}_j-\boldsymbol{X}_l\right)+\sum_{j\in S_o^i}\frac{1}{4}\delta_{ij}^2\boldsymbol{T}_{ij}\\&+\sum_{j\in S_o^i,j\neq i}(\boldsymbol{X}_j-\boldsymbol{X}_l)^{\mathrm{T}}\boldsymbol{T}_{ij}^{-1}\left(\boldsymbol{X}_j-\boldsymbol{X}_l\right)+(\boldsymbol{X}_i-\boldsymbol{X}_l)^{\mathrm{T}}\boldsymbol{T}_{ii}^{-1}\left(\boldsymbol{X}_i-\boldsymbol{X}_l\right)\end{aligned}$$

那么，$\tilde{\boldsymbol{\Xi}}_i<0$ 等价于：

$$\begin{bmatrix}\bar{\boldsymbol{\Xi}}_i & \Delta\boldsymbol{A}_i(t)^{\mathrm{T}}\boldsymbol{X}_i\\ \boldsymbol{X}_i\Delta\boldsymbol{A}_i(t) & -\boldsymbol{X}_i\end{bmatrix}<0 \tag{3.61}$$

其中

$$\begin{aligned}\bar{\boldsymbol{\Xi}}_i=&\boldsymbol{X}_i(\boldsymbol{A}_i+\boldsymbol{B}_i\boldsymbol{K}_i)+(\boldsymbol{A}_i+\boldsymbol{B}_i\boldsymbol{K}_i)^{\mathrm{T}}\boldsymbol{X}_i+\varepsilon_i^{-1}\boldsymbol{X}_i\boldsymbol{M}_i\boldsymbol{M}_i^{\mathrm{T}}\boldsymbol{X}_i\\&+\varepsilon_i\boldsymbol{N}_i^{\mathrm{T}}\boldsymbol{N}_i+\boldsymbol{X}_i\boldsymbol{B}_i(\boldsymbol{B}_i^{\mathrm{T}}\boldsymbol{X}_i\boldsymbol{B}_i)^{-1}\boldsymbol{B}_i^{\mathrm{T}}\boldsymbol{X}_i\\&+\theta_i\lambda_{\max}\left(\boldsymbol{D}_i^{\mathrm{T}}\boldsymbol{D}_i\right)\boldsymbol{H}_i^{\mathrm{T}}\boldsymbol{H}_i+\sum_{j\in S_o^i}\lambda_{ij}\left(\boldsymbol{X}_j-\boldsymbol{X}_l\right)+\sum_{j\in S_o^i}\frac{1}{4}\delta_{ij}^2\boldsymbol{T}_{ij}\\&+\sum_{j\in S_o^i,j\neq i}(\boldsymbol{X}_j-\boldsymbol{X}_l)^{\mathrm{T}}\boldsymbol{T}_{ij}^{-1}\left(\boldsymbol{X}_j-\boldsymbol{X}_l\right)+(\boldsymbol{X}_i-\boldsymbol{X}_l)^{\mathrm{T}}\boldsymbol{T}_{ii}^{-1}\left(\boldsymbol{X}_i-\boldsymbol{X}_l\right)\end{aligned}$$

这时可以保证下式成立：

$$\begin{bmatrix}\bar{\boldsymbol{\Xi}}_i & 0\\ 0 & -\boldsymbol{X}_i\end{bmatrix}+\begin{bmatrix}\sigma_i\boldsymbol{N}_i^{\mathrm{T}}\boldsymbol{N}_i & 0\\ 0 & \sigma_i^{-1}\boldsymbol{X}_i\boldsymbol{M}_i\boldsymbol{M}_i^{\mathrm{T}}\boldsymbol{X}_i\end{bmatrix}<0 \tag{3.62}$$

和

$$\bar{\boldsymbol{\Xi}}_i+\sigma_i\boldsymbol{N}_i^{\mathrm{T}}\boldsymbol{N}_i<0 \tag{3.63}$$

$$\sigma_i^{-1}\boldsymbol{X}_i\boldsymbol{M}_i\boldsymbol{M}_i^{\mathrm{T}}\boldsymbol{X}_i-\boldsymbol{X}_i<0 \tag{3.64}$$

通过 Schur 补定理，很容易证明式 (3.63) 和式 (3.64) 分别等价于 LMI［式 (3.46) 和式 (3.47)］。再加上式 (3.60)，可以推出：

$$\mathcal{L}\boldsymbol{V}_2(t,x,i)<0,\ 当\ \boldsymbol{x}(t)\neq 0$$

情况 2：$i\in S_{\bar{o}}^i$，即对角线元素未知。在这种情况下，存在下述关系：

$$\hat{\lambda}_{ii}=-\sum_{j\in S_o^i}\hat{\lambda}_{ij}-\sum_{l\in S_{\bar{o}}^i}\hat{\lambda}_{il} \tag{3.65}$$

可以推出：

$$\sum_{j=1}^{N}\hat{\lambda}_{ij}\boldsymbol{X}_j=\sum_{j\in S_o^i}\hat{\lambda}_{ij}\left(\boldsymbol{X}_j-\boldsymbol{X}_i\right)+\sum_{l\in S_{\bar{o}}^i,l\neq i}\hat{\lambda}_{il}\left(\boldsymbol{X}_l-\boldsymbol{X}_i\right) \tag{3.66}$$

通过表达式 (3.49) 和引理 3.2，推出：

$$\begin{aligned}\sum_{j=1}^{N}\hat{\lambda}_{ij}\boldsymbol{X}_j&\leqslant\sum_{j\in S_o^i}\hat{\lambda}_{ij}\left(\boldsymbol{X}_j-\boldsymbol{X}_i\right)\\&\leqslant\sum_{j\in S_o^i}\lambda_{ij}\left(\boldsymbol{X}_j-\boldsymbol{X}_i\right)+\sum_{j\in S_o^i}\frac{1}{4}\delta_{ij}^2\boldsymbol{T}_{ij}\\&\quad+\sum_{j\in S_o^i}\left(\boldsymbol{X}_j-\boldsymbol{X}_i\right)^{\mathrm{T}}\boldsymbol{T}_{ij}^{-1}\left(\boldsymbol{X}_j-\boldsymbol{X}_i\right)\end{aligned} \tag{3.67}$$

因此，$\boldsymbol{\varXi}_i<0$ 等价于：

$$\begin{aligned}&2\boldsymbol{X}_i[\boldsymbol{A}_i+\boldsymbol{B}_i\boldsymbol{K}_i+\Delta\boldsymbol{A}_i(t)-\boldsymbol{B}_i(\boldsymbol{B}_i^{\mathrm{T}}\boldsymbol{X}_i\boldsymbol{B}_i)^{-1}\boldsymbol{B}_i^{\mathrm{T}}\boldsymbol{X}_i\Delta\boldsymbol{A}_i(t)]+\theta_i\lambda_{\max}(\boldsymbol{D}_i^{\mathrm{T}}\boldsymbol{D}_i)\boldsymbol{H}_i^{\mathrm{T}}\boldsymbol{H}_i\\&+\sum_{j\in S_o^i}\lambda_{ij}\left(\boldsymbol{X}_j-\boldsymbol{X}_i\right)+\sum_{j\in S_o^i}\frac{1}{4}\delta_{ij}^2\boldsymbol{T}_{ij}+\sum_{j\in S_o^i}\left(\boldsymbol{X}_j-\boldsymbol{X}_i\right)^{\mathrm{T}}\boldsymbol{T}_{ij}^{-1}\left(\boldsymbol{X}_j-\boldsymbol{X}_i\right)<0\end{aligned} \tag{3.68}$$

通过 Schur 补定理和式 (3.58)、式 (3.59)，式 (3.68) 等价于 LMI［式 (3.46)、式 (3.47)］，得到结论：

$$\mathcal{L}\boldsymbol{V}_2(t,\boldsymbol{x},i)<0,\ 当\ \boldsymbol{x}(t)\neq 0 \tag{3.69}$$

因此，通过结合情况 1 和情况 2 中的结果，可以从定义 3.1 和引理 3.1 推出滑动模态 (3.45) 是全局渐近稳定的（概率为 1）。

注释 3.4 由于得到的 LMI 条件中控制器增益与李雅普诺夫变量之间不存在耦合关系，因此本章提出的滑模方法容易实现，并且可以推广到其他问题，例如动态输出反馈控制、事件触发控制、弹性控制等。

3.4 仿真实例

考虑以下具有四个模态的随机 Markov 跳变系统［式 (3.1)］：

$$\boldsymbol{A}_1=\begin{bmatrix}-1.2 & 1.5\\ 1.8 & -0.6\end{bmatrix},\boldsymbol{A}_2=\begin{bmatrix}-1.4 & 1.0\\ 0.6 & -0.2\end{bmatrix},$$

$$\boldsymbol{A}_3=\begin{bmatrix}-1.2 & 1.8\\ 0.9 & -0.4\end{bmatrix},\boldsymbol{A}_4=\begin{bmatrix}-1.5 & 1.6\\ 1.0 & -0.8\end{bmatrix},$$

$$\boldsymbol{B}_1=\begin{bmatrix}0.7\\ 0.3\end{bmatrix},\boldsymbol{B}_2=\begin{bmatrix}1.2\\ 0.5\end{bmatrix},\boldsymbol{B}_3=\begin{bmatrix}1.8\\ 1.1\end{bmatrix},\boldsymbol{B}_4=\begin{bmatrix}0.8\\ 0.4\end{bmatrix},$$

$$\boldsymbol{D}_1=\begin{bmatrix}0.3\\ 0.1\end{bmatrix},\boldsymbol{D}_2=\begin{bmatrix}0.2\\ 0.3\end{bmatrix},\boldsymbol{D}_3=\begin{bmatrix}0.1\\ 0.2\end{bmatrix},\boldsymbol{D}_4=\begin{bmatrix}0.2\\ 0.1\end{bmatrix},$$

$$\boldsymbol{M}_1=\begin{bmatrix}0.1\\ 0.2\end{bmatrix},\boldsymbol{M}_2=\begin{bmatrix}0.2\\ 0.1\end{bmatrix},\boldsymbol{M}_3=\begin{bmatrix}0.1\\ 0.1\end{bmatrix},\boldsymbol{M}_4=\begin{bmatrix}0.1\\ 0.2\end{bmatrix},$$

$$\boldsymbol{N}_1=\begin{bmatrix}0.3 & 0.2\end{bmatrix},\boldsymbol{N}_2=\begin{bmatrix}0.2 & 0.2\end{bmatrix},\boldsymbol{N}_3=\begin{bmatrix}0.2 & 0.1\end{bmatrix},\boldsymbol{N}_4=\begin{bmatrix}0.1 & 0.3\end{bmatrix},$$

$$\boldsymbol{H}_1=\begin{bmatrix}0.1 & 0.1\end{bmatrix},\boldsymbol{H}_2=\begin{bmatrix}0.1 & 0.2\end{bmatrix},\boldsymbol{H}_3=\begin{bmatrix}0.2 & 0.1\end{bmatrix},\boldsymbol{H}_4=\begin{bmatrix}0.1 & 0.2\end{bmatrix},$$

$$\boldsymbol{K}_1=\begin{bmatrix}-1.5 & -1.8\end{bmatrix},\boldsymbol{K}_2=\begin{bmatrix}-2.5 & -1.1\end{bmatrix},$$

$$\boldsymbol{K}_3=\begin{bmatrix}-1.2 & -2.6\end{bmatrix},\boldsymbol{K}_4=\begin{bmatrix}-2.7 & -3.5\end{bmatrix},$$

$$\alpha_1=2,\alpha_2=3,\alpha_3=1,\alpha_4=2,\eta=0.1.$$

并且在仿真中考虑以下形式的 TRM［式 (3.7)］：

$$\boldsymbol{\Lambda}=\begin{bmatrix} -1.5 & ? & 0.3+\Delta_{13} & 0.9 \\ 1.4 & -2.0+\Delta_{22} & ? & 0.3 \\ 0.2+\Delta_{31} & 1.8 & ? & 0.3 \\ 0.1 & ? & 0.5 & -0.9 \end{bmatrix}$$

其中，Δ_{13}=0.1，Δ_{22}=0.2，Δ_{31}=0.2，λ_d^3=−2.5。

要注意的是，定理 3.2 中的充分条件是具有等式约束式 (3.50) 的 LMI［式 (3.46) ～式 (3.49)］的可行性问题，可以借鉴已有工作中的方法来解决：

对于 β>0，考虑以下矩阵不等式：

$$(\boldsymbol{B}_i^{\mathrm{T}}\boldsymbol{X}_i\boldsymbol{D}_i)^{\mathrm{T}}(\boldsymbol{B}_i^{\mathrm{T}}\boldsymbol{X}_i\boldsymbol{D}_i) \leqslant \beta\boldsymbol{I}(i\in S) \tag{3.70}$$

根据 Schur 补定理，上式等价于：

$$\begin{pmatrix} -\beta\boldsymbol{I} & \boldsymbol{D}_i^{\mathrm{T}}\boldsymbol{X}_i\boldsymbol{B}_i \\ * & -\boldsymbol{I} \end{pmatrix} \leqslant 0 \tag{3.71}$$

因此，具有等式约束式 (3.50) 的 LMI［式 (3.46) ～式 (3.49)］的可行性问题转化为寻找以下最小化问题的解：

$$\begin{aligned} &\min \beta \\ &\text{满足式 (3.46) ～式 (3.49) 和式 (3.71)} \end{aligned} \tag{3.72}$$

也就是说，如果最优化问题［式 (3.72)］中的全局解 β 足够小，则式 (3.46) ～式 (3.49) 和式 (3.71) 的对应解也将满足式 (3.46) ～式 (3.50)。

根据以上讨论，求解式 (3.72) 并得出结果：

$$\boldsymbol{X}_1=\begin{bmatrix} 0.0017 & -0.0035 \\ -0.0035 & 0.0082 \end{bmatrix}, \boldsymbol{X}_2=\begin{bmatrix} 0.0012 & -0.0023 \\ -0.0023 & 0.0049 \end{bmatrix},$$

$$\boldsymbol{X}_3=\begin{bmatrix} 0.0009 & -0.0014 \\ -0.0014 & 0.0025 \end{bmatrix}, \boldsymbol{X}_4=\begin{bmatrix} 0.0024 & -0.0044 \\ -0.0044 & 0.0092 \end{bmatrix},$$

$$\varepsilon_1=8.8533\times10^8, \varepsilon_2=8.6296\times10^8, \varepsilon_3=8.3768\times10^8, \varepsilon_4=8.8972\times10^8,$$

$$\sigma_1=-2.1674\times10^9, \sigma_2=-2.2689\times10^9, \sigma_3=-2.3888\times10^9, \sigma_4=-2.1480\times10^9,$$

$$\theta_1=274.2473, \theta_2=6.5254, \theta_3=2.2660\times10^9, \theta_4=455.1633,\ \beta\simeq1.7990\times10^{-9}。$$

由此可以获得所需的滑动函数式 (3.14) 和 SMC 律式 (3.18) ～式 (3.20)。

求解条件 (3.49) 时，对于 $i\in S$，有一种特殊情况是 $\boldsymbol{X}_i=\boldsymbol{X}_l$ $(l\in S_{\bar{o}}^i, l\neq i)$。当 $i\in S_o^i$，存在已知和不确定两种情况，用 δ_{ij} 求解条件时，当 $\hat{\lambda}_{ij}$ 已知时，令 $\delta_{ij}=0$。

在仿真中，设攻击者的注入矩阵模式为 $W_a(t)=1$（即攻击总是有效），$\varPhi_a(x,t)=0.5\left(\sqrt{x_1^2(t)+x_2^2(t)}+0.1\right)\cos t$，$F_1(t)=0.8\sin t$，$F_2(t)=\sin t$，$F_3(t)=0.4\sin t\cos t$，$F_4(t)=0.2\sin t\cos t$，$f_1(t,\boldsymbol{x}(t))=1.6\sqrt{|x_1(t)x_2(t)|}$，$f_2(t,\boldsymbol{x}(t))=2.8x_1(t)$，$f_3(t,\boldsymbol{x}(t))=0.2\sqrt{|x_1(t)+x_2(t)|}$，$f_4(t,\boldsymbol{x}(t))=0.8\sqrt{|x_1(t)x_2(t)|}$，$g_1(t,\boldsymbol{x}(t))=0.3\sqrt{2|x_1(t)x_2(t)|}$，$g_2(t,\boldsymbol{x}(t))=0.4\sin(x_1(t)+x_2(t))$，$g_3(t,\boldsymbol{x}(t))=0.3\sqrt{|x_1(t)|+x_2^2(t)}$，$g_4(t,\boldsymbol{x}(t))=0.2\sin(x_1(t)+x_2(t))$。

仿真基于 Niu Y.(2005) 中的离散化方法，系统初始状态设为 $\boldsymbol{x}(0)=[2\ -1]^{\mathrm{T}}$。

受到攻击下的仿真结果如图 3.1 和图 3.2 所示。可以看出开环系统是不稳定的，在本章提出的自适应 SMC 律作用下，闭环系统的动态性能令人满意。这意味着所提出的自适应 SMC 方法可以有效保证闭环系统的全局渐近稳定性。

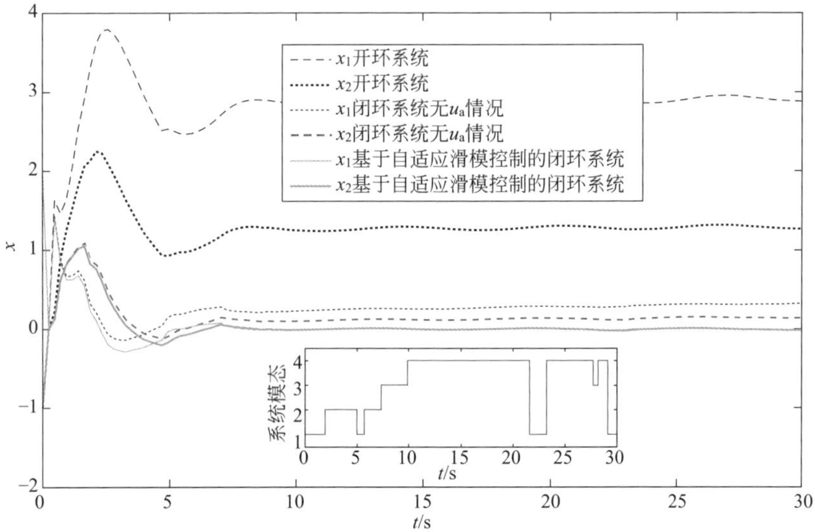

图 3.1　虚假数据注入攻击下状态变量 $x(t)$ 的轨迹

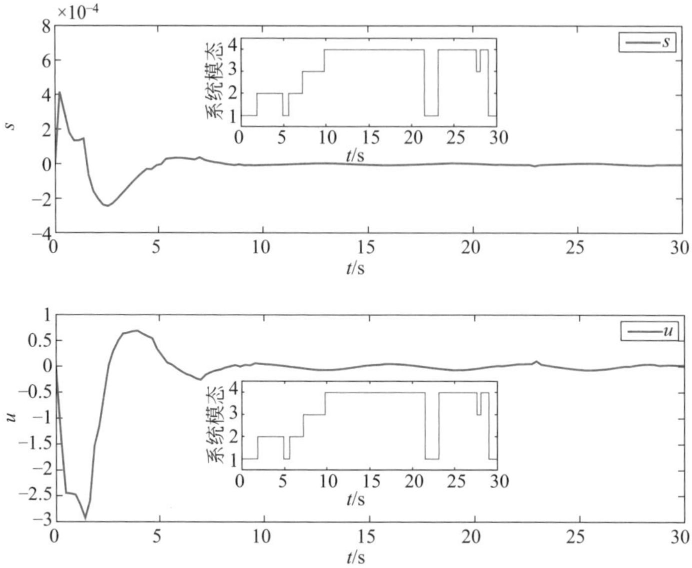

图 3.2 滑模变量 $\boldsymbol{s}(t)$ 和控制信号 $\boldsymbol{u}(t)$

3.5 本章小结

本章研究了一类带有虚假数据注入攻击和不完整 TR 的 Itô 型随机 Markov 跳变系统的安全控制问题。设计了一种自适应 SMC 策略，对时变的未知攻击模式进行在线估计，并且推导出了闭环系统稳定的充分条件。该方法可应用于各种控制信号经通信网络传输时可能受到恶意攻击的实际系统，例如网络控制系统、经济系统、化工过程等。

参考文献

Befekadu G K, et al, 2015. Risk-sensitive control under Markov modulated Denial-of-Service (DoS) attack strategies. IEEE Transactions on Automatic Control, 60:3299-3304.

Dolk V S, et al, 2017. Event-triggered control systems under denial- of-service attacks. IEEE Transactions on Control of Network Systems, 4:93-105.

Hu L, et al, 2018. State estimation under false data injection attacks: Security analysis and system protection. Automatica, 87:176-183.

Lee P, et al, 2013. A passivity framework for modeling and mitigating wormhole attacks on networked control systems. IEEE Transactions on Automatic Control, 59:3224-3237.

Li X, et al, 2016. H_∞ and H_2 filtering for linear systems with uncertain Markov transitions. Automatica, 67:252-266.

Niu Y, et al, 2005. Robust integral sliding mode control for uncertain stochastic systems with time-varying delay. Automatica, 41(5):873-880.

Song J, et al, 2017. Asynchronous output feedback control of time-varying Markovian jump systems within a finite-time interval. Journal of the Franklin Institute, 354:6747-6765.

Zhang M, et al, 2018. Dissipativity-based asynchronous control of discrete-time Markov jump systems with mixed time delays. Int. J. Robust & Nonlinear Control, 28:2161-2171.

Zhao L, et al, 2017. Adaptive sliding mode fault tolerant control for nonlinearly chaotic systems against DoS attack and network faults. Journal of the Franklin Institute, 354:6520-6535.

Zou Y, et al, 2015. Constrained predictive control synthesis for quantized systems with Markovian data loss. Automatica, 55:217-225.

Zonouz S, et al, 2012. Security-oriented cyber-physical state estimation for power grid critical infrastructures. IEEE Transactions on Smart Grid, 3:1790-1799.

Digital Wave
Advanced Technology of
Industrial Internet

Resilient Control for Cyber-Physical Systems: Design and Analysis

信息物理系统安全控制设计与分析

第4章

虚假数据注入攻击下的模糊系统滑模安全控制

4.1
概述

正如绪论部分所述，信号在无线网络传输过程中，容易受到网络攻击。为了削弱网络攻击带来的影响，Rong N.（2021）针对区间二型 T-S 模糊系统，研究了虚假数据注入攻击下的脉冲控制问题，基于 Non-PDC 控制策略设计了不匹配的控制器隶属度函数。Zhang Z.（2022）研究了拒绝服务攻击下区间二型 T-S 模糊系统的容错控制问题，考虑到发生在传感器到控制器通道的网络攻击的影响，控制器隶属度函数前提变量与系统不同。

在实际应用中，由于测量成本和测量技术的限制，系统状态可能并不可测。当用观测器估计系统的状态时，已有文献考虑的前提变量存在三种情况：第一种，前提变量全部可测，观测器的前提变量与系统相同［如 Zhao T.（2016）］；第二种，前提变量全部不可测，观测器的前提变量依赖于估计的状态［如 Jiang B.（2020）；Zhang Z.（2021）］；第三种，前提变量部分可测，观测器的前提变量只依赖可测的前提变量［如 Wu Y.（2018）］。在第一种情况下，Li H.（2016）利用区间二型 T-S 模糊系统隶属度函数上、下界重构了状态观测器的隶属度函数。考虑到第二种情况，Hassani H.（2017）将估计状态作为观测器的前提变量，基于系统隶属度函数设计了状态观测器。考虑到区间二型 T-S 模糊系统隶属度函数未知，Hassani H.（2017）设计的观测器未必能够实现。

本章研究虚假数据注入攻击和不可测状态下区间二型 T-S 模糊系统的滑模控制问题，虚假数据注入攻击发生在控制器到执行器通道。通过引入两个权重因子，利用隶属度函数上下界，构造了观测器的隶属度函数，设计了状态观测器。由于系统隶属度函数未知，误差系统中出现残差项。通过将该残差项当作有界干扰，建立了闭环系统输入-状态稳定的充分条件。通过在线估计网络攻击和外部干扰上界中的未知参数，设计了自适应滑模控制器，保证在网络攻击下系统状态能够在有限时间内驱动到指定滑模面。

4.2 问题描述

本节首先给出相关定义和引理，然后给出区间二型 T-S 模糊系统和虚假数据注入攻击模型。

4.2.1 输入-状态稳定相关定义和引理

输入-状态稳定（Input-to-State Stability, ISS）的概念由 Sontag E. D.（1989）首先提出，用于研究非线性控制系统在扰动下的鲁棒性问题。根据输入-状态稳定的性质，当干扰为零时，系统渐近稳定；干扰有界时，状态也有界。下面给出输入-状态稳定的相关定义和引理。

定义 4.1 对于 $\boldsymbol{x}(t)\in\mathbb{R}^n,\boldsymbol{u}(t)\in\mathbb{R}^m$，如果存在 $\mathcal{KL}$ 类函数 φ_1、$\mathcal{K}$ 类函数 φ_2，使得当 $\boldsymbol{u}(t)\in L_\infty$ 以及 $\boldsymbol{x}(0)\in\mathbb{R}^n$，有

$$\|\boldsymbol{x}(t)\| \leqslant \varphi_1(\|\boldsymbol{x}(0)\|,t)+\varphi_2(\|\boldsymbol{u}_t\|_\infty),t \geqslant 0 \tag{4.1}$$

那么，非线性系统 $\dot{\boldsymbol{x}}(t)=\boldsymbol{f}(\boldsymbol{x}(t),\boldsymbol{u}(t))$ 输入-状态稳定［Sontag E. D., 1989］。

引理 4.1 对于非线性系统 $\dot{\boldsymbol{x}}(t)=\boldsymbol{f}(\boldsymbol{x}(t),\boldsymbol{u}(t))$，连续函数 $\boldsymbol{V}(\cdot):\mathbb{R}^+\rightarrow\mathbb{R}^+$ 称为 ISS-Lyapunov 函数当且仅当存在 $\mathcal{K}_\infty$ 函数 a_1 和 a_2 使得

$$\dot{V}(t) \leqslant -a_1(\|\boldsymbol{x}(t)\|)+a_2(\|\boldsymbol{w}(t)\|) \tag{4.2}$$

成立。此外，该系统输入-状态稳定的充要条件是存在 ISS-Lyapunov 函数 $\boldsymbol{V}(t)$［Sontag E. D., 1995］。

4.2.2 区间二型 T-S 模糊系统

考虑一类区间二型 T-S 模糊系统，其模糊规则如下：

规则 i：如果 $f_1(\theta(t))$ 是 F_1^i，且……，且 $f_n(\theta(t))$ 是 F_n^i，那么

$$\begin{cases}\dot{\boldsymbol{x}}(t)=\boldsymbol{A}_i\boldsymbol{x}(t)+\boldsymbol{B}_i(\boldsymbol{u}_a(t)+\boldsymbol{f}(t,\boldsymbol{x}(t)))\\ \boldsymbol{y}(t)=\boldsymbol{C}\boldsymbol{x}(t)\end{cases} \tag{4.3}$$

其中，F_j^i 是第 i 个模糊规则中对应于前提变量 $f_j(\theta(t))$ 的区间二型模糊集合，$\boldsymbol{A}_i$、$\boldsymbol{B}_i$ 和 $\boldsymbol{C}$ 为已知常数矩阵，$\boldsymbol{x}(t)\in\mathbb{R}^n$ 和 $\boldsymbol{u}_a(t)\in\mathbb{R}^m$ 分别为状态和实际控制输入，$\boldsymbol{y}(t)\in\mathbb{R}^p$ 为测量输出。干扰 $\boldsymbol{f}(t,\boldsymbol{x}(t))$ 满足假设 $\|\boldsymbol{f}(t,\boldsymbol{x}(t))\|\leqslant\gamma\|\boldsymbol{y}(t)\|$，其中 γ 为未知正数。第 i 个规则的激活区间为：

$$W_i(\theta(t))=[\underline{w}_i(\theta(t)),\overline{w}_i(\theta(t))]$$

$$\underline{w}_i(\theta(t))=\prod_{J=1}^{n}\underline{\mu}_{F_j^i}(f_j(\theta(t)))\geqslant 0,\overline{w}_i(\theta(t))=\prod_{J=1}^{n}\overline{\mu}_{F_j^i}(f_j(\theta(t)))\geqslant 0$$

其中，$\underline{\mu}_{F_j^i}(f_j(\theta(t)))\in[0,1]$ 和 $\overline{\mu}_{F_j^i}(f_j(\theta(t)))\in[0,1]$ 分别为上、下隶属度。模糊子系统［式 (4.3)］的全局模型表示为：

$$\begin{cases}\dot{\boldsymbol{x}}(t)=\sum_{i=1}^{s}w_i(\theta(t))\left[\boldsymbol{A}_i\boldsymbol{x}(t)+\boldsymbol{B}_i(\boldsymbol{u}_a(t)+\boldsymbol{f}(t,\boldsymbol{x}(t)))\right]\\ \boldsymbol{y}(t)=\boldsymbol{C}\boldsymbol{x}(t)\end{cases} \tag{4.4}$$

其中，

$$w_i(\theta(t))=\underline{w}_i(\theta(t))\underline{v}_i(\theta(t))+\overline{w}_i(\theta(t))\overline{v}_i(\theta(t)),\sum_{i=1}^{s}w_i(\theta(t))=1$$

不确定系数 $\underline{v}_i(\theta(t))$、$\overline{v}_i(\theta(t))$ 满足：

$$\underline{v}_i(\theta(t)),\overline{v}_i(\theta(t))\in[0,1],\underline{v}_i(\theta(t))+\overline{v}_i(\theta(t))=1$$

4.2.3 虚假数据注入攻击模型

本章考虑在控制信号从控制器向执行器传输过程中发生虚假数据注入攻击的情况，攻击模型为：

$$\boldsymbol{u}_a(t)=\boldsymbol{u}(t)+\boldsymbol{\delta}_a(\boldsymbol{y}(t),t) \tag{4.5}$$

其中，$\boldsymbol{u}(t)$ 是待设计的控制信号；$\boldsymbol{\delta}_a(\boldsymbol{y}(t),t)=\boldsymbol{\Omega}_a\boldsymbol{\Phi}(\boldsymbol{y}(t),t)$ 用来描述网络攻击；$\boldsymbol{\Omega}_a$ 是未知的权重；$\boldsymbol{\Phi}(\boldsymbol{y}(t),t)$ 是可能被攻击者利用的系统信息。假设 $\|\boldsymbol{\Omega}_a\|\leqslant\beta$，$\|\boldsymbol{\Phi}(\boldsymbol{y}(t),t)\|\leqslant$标量 $(\boldsymbol{y}(t),t)$，$\beta>0$ 是未知常数，标量 $(\boldsymbol{y}(t),t)>0$ 是已知函数。

注释 4.1 在实际应用中，虽然攻击者可以访问网络层并操纵传感器、控制器和执行器之间的数据交换，但攻击者注入的信息通常受到信道容量、振幅等物理约束。因此，假设 $\boldsymbol{\Phi}(\boldsymbol{y}(t),t)$ 有上界函数 $\Psi(\boldsymbol{y}(t),t)$ 是合理的。此外，本章假设 $\Psi(\boldsymbol{y}(t),t)$ 已知，对于未知的情况，可以用神经网络逼近等方法进行估计。另外，$\boldsymbol{\Omega}_a$ 为未知的权重矩阵，用来反映网络攻击对执行器的影响。例如，当 $\boldsymbol{\Omega}_a=\boldsymbol{\Lambda I}_m$，且 $\boldsymbol{\Lambda}=\mathrm{diag}\{\boldsymbol{\lambda}_1,\cdots,\boldsymbol{\lambda}_m\}$，$\boldsymbol{\lambda}_i \neq 0$ 表示第 i 个执行器受攻击的程度，$\boldsymbol{\lambda}_i=0$ 表示第 i 个执行器没有受到攻击。

在网络攻击模型［式 (4.5)］下的区间二型 T-S 模糊系统［式 (4.4)］可以进一步表示为：

$$\begin{cases} \dot{\boldsymbol{x}}(t)=\sum_{i=1}^{s} w_i(\theta(t))\left[\boldsymbol{A}_i\boldsymbol{x}(t)+\boldsymbol{B}_i(\boldsymbol{u}(t)+\boldsymbol{\delta}_a(\boldsymbol{y}(t),t)+\boldsymbol{f}(t,\boldsymbol{x}(t)))\right] \\ \boldsymbol{y}(t)=\boldsymbol{C}\boldsymbol{x}(t) \end{cases} \tag{4.6}$$

本章目标是设计基于状态观测器的自适应滑模控制器，使得系统 (4.6) 在网络攻击下输入-状态稳定。

4.3 主要结果

区间二型 T-S 模糊系统的一个重要特点是系统隶属度函数 $w_i(\theta(t))$ 未知。因此，本节利用上、下隶属度函数 $\overline{w}_i(\theta(t))$ 和 $\underline{w}_i(\theta(t))$，引入两个权系数 $\underline{a}_i(\theta(t))$ 和 $\overline{a}_i(\theta(t))$ 构造状态观测器的隶属度函数：

$$h_i(\theta(t))=\underline{w}_i(\theta(t))\underline{a}_i(\theta(t))+\overline{w}_i(\theta(t))\overline{a}_i(\theta(t)),\ \sum_{i=1}^{s}h_i(\theta(t))=1 \tag{4.7}$$

其中，权系数 $\underline{a}_i(\theta(t))$ 和 $\overline{a}_i(\theta(t))$ 满足：

$$\underline{a}_i(\theta(t)),\overline{a}_i(\theta(t))\in[0,1],\ \underline{a}_i(\theta(t))+\overline{a}_i(\theta(t))=1$$

可以根据实际要求进行选择。

基于构造的隶属度函数 (4.7)，本节设计如下状态观测器：

$$\dot{\hat{\boldsymbol{x}}}(t)=\sum_{i=1}^{s}h_i(\theta(t))\left[\boldsymbol{A}_i\hat{\boldsymbol{x}}(t)+\boldsymbol{B}_i(\boldsymbol{u}(t)+\boldsymbol{v}(t))+\boldsymbol{L}_i(\boldsymbol{y}(t)-\boldsymbol{C}\hat{\boldsymbol{x}}(t))\right] \tag{4.8}$$

其中，$\hat{\boldsymbol{x}}(t)$ 为 $\boldsymbol{x}(t)$ 的估计值，$\boldsymbol{L}_i$ 为待求的观测器增益，鲁棒项 $\boldsymbol{v}(t)$ 为：

$$\boldsymbol{v}(t)=(\hat{\beta}(t)\varPsi(y)+\hat{\gamma}(t)\|\boldsymbol{y}(t)\|+\varsigma)\mathrm{sgn}\left(\sum_{i=1}^{s}h_i(\theta(t))\boldsymbol{N}_i\boldsymbol{C}\boldsymbol{e}(t)\right) \tag{4.9}$$

式中，$\boldsymbol{N}_i>0$ 为设计矩阵；ς 为正标量；$\hat{\beta}(t)$ 和 $\hat{\gamma}(t)$ 分别为 β 和 γ 的估计值。其自适应调整规则为：

$$\dot{\hat{\beta}}(t)=\eta_1\left\|\sum_{i=1}^{s}h_i(\theta(t))\boldsymbol{e}^{\mathrm{T}}(t)\boldsymbol{C}^{\mathrm{T}}\boldsymbol{N}_i\right\|\varPsi(y) \tag{4.10}$$

$$\dot{\hat{\gamma}}(t)=\eta_2\left\|\sum_{i=1}^{s}h_i(\theta(t))\boldsymbol{e}^{\mathrm{T}}(t)\boldsymbol{C}^{\mathrm{T}}\boldsymbol{N}_i\right\|\|\boldsymbol{y}(t)\| \tag{4.11}$$

其中，η_1 和 η_2 为已知正标量。

为了简化记号，下面省略 $w_i(\theta(t))$、$\underline{w}_i(\theta(t))$、$\bar{w}_i(\theta(t))$、$h_i(\theta(t))$ 和 $\boldsymbol{\delta}_a(\boldsymbol{y}(t),t)$ 中的变量 t。记 $\boldsymbol{e}(t)=\boldsymbol{x}(t)-\hat{\boldsymbol{x}}(t)$，利用式 (4.6) 和式 (4.8)，得到如下估计误差系统：

$$\dot{\boldsymbol{e}}(t)=\sum_{i=1}^{s}h_i(\theta)\,[(\boldsymbol{A}_i-\boldsymbol{L}_i\boldsymbol{C})\boldsymbol{e}(t)+\boldsymbol{B}_i(\boldsymbol{\delta}_a(y)+\boldsymbol{f}(t,\boldsymbol{x}(t))-\boldsymbol{v}(t))]+\boldsymbol{w}(t) \tag{4.12}$$

其中，

$$\boldsymbol{w}(t)=\sum_{i=1}^{s}\,[w_i(\theta)-h_i(\theta)][\boldsymbol{A}_i\boldsymbol{x}(t)+\boldsymbol{B}_i(\boldsymbol{u}(t)+\boldsymbol{\delta}_a(y)+\boldsymbol{f}(t,\boldsymbol{x}(t)))] \tag{4.13}$$

需要注意，残差项 $\boldsymbol{w}(t)$ 来源于未知的隶属度函数 $w_i(\theta)$，同时反映了网络攻击 $\boldsymbol{\delta}_a(y)$ 和外部干扰 $\boldsymbol{f}(t,\boldsymbol{x}(t))$ 的影响。另外，由于模糊系统通常定义在某紧集内，即 $\boldsymbol{x}(t)$ 有界，控制输入 $\boldsymbol{u}(t)$ 是有界的，因此得到

$$\|\boldsymbol{w}(t)\|\leqslant 2\sum_{i=1}^{s}\,[\|\boldsymbol{A}_i\|\|\boldsymbol{x}(t)\|+\|\boldsymbol{B}_i\|(\|\boldsymbol{u}(t)\|+\|\boldsymbol{\delta}_a(y)\|+\|\boldsymbol{f}(t,\boldsymbol{x}(t))\|)]<+\infty \tag{4.14}$$

即残差项 $\boldsymbol{w}(t)$ 范数有界。

现在，定义如下积分型滑模函数：

$$\boldsymbol{s}(t)=\boldsymbol{G}\hat{\boldsymbol{x}}(t)-\boldsymbol{G}\int_0^t\sum_{i=1}^{s}h_i(\theta)(\boldsymbol{A}_i+\boldsymbol{B}_i\boldsymbol{K})\hat{\boldsymbol{x}}(z)\mathrm{d}z \tag{4.15}$$

其中，$\boldsymbol{K}\in\mathbb{R}^{m\times n}$ 为设计矩阵；$\boldsymbol{G}\in\mathbb{R}^{m\times n}$ 为给定矩阵，满足 $\boldsymbol{GB}_i>0$（或 $\boldsymbol{GB}_i<0$）（i=1, 2, ⋯, s）。

利用式 (4.8) 和式 (4.15)，可得

$$\dot{\boldsymbol{s}}(t)=\sum_{i=1}^{s}h_i(\theta)[\boldsymbol{GB}_i(\boldsymbol{u}(t)+\boldsymbol{v}(t))-\boldsymbol{GB}_i\boldsymbol{K}\hat{\boldsymbol{x}}(t)+\boldsymbol{GL}_i(\boldsymbol{y}(t)-\boldsymbol{C}\hat{\boldsymbol{x}}(t))] \tag{4.16}$$

根据滑模控制理论，当状态轨迹位于滑模面上时有 $\boldsymbol{s}(t)=0$ 和 $\dot{\boldsymbol{s}}(t)=0$，由此可以得到等效控制律为：

$$\boldsymbol{u}_{eq}=\boldsymbol{K}\hat{\boldsymbol{x}}(t)-\boldsymbol{v}(t)-\boldsymbol{G}^{-1}(h)\sum_{i=1}^{s}h_i(\theta)\boldsymbol{GL}_i(\boldsymbol{y}(t)-\boldsymbol{C}\hat{\boldsymbol{x}}(t)) \tag{4.17}$$

其中，$\boldsymbol{G}(h)\overset{\text{def}}{=\!=}\sum_{i=1}^{s}h_i(\theta)\boldsymbol{GB}_i$。根据 $\boldsymbol{GB}_i>0$（或 $\boldsymbol{GB}_i<0$）容易得到，$\boldsymbol{G}(h)$ 非奇异。将式 (4.17) 代入式 (4.8)，得到如下滑模动态方程：

$$\begin{aligned}\dot{\hat{\boldsymbol{x}}}(t)=\sum_{i=1}^{s}h_i(\theta)\,[(\boldsymbol{A}_i+\boldsymbol{B}_i\boldsymbol{K})\hat{\boldsymbol{x}}(t)-\boldsymbol{B}_i\boldsymbol{G}^{-1}(h)\sum_{i=1}^{s}h_i(\theta)\boldsymbol{GL}_i(\boldsymbol{y}(t)-\boldsymbol{C}\hat{\boldsymbol{x}}(t))\\+\boldsymbol{L}_i(\boldsymbol{y}(t)-\boldsymbol{C}\hat{\boldsymbol{x}}(t))]\end{aligned} \tag{4.18}$$

4.3.1 输入-状态稳定性分析

下面分析估计误差系统 (4.12) 和滑模动态方程 (4.18) 的输入-状态稳定性，给出观测矩阵和控制增益应满足的充分条件。

定理 4.1 如果存在矩阵 $\boldsymbol{P}>0$、$\boldsymbol{Q}>0$、$\boldsymbol{R}>0$、$\boldsymbol{T}>0$、$\boldsymbol{M}_i>0$、$\boldsymbol{X}_i>0$、$\boldsymbol{N}_i>0$ 和 $\boldsymbol{Y}$、$\bar{\boldsymbol{L}}_i$(i=1, 2, ⋯, s) 满足：

$$\begin{bmatrix}He(\boldsymbol{A}_i\boldsymbol{Q}+\boldsymbol{B}_i\boldsymbol{Y})+\boldsymbol{M}_i & 0 & 0\\ * & He(\boldsymbol{RA}_i-\bar{\boldsymbol{L}}_i\boldsymbol{C})+\boldsymbol{X}_i & \boldsymbol{R}\\ * & * & -\boldsymbol{T}\end{bmatrix}<0,\ \forall i \tag{4.19}$$

$$\boldsymbol{Q}(\boldsymbol{G}^{\mathrm{T}}\boldsymbol{P}\boldsymbol{G})=\boldsymbol{I} \tag{4.20}$$

$$(\boldsymbol{R}\boldsymbol{B}_i)^{\mathrm{T}}=\boldsymbol{N}_i\boldsymbol{C},\ \forall i \tag{4.21}$$

那么，估计误差系统 (4.12) 和滑模动态方程 (4.18) 是输入-状态稳定的。并且，控制器和观测器增益分别为 $\boldsymbol{K}=\boldsymbol{Y}\boldsymbol{Q}^{-1}$ 和 $\boldsymbol{L}_i=\boldsymbol{R}^{-1}\overline{\boldsymbol{L}}_i$。

证明:

设计如下 Lyapunov 候选函数：

$$V_1(t)=\hat{\boldsymbol{x}}^{\mathrm{T}}(t)\boldsymbol{G}^{\mathrm{T}}\boldsymbol{P}\boldsymbol{G}\hat{\boldsymbol{x}}(t)+\boldsymbol{e}^{\mathrm{T}}(t)\boldsymbol{R}\boldsymbol{e}(t)+\eta_1^{-1}\tilde{\beta}^2(t)+\eta_2^{-1}\tilde{\gamma}^2(t) \tag{4.22}$$

其中，$\tilde{\beta}(t)=\tilde{\beta}(t)-\beta$, $\tilde{\gamma}(t)=\tilde{\gamma}(t)-\gamma$。根据估计误差方程 (4.12) 和滑模动态方程 (4.18) 可得

$$\begin{aligned}\dot{V}_1(t) &= 2\hat{\boldsymbol{x}}^{\mathrm{T}}(t)\boldsymbol{G}^{\mathrm{T}}\boldsymbol{P}\boldsymbol{G}\sum_{i=1}^{s}h_i(\theta)\Big[(\boldsymbol{A}_i+\boldsymbol{B}_i\boldsymbol{K})\hat{\boldsymbol{x}}(t)-\boldsymbol{B}_i\boldsymbol{G}^{-1}(h)\sum_{i=1}^{s}h_i(\theta)\boldsymbol{G}\boldsymbol{L}_i(\boldsymbol{y}(t)\\&-\boldsymbol{C}\hat{\boldsymbol{x}}(t))+\boldsymbol{L}_i(\boldsymbol{y}(t)-\boldsymbol{C}\hat{\boldsymbol{x}}(t))\Big]+2\boldsymbol{e}^{\mathrm{T}}(t)\boldsymbol{R}\boldsymbol{w}(t)\\&+2\boldsymbol{e}^{\mathrm{T}}(t)\boldsymbol{R}\sum_{i=1}^{s}h_i(\theta)\big[(\boldsymbol{A}_i-\boldsymbol{L}_i\boldsymbol{C})\boldsymbol{e}(t)+\boldsymbol{B}_i(\delta_a(y)+\boldsymbol{f}(t,\boldsymbol{x}(t))-\boldsymbol{v}(t))\big]\\&+2\eta_1^{-1}\tilde{\beta}(t)\dot{\tilde{\beta}}(t)+2\eta_2^{-1}\tilde{\gamma}(t)\dot{\tilde{\gamma}}(t)\end{aligned} \tag{4.23}$$

注意到，$\boldsymbol{G}(h)\overset{\text{def}}{=\!=}\sum_{i=1}^{s}h_i(\theta)\boldsymbol{G}\boldsymbol{B}_i$，可以将式 (4.23) 改写为

$$\begin{aligned}\dot{V}_1(t) &= 2\sum_{i=1}^{s}h_i(\theta)\hat{\boldsymbol{x}}^{\mathrm{T}}(t)\boldsymbol{G}^{\mathrm{T}}\boldsymbol{P}\boldsymbol{G}(\boldsymbol{A}_i+\boldsymbol{B}_i\boldsymbol{K})\hat{\boldsymbol{x}}(t)+2\boldsymbol{e}^{\mathrm{T}}(t)\boldsymbol{R}\sum_{i=1}^{s}h_i(\theta)(\boldsymbol{A}_i-\boldsymbol{L}_i\boldsymbol{C})\boldsymbol{e}(t)\\&+2\boldsymbol{e}^{\mathrm{T}}(t)\boldsymbol{R}\sum_{i=1}^{s}h_i(\theta)\boldsymbol{B}_i(\boldsymbol{\delta}_a(y)+\boldsymbol{f}(t,\boldsymbol{x}(t))-\boldsymbol{v}(t))+2\boldsymbol{e}^{T}(t)\boldsymbol{R}\boldsymbol{w}(t)\\&+2\eta_1^{-1}\tilde{\beta}(t)\dot{\tilde{\beta}}(t)+2\eta_2^{-1}\tilde{\gamma}(t)\dot{\tilde{\gamma}}(t)\end{aligned} \tag{4.24}$$

由式 (4.9) 和式 (4.21) 可得

$$2\boldsymbol{e}^{\mathrm{T}}(t)\boldsymbol{R}\sum_{i=1}^{s}h_i(\theta)\boldsymbol{B}_i(\delta_a(y)+\boldsymbol{f}(t,\boldsymbol{x}(t))-\boldsymbol{v}(t))$$

$$\leqslant 2\left\|\sum_{i=1}^{s}h_i(\theta)\boldsymbol{e}^{\mathrm{T}}(t)\boldsymbol{C}^{\mathrm{T}}\boldsymbol{N}_i\right\|(\beta\Psi(y)+\gamma\|\boldsymbol{y}(t)\|)$$

$$-2\left\|\sum_{i=1}^{s}h_i(\theta)\boldsymbol{e}^{\mathrm{T}}(t)\boldsymbol{C}^{\mathrm{T}}\boldsymbol{N}_i\right\|(\hat{\beta}(t)\Psi(y)+\hat{\gamma}(t)\|\boldsymbol{y}(t)\|+\varsigma) \tag{4.25}$$

根据自适应调整规则式 (4.10)、式 (4.11)，由式 (4.25) 可得

$$2\boldsymbol{e}^{\mathrm{T}}(t)\boldsymbol{R}\sum_{i=1}^{s}h_i(\theta)\boldsymbol{B}_i(\boldsymbol{\delta}_a(y)+\boldsymbol{f}(t,\boldsymbol{x}(t))-\boldsymbol{v}(t))+2\eta_1^{-1}\tilde{\beta}(t)\dot{\tilde{\beta}}(t)+2\eta_2^{-1}\tilde{\gamma}(t)\dot{\tilde{\gamma}}(t)$$

$$\leqslant -2\varsigma\left\|\sum_{i=1}^{s}h_i(\theta)\boldsymbol{e}^{\mathrm{T}}(t)\boldsymbol{C}^{\mathrm{T}}\boldsymbol{N}_i\right\|\leqslant 0 \tag{4.26}$$

注意到，有不等式

$$2\boldsymbol{e}^{\mathrm{T}}(t)\boldsymbol{R}\boldsymbol{w}(t)\leqslant \boldsymbol{e}^{\mathrm{T}}(t)\boldsymbol{R}\boldsymbol{T}^{-1}\boldsymbol{R}\boldsymbol{e}(t)+\lambda_{\max}(\boldsymbol{T})\|\boldsymbol{w}(t)\|^2 \tag{4.27}$$

将式 (4.26)、式 (4.27) 代入式 (4.24)，可得

$$\dot{V}_1(t)\leqslant 2\sum_{i=1}^{s}h_i(\theta)\hat{\boldsymbol{x}}^{\mathrm{T}}(t)\boldsymbol{G}^{\mathrm{T}}\boldsymbol{P}\boldsymbol{G}(\boldsymbol{A}_i+\boldsymbol{B}_i\boldsymbol{K})\hat{\boldsymbol{x}}(t)+2\boldsymbol{e}^{\mathrm{T}}(t)\boldsymbol{R}\sum_{i=1}^{s}h_i(\theta)(\boldsymbol{A}_i-\boldsymbol{L}_i\boldsymbol{C})\boldsymbol{e}(t)$$

$$+\boldsymbol{e}^{\mathrm{T}}(t)\boldsymbol{R}\boldsymbol{T}^{-1}\boldsymbol{R}\boldsymbol{e}(t)+\lambda_{\max}(\boldsymbol{T})\|\boldsymbol{w}(t)\|^2$$

$$=\sum_{i=1}^{s}h_i(\theta)\boldsymbol{\eta}^{\mathrm{T}}(t)\boldsymbol{\Pi}\boldsymbol{\eta}(t)+\lambda_{\max}(\boldsymbol{T})\|\boldsymbol{w}(t)\|^2 \tag{4.28}$$

其中，$\boldsymbol{\eta}(t)\overset{\text{def}}{=\!=}(\hat{\boldsymbol{x}}^{\mathrm{T}}(t)\boldsymbol{e}^{\mathrm{T}}(t))^{\mathrm{T}}$ 以及

$$\boldsymbol{\Pi}\overset{\text{def}}{=\!=}\begin{bmatrix}He(\boldsymbol{G}^{\mathrm{T}}\boldsymbol{P}\boldsymbol{G}\boldsymbol{A}_i+\boldsymbol{G}^{\mathrm{T}}\boldsymbol{P}\boldsymbol{G}\boldsymbol{B}_i\boldsymbol{K}) & 0\\ * & He(\boldsymbol{R}\boldsymbol{A}_i-\boldsymbol{R}\boldsymbol{L}_i\boldsymbol{C})+\boldsymbol{R}\boldsymbol{T}^{-1}\boldsymbol{R}\end{bmatrix} \tag{4.29}$$

另一方面，由式 (4.19) 可得

$$\begin{bmatrix}He(\boldsymbol{A}_i\boldsymbol{Q}+\boldsymbol{B}_i\boldsymbol{Y})+\boldsymbol{M}_i & 0\\ * & He(\boldsymbol{R}\boldsymbol{A}_i-\bar{\boldsymbol{L}}_i\boldsymbol{C})+\boldsymbol{X}_i+\boldsymbol{R}\boldsymbol{T}^{-1}\boldsymbol{R}\end{bmatrix}<0 \tag{4.30}$$

注意到式 (4.20)，有 $\boldsymbol{Q}^{-1}=\boldsymbol{G}^{\mathrm{T}}\boldsymbol{P}\boldsymbol{G}$。记 $\bar{\boldsymbol{M}}_i \overset{\text{def}}{=\!=} \boldsymbol{Q}^{-1}\boldsymbol{M}_i\boldsymbol{Q}^{-1}$，$\boldsymbol{\Pi}_i \overset{\text{def}}{=\!=} \mathrm{diag}\{\bar{\boldsymbol{M}}_i, \boldsymbol{X}_i\}$。对不等式 (4.30) 左右两边同时乘以 $\mathrm{diag}\{\boldsymbol{Q}^{-1},\boldsymbol{I}\}$，利用 $\boldsymbol{K}=\boldsymbol{Y}\boldsymbol{Q}^{-1}$，$\boldsymbol{L}_i=\boldsymbol{R}^{-1}\bar{\boldsymbol{L}}_i$，得

$$\begin{bmatrix} He(\boldsymbol{G}^{\mathrm{T}}\boldsymbol{P}\boldsymbol{G}\boldsymbol{A}_i+\boldsymbol{G}^{\mathrm{T}}\boldsymbol{P}\boldsymbol{G}\boldsymbol{B}_i\boldsymbol{K})+\bar{\boldsymbol{M}}i & 0 \\ * & He(\boldsymbol{R}\boldsymbol{A}_i-\boldsymbol{R}\boldsymbol{L}_i\boldsymbol{C})+\boldsymbol{R}\boldsymbol{T}^{-1}\boldsymbol{R}+\boldsymbol{X}_i \end{bmatrix}<0 \tag{4.31}$$

根据式 (4.29) 和 $\boldsymbol{\Pi}_i$ 定义，上式即为 $\boldsymbol{\Pi}+\boldsymbol{\Pi}_i<0$。于是，由式 (4.28) 和式 (4.31) 可得

$$\begin{aligned} \dot{V}_1(t) &\leqslant -\boldsymbol{\eta}^{\mathrm{T}}(t)\sum_{i=1}^{s} h_i(\theta)\boldsymbol{\Pi}_i\boldsymbol{\eta}(t)+\lambda_{\max}(\boldsymbol{T})\|\boldsymbol{w}(t)\|^2 \\ &\leqslant -\min_i \lambda_{\min}(\boldsymbol{\Pi}_i)\|\boldsymbol{\eta}(t)\|^2+\lambda_{\max}(\boldsymbol{T})\|\boldsymbol{w}(t)\|^2 \end{aligned} \tag{4.32}$$

令 $a_1(r) \overset{\text{def}}{=\!=} \min\limits_i \lambda_{\min}(\boldsymbol{\Pi}_{\mathrm{i}})r^2$, $a_2(r) \overset{\text{def}}{=\!=} \lambda_{\max}(\boldsymbol{T})r^2$。由式 (4.32) 得

$$\dot{V}_1(t) \leqslant -a_1(\|\boldsymbol{\eta}(t)\|)+a_2(\|\boldsymbol{w}(t)\|) \tag{4.33}$$

利用式 (4.33)，根据引理 4.1 可知，$V_1(t)$ 是 ISS-Lyapunov 函数。因此，如果存在矩阵 $\boldsymbol{P}>0$、$\boldsymbol{Q}>0$、$\boldsymbol{R}>0$、$\boldsymbol{T}>0$、$\boldsymbol{M}_i>0$、$\boldsymbol{X}_i>0$、$\boldsymbol{N}_i>0$ 和 $\boldsymbol{Y}$、$\bar{\boldsymbol{L}}_i$ 满足式 (4.19) ～式 (4.21)，那么，估计误差系统 (4.12) 和滑模动态方程 (4.18) 是输入-状态稳定的。证毕。

4.3.2 自适应滑模控制器设计和可达性分析

为了保证滑模面 $\boldsymbol{s}(t)=0$ 的可达性，设计如下自适应滑模控制器：

$$\boldsymbol{u}(t)=\boldsymbol{K}\hat{\boldsymbol{x}}(t)-\boldsymbol{G}^{-1}(h)\left[\sum_{i=1}^{s} h_i(\theta)\boldsymbol{G}\boldsymbol{L}_i(\boldsymbol{y}(t)-\boldsymbol{C}\hat{\boldsymbol{x}}(t))\right]-\rho(t)\mathrm{sgn}(\boldsymbol{G}^{\mathrm{T}}(h)\boldsymbol{s}(t)) \tag{4.34}$$

式中，

$$\rho(t)=\hat{\beta}(t)\Psi(y)+\hat{\gamma}(t)\|\boldsymbol{y}(t)\|+\varsigma+\varrho \tag{4.35}$$

其中，ϱ 为正标量，$\hat{\beta}(t)$ 和 $\hat{\gamma}(t)$ 满足自适应调整规则 (4.10)、(4.11)。

定理 4.2 考虑滑模观测器［式 (4.8)］和滑模函数 (4.15)，设计自适应滑模控制器［式 (4.34)、式 (4.35)］，其中，参数估计 $\hat{\beta}(t)$ 和 $\hat{\gamma}(t)$ 满足自适应调整规则［式 (4.10)、式 (4.11)］，那么状态轨迹可以在有限时间内被驱动到滑模面 $\boldsymbol{s}(t)=0$。

证明：

设计 Lyapunov 函数 $\boldsymbol{V}_2(t)=1/2\boldsymbol{s}^{\mathrm{T}}(t)\boldsymbol{s}(t)$，由式 (4.16) 可得

$$\dot{\boldsymbol{V}}_2(t)=\boldsymbol{s}^{\mathrm{T}}(t)\dot{\boldsymbol{s}}(t)$$

$$=\boldsymbol{s}^{\mathrm{T}}(t)\sum_{i=1}^{s}h_i(\theta)[\boldsymbol{GB}_i(\boldsymbol{u}(t)+\boldsymbol{v}(t))-\boldsymbol{GB}_i\boldsymbol{K}\hat{\boldsymbol{x}}(t)+\boldsymbol{GL}_i(\boldsymbol{y}(t)-\boldsymbol{C}\hat{\boldsymbol{x}}(t))] \tag{4.36}$$

将式 (4.34) 代入式 (4.36)，有

$$\dot{\boldsymbol{V}}_2(t)=\boldsymbol{s}^{\mathrm{T}}(\mathrm{t})\sum_{i=1}^{s}h_i(\theta)\boldsymbol{GB}_i\left\{\boldsymbol{K}\hat{\boldsymbol{x}}(t)-\boldsymbol{G}^{-1}(h)\left[\sum_{i=1}^{s}h_i(\theta)\boldsymbol{GL}_i(\boldsymbol{y}(t)-\boldsymbol{C}\hat{\boldsymbol{x}}(t))\right]\right.$$

$$\left.-\rho(t)\mathrm{sgn}(\boldsymbol{G}^{\mathrm{T}}(h)\boldsymbol{s}(t))+\boldsymbol{v}(t)\right\}+\boldsymbol{s}^{\mathrm{T}}(t)\sum_{i=1}^{s}h_i(\theta)\boldsymbol{GL}_i(\boldsymbol{y}(t)-\boldsymbol{C}\hat{\boldsymbol{x}}(t))$$

$$-\boldsymbol{s}^{\mathrm{T}}(t)\sum_{i=1}^{s}h_i(\theta)\boldsymbol{GB}_i\boldsymbol{K}\hat{\boldsymbol{x}}(t)$$

$$=-\boldsymbol{s}^{\mathrm{T}}(t)\boldsymbol{G}(h)\rho(t)\mathrm{sgn}(\boldsymbol{G}^{\mathrm{T}}(h)\boldsymbol{s}(t))+\boldsymbol{s}^{\mathrm{T}}(t)\boldsymbol{G}(h)\boldsymbol{v}(t) \tag{4.37}$$

利用式 (4.9)、式 (4.35) 和式 (4.37)，有

$$\dot{\boldsymbol{V}}_2(t)\leqslant-\|\boldsymbol{s}^{\mathrm{T}}(t)\boldsymbol{G}(h)\|(\hat{\beta}(t)\Psi(y)+\hat{\gamma}(t)\|\boldsymbol{y}(t)\|+\varsigma+\varrho)$$

$$+\|\boldsymbol{s}^{\mathrm{T}}(t)\boldsymbol{G}(h)\|(\hat{\beta}(t)\Psi(x)+\hat{\gamma}(t)\|\boldsymbol{y}(t)\|+\varsigma)$$

$$=-\varrho\|\boldsymbol{s}^{\mathrm{T}}(t)\sum_{i=1}^{s}h_i(\theta)\boldsymbol{GB}_i\|\leqslant 0 \tag{4.38}$$

因此，滑模面 $\boldsymbol{s}(t)=0$ 的可达性可以得到保证。证毕。

注释 4.2 滑模控制器［式 (4.34)、式 (4.35)］具有如下性质：①滑模控制器依赖于测量输出 $\boldsymbol{y}(t)$，估计的状态 $\hat{\boldsymbol{x}}(t)$ 以及重构的隶属

度函数 $h_i(\theta(t))$，因此，所设计的自适应滑模控制能够有效消除状态不可测和网络攻击的影响。②攻击和干扰上界中的未知参数 β 和 γ 能够根据式 (4.10)、式 (4.11) 在线估计。

4.3.3 优化求解算法

定理 4.1 中的稳定性条件包含等式约束式 (4.20) 和式 (4.21)，因此很难用 MATLAB LMI 工具箱求解。为了解决这个问题，本节将式 (4.20)、式 (4.21) 转化为如下不等式约束：

$$(\boldsymbol{G}^{\mathrm{T}}\boldsymbol{P}\boldsymbol{G}-\boldsymbol{Q}^{-1})^{\mathrm{T}}(\boldsymbol{G}^{\mathrm{T}}\boldsymbol{P}\boldsymbol{G}-\boldsymbol{Q}^{-1})-\xi_1\boldsymbol{I}\leqslant 0 \tag{4.39}$$

以及

$$(\boldsymbol{R}\boldsymbol{B}_i-\boldsymbol{C}^{\mathrm{T}}\boldsymbol{N}_i)((\boldsymbol{R}\boldsymbol{B}_i)^{\mathrm{T}}-\boldsymbol{N}_i\boldsymbol{C})-\xi_2\boldsymbol{I}\leqslant 0 \tag{4.40}$$

其中，ξ_1 和 ξ_2 为正标量。利用 Schur 补引理，可将式 (4.39) 和式 (4.40) 等价地分别转化为

$$\begin{bmatrix} -\xi_1\boldsymbol{I} & (\boldsymbol{G}^{\mathrm{T}}\boldsymbol{P}\boldsymbol{G}-\boldsymbol{Q}^{-1})^{\mathrm{T}} \\ (\boldsymbol{G}^{\mathrm{T}}\boldsymbol{P}\boldsymbol{G}-\boldsymbol{Q}^{-1}) & -\boldsymbol{I} \end{bmatrix}\leqslant 0 \tag{4.41}$$

和

$$\begin{bmatrix} -\xi_2\boldsymbol{I} & \boldsymbol{R}\boldsymbol{B}_i-\boldsymbol{C}^{\mathrm{T}}\boldsymbol{N}_i \\ (\boldsymbol{R}\boldsymbol{B}_i)^{\mathrm{T}}-\boldsymbol{N}_i\boldsymbol{C} & -\boldsymbol{I} \end{bmatrix}\leqslant 0 \tag{4.42}$$

因此，寻找式 (4.19) ～式 (4.21) 的可行解问题转化为求解如下最小化问题：

$$\min\{\xi_1+\xi_2\} \tag{4.43}$$

满足式 (4.19)、式 (4.41) 和式 (4.42)。

此外，由于非线性不等式 (4.19) 和 (4.41) 中同时存在 $\boldsymbol{Q}$ 和 $\boldsymbol{Q}^{-1}$，本节采用锥补线性化（Cone Complementary Linearization, CCL）算法，将最小化问题［式 (4.43)］进一步转化为如下具有线性约束的优化问题：

$$\min\ \mathrm{tr}\,(\boldsymbol{Q}\bar{\boldsymbol{Q}})+\xi_1+\xi_2 \tag{4.44}$$

满足式 (4.19)、式 (4.42) 和

$$\begin{bmatrix} -\xi \boldsymbol{I} & (\boldsymbol{G}^{\mathrm{T}}\boldsymbol{P}\boldsymbol{G}-\bar{\boldsymbol{Q}})^{\mathrm{T}} \\ (\boldsymbol{G}^{\mathrm{T}}\boldsymbol{P}\boldsymbol{G}-\bar{\boldsymbol{Q}}) & -\boldsymbol{I} \end{bmatrix} < 0 \tag{4.45}$$

$$\begin{bmatrix} \boldsymbol{Q} & \boldsymbol{I} \\ \boldsymbol{I} & \bar{\boldsymbol{Q}} \end{bmatrix} \geqslant 0 \tag{4.46}$$

下面给出观测器［式 (4.8)、式 (4.9)］和控制器［式 (4.34)、式 (4.35)］的求解算法。

① 根据条件 $\boldsymbol{G}\boldsymbol{B}_i>0$（或 $\boldsymbol{G}\boldsymbol{B}_i<0$）（$i=1, 2, \cdots, s$）选择滑模函数 (4.15) 中的矩阵 $\boldsymbol{G}$。

② 按照以下步骤，利用 CCL 算法求解最小化问题 (4.44)：

(i) 求解不等式 (4.19)、(4.42)、(4.45) 和 (4.46)，得到初始可行解 $\boldsymbol{P}^{(0)}$、$\boldsymbol{Q}^{(0)}$、$\bar{\boldsymbol{Q}}^{(0)}$、$\boldsymbol{R}^{(0)}$、$\boldsymbol{T}^{(0)}$、$\boldsymbol{M}_i^{(0)}$、$\boldsymbol{X}_i^{(0)}$、$\boldsymbol{N}_i^{(0)}$、$\boldsymbol{Y}^{(0)}$、$\bar{\boldsymbol{L}}_i^{(0)}$、$\xi_1^{(0)}$、$\xi_2^{(0)}$（$i=1, 2, \cdots, s$）。令 $k=0$。

(ii) 对于决策变量 $\boldsymbol{P}$、$\boldsymbol{Q}$、$\bar{\boldsymbol{Q}}$、$\boldsymbol{R}$、$\boldsymbol{T}$、$\boldsymbol{M}_i$、$\boldsymbol{X}_i$、$\boldsymbol{N}_i$、$\boldsymbol{Y}$、$\bar{\boldsymbol{L}}_i$、ξ_1、ξ_2，求解下面优化问题：

$$\min \operatorname{tr}(\boldsymbol{Q}^{(k)}\bar{\boldsymbol{Q}}+\bar{\boldsymbol{Q}}^{(k)}\boldsymbol{Q})+\xi_1+\xi_2$$

满足式 (4.19)、式 (4.42)、式 (4.45) 和式 (4.46)。

令 $\boldsymbol{Q}^{(k+1)}=\boldsymbol{Q}, \bar{\boldsymbol{Q}}^{(k+1)}=\bar{\boldsymbol{Q}}$。

(iii) 如果步骤 (ii) 中得到的最优解 $\boldsymbol{P}$、$\boldsymbol{Q}$、$\boldsymbol{R}$、$\boldsymbol{T}$、$\boldsymbol{M}_i$、$\boldsymbol{X}_i$、$\boldsymbol{N}_i$、$\boldsymbol{Y}$、$\bar{\boldsymbol{L}}_i$、ξ_1、ξ_2 满足式 (4.19)、式 (4.41) 和式 (4.42)，那么，转到步骤 (iv)。否则，如果迭代次数 k 小于最大迭代次数 N，令 $k=k+1$，并转到步骤 (ii)；如果 $k \geqslant N$，则式 (4.19)、式 (4.41) 和式 (4.42) 无解，退出算法。

(iv) 输出可行解 $\boldsymbol{P}$、$\boldsymbol{Q}$、$\boldsymbol{R}$、$\boldsymbol{T}$、$\boldsymbol{M}_i$、$\boldsymbol{X}_i$、$\boldsymbol{N}_i$、$\boldsymbol{Y}$、$\bar{\boldsymbol{L}}_i$、ξ_1、ξ_2，并令式 (4.34) 中控制器增益和式 (4.8) 中观测器增益分别为

$$\boldsymbol{K}=\boldsymbol{Y}\boldsymbol{Q}^{-1}, \boldsymbol{L}_i=\boldsymbol{R}^{-1}\bar{\boldsymbol{L}}_i$$

停止。

③ 分别根据式 (4.8)、式 (4.9)、式 (4.15)、式 (4.34)、式 (4.35) 设计状态观测器、滑模函数 $\boldsymbol{s}(t)$ 和自适应滑模控制器，$\hat{\beta}(t)$ 和 $\hat{\gamma}(t)$ 由自适应调整规则［式 (4.10)、式 (4.11)］给出。

4.4

仿真实例

考虑如下质量-弹簧-阻尼系统（相关符号见表 4.1）：

$$m\ddot{x}(t)+F_f+F_s=u(t) \tag{4.47}$$

式中，F_f 为摩擦力，令 $F_f=c\dot{x}(t)$，F_s 为弹簧的恢复力，令 $F_s=k(1+a^2x^2(t))x(t)$ 且 $c>0$。由式 (4.47) 可得：

$$m\ddot{x}(t)+c\dot{x}(t)+kx(t)+ka^2x^2(t)x(t)=u(t) \tag{4.48}$$

式中　$x(t)$——位移，取值范围为［−1.5m，1.5m］；

m——质量，取值 1kg；

$u(t)$——控制输入；

c——摩擦系数，取值 1.5N/(m/s)；

k——弹性系数，取值 4N/m；

a——辅助变量，取值 0.2m^{-1}。

式 (4.48) 的状态空间方程为：

$$\dot{x}(t)=\begin{bmatrix}0 & 1\\ g(t) & \dfrac{-c}{m}\end{bmatrix}x(t)+\begin{bmatrix}0\\ \dfrac{1}{m}\end{bmatrix}u(t)$$

其中，$x(t)\overset{\text{def}}{=\!=}(x_1(t)x_2(t))^{\mathrm{T}}\overset{\text{def}}{=\!=}(x(t)\dot{x}(t))^{\mathrm{T}}$，$g(t)\overset{\text{def}}{=\!=}\dfrac{-k-ka^2x_1^2(t)}{m}$。

假设 $x_1(t)\in[-1.5,1.5]$，可得 $g_{\min}\leqslant g(t)\leqslant g_{\max}$，其中，$g_{\min}=-k-0.09k$，$g_{\max}=-k$。利用扇区非线性建模方法，注意到 $w_1(x_1)=\mu_{\tilde{F}_1^1}(x_1)$ 以及 $w_2(x_1)=\mu_{\tilde{F}_1^2}(x_1)$，根据

$$\begin{cases}w_1(x_1)+w_2(x_1)=1,\\ g(t)=w_1(x_1)g_{\min}+w_2(x_1)g_{\max},\end{cases}$$

可得

$$w_1(\theta)=\frac{\dfrac{k+ka^2x_1^2(t)}{m}+g_{\max}}{g_{\max}-g_{\min}},\ w_2(\theta)=\frac{\dfrac{-k-ka^2x_1^2(t)}{m}-g_{\min}}{g_{\max}-g_{\min}} \tag{4.49}$$

当 k 为常数，质量-弹簧-阻尼系统可由如下一型模糊模型描述：
规则 i：如果 $g(t)$ 是 $\tilde{F}_1^i$，那么

$$\dot{\boldsymbol{x}}(t)=\boldsymbol{A}_i\boldsymbol{x}(t)+\boldsymbol{B}_i u(t), \qquad i=1,2 \tag{4.50}$$

其中，$\tilde{F}_1^i$ 是一型模糊集合，另外

$$\boldsymbol{A}_1=\begin{bmatrix} 0 & 1 \\ g_{\min} & \dfrac{-c}{m} \end{bmatrix},\boldsymbol{A}_2=\begin{bmatrix} 0 & 1 \\ g_{\max} & \dfrac{-c}{m} \end{bmatrix},\boldsymbol{B}_1=\boldsymbol{B}_2=\begin{bmatrix} 0 \\ \dfrac{1}{m} \end{bmatrix}.$$

当 k 取值在 $[k_1,k_2](k_1=4,k_2=6)$ 之间变化时，$g(t)$ 的最小值、最大值发生变化，分别为最小值 $g_{\min}=-k-0.09k=-6.54$，此时 $k=k_2$；最大值 $g_{\max}=-k$，此时 $k=k_1$。这种情况下，隶属度函数 $w_1(x_1)$ 不再是确定的函数，而是由下隶属度 $\underline{w}_1(x_1)$ 和上隶属度 $\bar{w}_1(x_1)$ 刻画的不确定函数。因此，考虑用区间二型 T-S 模糊系统表示非线性系统［式 (4.47)］。

基于式 (4.49)，系统的上、下隶属度函数构造为

$$\underline{w}_1(x_1)=\frac{\dfrac{k_1+k_1a^2x_1^2(t)}{m}+g_{\max}}{g_{\max}-g_{\min}},\ \bar{w}_1(x_1)=\frac{\dfrac{k_2+k_2a^2x_1^2(t)}{m}+g_{\max}}{g_{\max}-g_{\min}},$$

$$\underline{w}_2(x_1)=\frac{\dfrac{-k_2-k_2a^2x_1^2(t)}{m}-g_{\min}}{g_{\max}-g_{\min}},\ \bar{w}_2(x_1)=\frac{\dfrac{-k_1-k_1a^2x_1^2(t)}{m}-g_{\min}}{g_{\max}-g_{\min}}.$$

容易验证，$\underline{w}_1(x_1)\leqslant w_1(x_1)\leqslant \bar{w}_1(x_1)$ 以及 $\underline{w}_2(x_1)\leqslant w_2(x_1)\leqslant \bar{w}_2(x_1)$。
区间二型模糊系统的模糊规则如下：
如果 $g(t)$ 是 F_1^i，那么

$$\dot{\boldsymbol{x}}(t)=\boldsymbol{A}_i\boldsymbol{x}(t)+\boldsymbol{B}_i u(t), \quad i=1,2 \tag{4.51}$$

其中，F_1^i 是区间二型模糊集合。

综上，网络攻击和干扰下的质量-弹簧-阻尼系统［式 (4.47)］建模为如下区间二型 T-S 模糊系统：

$$\dot{\boldsymbol{x}}(t)=\sum_{i=1}^{2} w_i(x_1)[\boldsymbol{A}_i\boldsymbol{x}(t)+\boldsymbol{B}_i(u(t)+\boldsymbol{\delta}_a(\boldsymbol{y}(t),t)+\boldsymbol{f}(t,\boldsymbol{x}(t)))]$$

$$y(t)=\boldsymbol{C}\boldsymbol{x}(t) \tag{4.52}$$

其中，假设 $\boldsymbol{C}=[10\quad 5]$，$\boldsymbol{f}(t,\boldsymbol{x}(t))=0.25\sin x_1(t)$，$\boldsymbol{\delta}_a(y(t),t)=\Omega_a\boldsymbol{\Phi}(y(t),t)$，$\Omega_a=0.35$，$\boldsymbol{\Phi}(y(t),t)=b\sqrt{y^2(t)+0.01}\cos t$，标量 $b>0$ 表示攻击强度。隶属度函数为

$$w_i(x_1)=\underline{w}_i(x_1)\underline{v}_i(x_1)+\overline{w}_i(x_1)\overline{v}_i(x_1)$$

如图 4.1、图 4.2 中蓝色区域所示。若给定

$$\overline{v}_1=0.6\sin^2(x_1),\ \underline{v}_1=1-\overline{v}_1$$

则隶属度为图 4.1、图 4.2 中实线，下、上隶属度函数分别如虚线和点划线所示。

令滑模矩阵 $\boldsymbol{G}=[1\quad -1]$。通过求解优化问题 (4.44)，得到如下矩阵：

$$\boldsymbol{K}=\begin{bmatrix}5.3832 & -29.1718\end{bmatrix},\ \boldsymbol{N}_1=\boldsymbol{N}_2=3.0973,\ \boldsymbol{L}_1=\boldsymbol{L}_2=\begin{bmatrix}-3.7952\\ 2.0532\end{bmatrix}$$

给定 $\varsigma=0.001$，$\varrho=0.002$，自适应滑模控制器［式 (4.34)、式 (4.35)］设计为

$$u(t)=\boldsymbol{K}\hat{\boldsymbol{x}}(t)-\boldsymbol{G}^{-1}(h)\left[\sum_{i=1}^{s}h_i(x_1(t))\boldsymbol{G}\boldsymbol{L}_i(y(t)-\boldsymbol{C}\hat{\boldsymbol{x}}(t))\right]$$

$$-(\hat{\beta}(t)\Psi(y)+\hat{\gamma}(t)\|y(t)\|+\varsigma+\varrho)\text{sgn}(\boldsymbol{G}^{\mathrm{T}}(h)s(t))$$

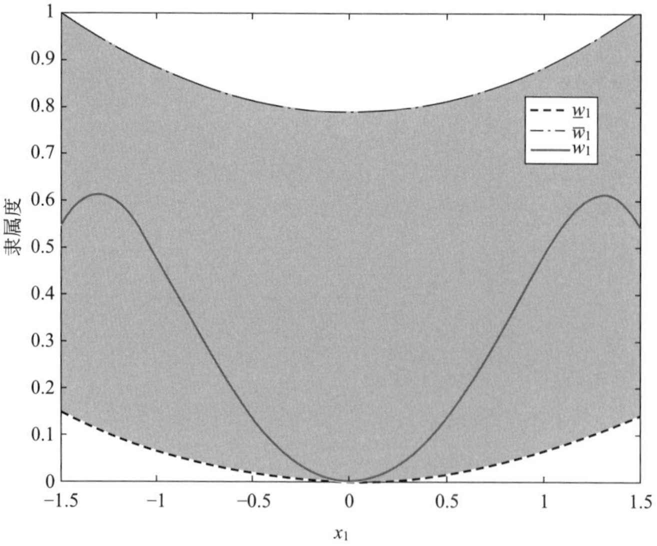

图 4.1　隶属度函数 $w_1(x_1)$

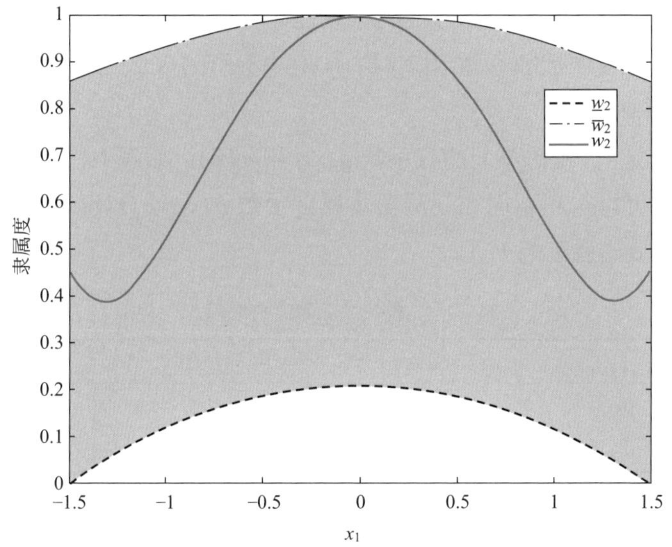

图 4.2　隶属度函数 $w_2(x_1)$

其中，$\hat{\beta}(t)$ 和 $\hat{\gamma}(t)$ 满足：

$$\dot{\hat{\beta}}(t)=\eta_1\|\sum_{i=1}^{s}h_i(x_1(t))\boldsymbol{e}^{\mathrm{T}}(t)\boldsymbol{C}^{\mathrm{T}}\boldsymbol{N}_i\|\Psi(y)$$

$$\dot{\hat{\gamma}}(t)=\eta_2\|\sum_{i=1}^{s}h_i(x_1(t))\boldsymbol{e}^{\mathrm{T}}(t)\boldsymbol{C}^{\mathrm{T}}\boldsymbol{N}_i\|\|y(t)\| \tag{4.53}$$

在仿真中，初始条件为 $\boldsymbol{x}(0)=\hat{\boldsymbol{x}}(0)=[-0.5\quad 0.5]^{\mathrm{T}}$，采样步长为 $\Delta t=1.5\times10^{-3}$。为减轻抖震，分别用

$$\frac{\sum_{i=1}^{s}h_i(\theta)\boldsymbol{N}_i\boldsymbol{C}\boldsymbol{e}(t)}{\left\|\sum_{i=1}^{s}h_i(\theta)\boldsymbol{N}_i\boldsymbol{C}\boldsymbol{e}(t)\right\|+0.0005}$$

和

$$\frac{\boldsymbol{G}^{\mathrm{T}}(h)s(t)}{\|\boldsymbol{G}^{\mathrm{T}}(h)s(t)\|+0.0005}$$

代替式 (4.9) 中的项 $\mathrm{sgn}\left(\sum_{i=1}^{s}h_i(\theta)\boldsymbol{N}_i\boldsymbol{C}\boldsymbol{e}(t)\right)$ 以及式 (4.34) 中的项 $\mathrm{sgn}(\boldsymbol{G}^{\mathrm{T}}(h)s(t))$。

为了说明本章控制方法的有效性，考虑三种不同场景下控制性能的变化，即不同的权系数 $\underline{a}_i(x_1)$ 和 $\overline{a}_i(x_1)$，不同的攻击强度 b，不同的攻击函数 $\boldsymbol{\Phi}(y(t),t)$。

情况 1：考虑不同的权系数 $\underline{a}_i(x_1)$ 和 $\overline{a}_i(x_1)$，如表 4.1 所示。通过这些权系数可以得到不同的观测器隶属度函数 $h_i(x_1)=\underline{a}_i(x_1)\underline{w}_i(x_1)+\overline{a}_i(x_1)\overline{w}_i(x_1)$。此外，攻击强度为 $b=1$。

表4.1　$\underline{a}_i$和$\overline{a}_i$的取值

	情况 1a	情况 1b	情况 1c
$\underline{a}_i$	0.3	0.5	0.7
$\overline{a}_i$	0.7	0.5	0.3

仿真结果如图 4.3 ～图 4.6 所示。图 4.3、图 4.5、图 4.6 中系统的状态及估计误差曲线验证了质量-弹簧-阻尼系统［式 (4.47)］的输入-状态稳定性。此外，图 4.3、图 4.5、图 4.6 中控制信号 $u(t)$ 的曲线说明，上述替代方法可以有效削弱抖震现象。图 4.4 是情况 1a 中 β 的估计值 $\hat{\beta}(t)$

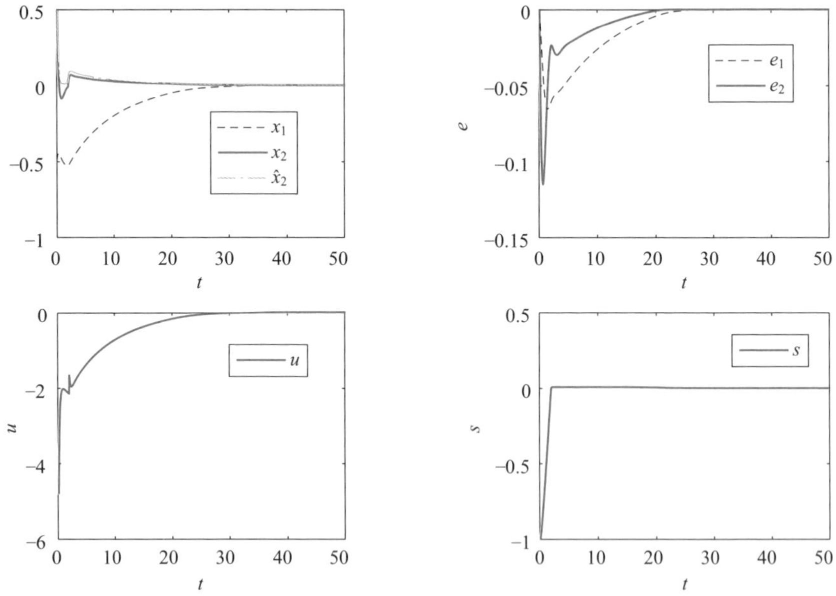

图 4.3　情况 1a 中 $x(t)$、$e(t)$、$u(t)$、$s(t)$ 的变化曲线

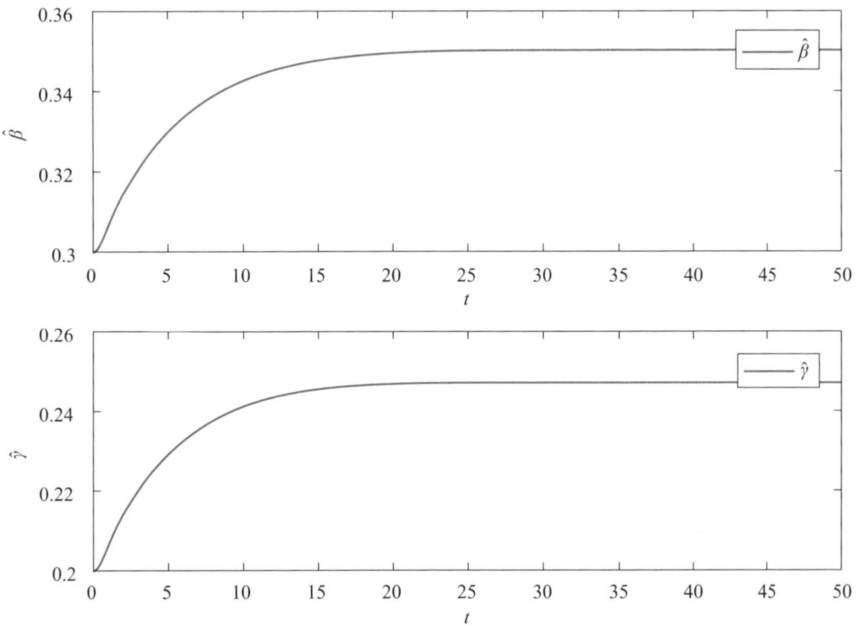

图 4.4　情况 1a 中 $\hat{\beta}(t)$ 和 $\hat{\gamma}(t)$ 的值

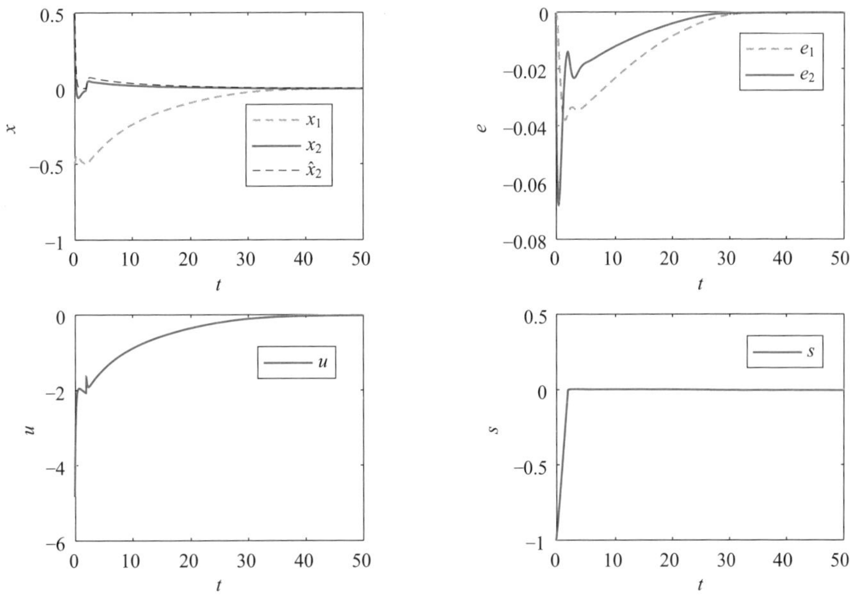

图 4.5　情况 1b 中 $x(t)$、$e(t)$、$u(t)$、$s(t)$ 的变化曲线

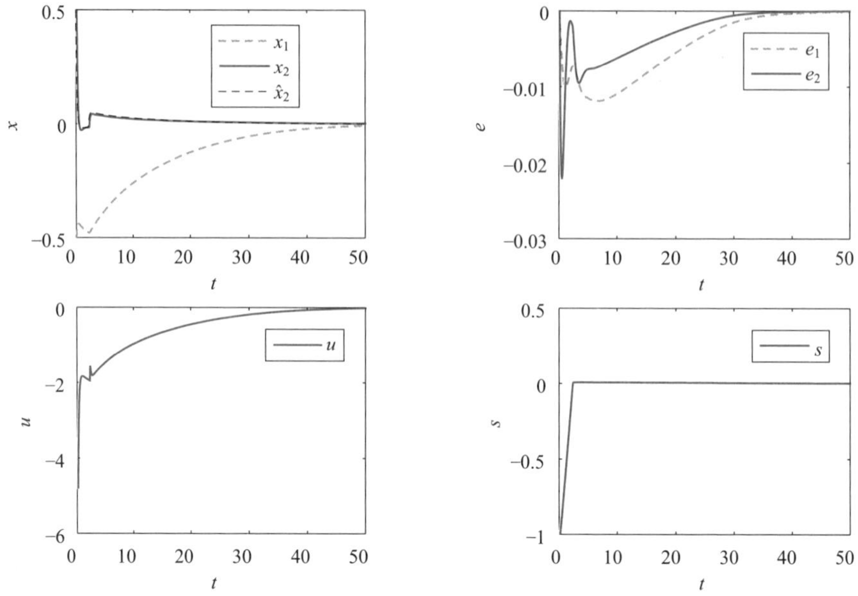

图 4.6　情况 1c 中 $x(t)$、$e(t)$、$u(t)$、$s(t)$ 的变化曲线

和 γ 的估计值 $\hat{\gamma}(t)$，真实值分别为 β=0.35 和 γ=0.25，初始值为 $\beta(0)$=0.3 和 $\gamma(0)$=0.2。

另外，从图 4.3、图 4.5、图 4.6 可以看出，情况 1a 中的曲线收敛速度最快，情况 1c 收敛最慢。因此，观测器隶属度函数会对控制性能产生影响，但是对于不同的隶属度函数，本章设计的控制器始终能够有效镇定质量-弹簧-阻尼系统。

情况2：考虑攻击强度对系统性能的影响，隶属度函数与情况 1a 相同，攻击函数为 $\Phi(y(t),t)= b\sqrt{y^2(t)+0.01}\cos t$，注意 b 表示攻击强度。考虑表 4.2 中的三种情况，仿真结果如图 4.7 ～图 4.9 所示，可以看到，当攻击强度 b 增大时，系统控制性能变差。

表4.2　攻击强度b的取值

	情况 2a	情况 2b	情况 2c
b	10	20	40

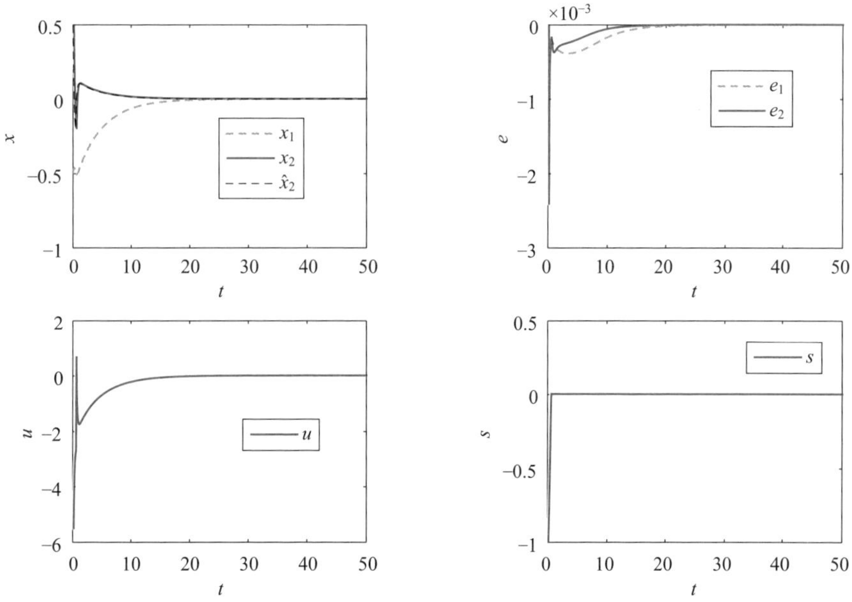

图 4.7　情况 2a 中 $x(t)$、$e(t)$、$u(t)$、$s(t)$ 的变化曲线

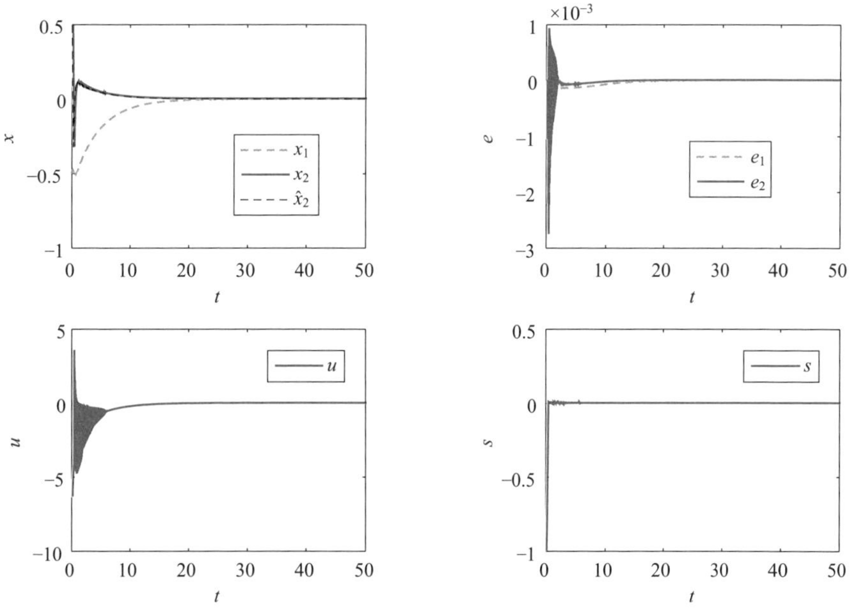

图 4.8　情况 2b 中 $x(t)$、$e(t)$、$u(t)$、$s(t)$ 的变化曲线

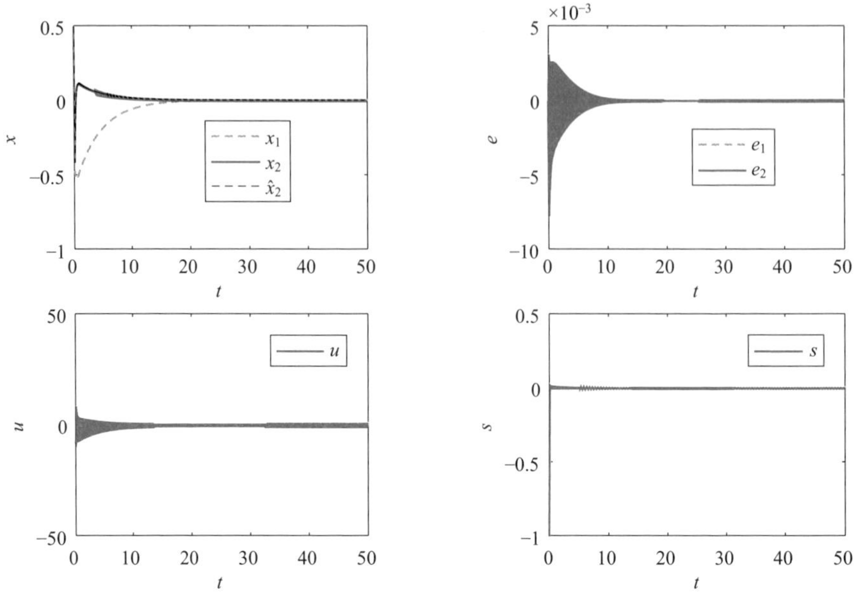

图 4.9 情况 2c 中 $x(t)$、$e(t)$、$u(t)$、$s(t)$ 的变化曲线

情况 3：考虑不同的攻击函数，如表 4.3 所示，其中，

$$\hat{\Phi}(y(t),t)=\begin{cases}\sqrt{y^2(t)+2}\cos t & t\in\left[\dfrac{(2k-1)}{n}t,\dfrac{2k}{n}t\right],k=1,2,3,4,5;\ n=10\\ 0 & \text{其他情况}\end{cases} \tag{4.54}$$

表4.3 不同的攻击函数$\Phi(y(t),t)$

	$\Phi(y(t),t)$	实际意义
情况 3a	$\sqrt{y^2(t)+0.01}\cos(1000t)$	高频率周期性攻击
情况 3b	$\tanh(200y^2(t))$	非周期性攻击
情况 3c	$\hat{\Phi}(y(t),t)$	分段攻击

隶属度函数与情况 1a 相同。情况 3a 考虑了周期性的攻击信号，仿真结果见图 4.10。与情况 1 中攻击函数相比，情况 3a 具有较高的攻击频率。情况 3b 考虑了非周期性的攻击信号，仿真结果见图 4.11。情况 3c 中，攻击信号是间歇性的，攻击发生的时间段为 [5s,10s]，[15s,20s]，[25s,30s]，

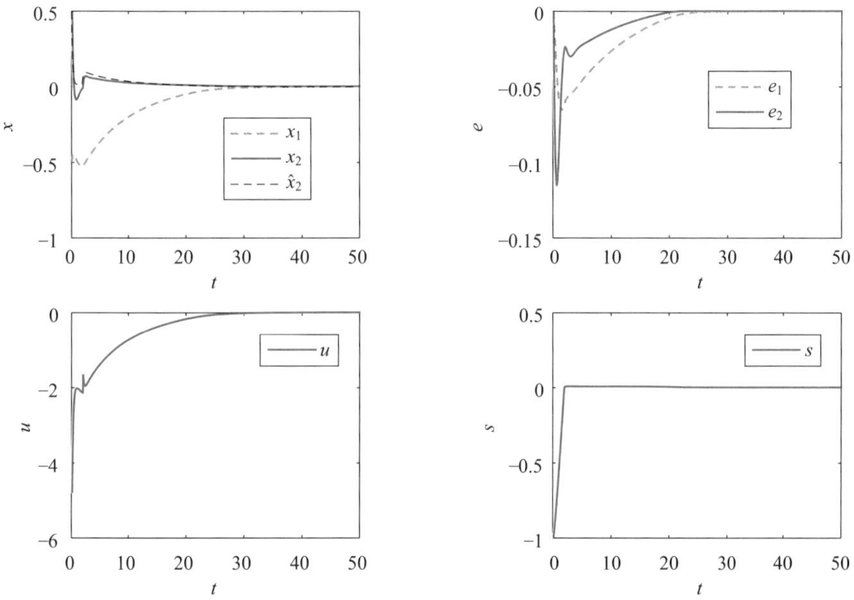

图 4.10 情况 3a 中 $x(t)$、$e(t)$、$u(t)$ 和 $s(t)$ 的变化曲线

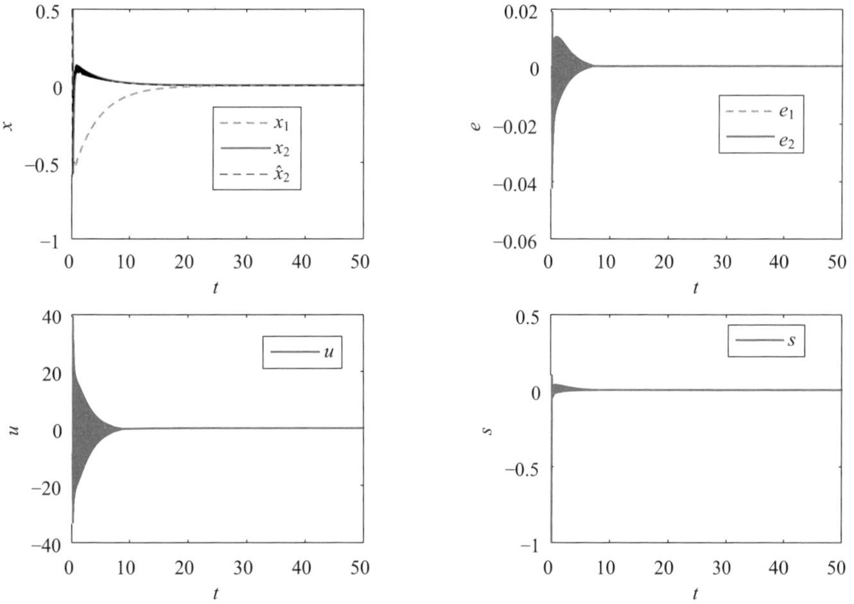

图 4.11 情况 3b 中 $x(t)$、$e(t)$、$u(t)$ 和 $s(t)$ 的变化曲线

[35s,40s] 和 [45s,50s]。从图 4.12 中看出，$\boldsymbol{x}(t)$、$\boldsymbol{e}(t)$、$u(t)$ 在 t=5s、t=15s、t=25s、t=35s 和 t=45s 时由于攻击出现跳跃，随后被控制器有效抑制。

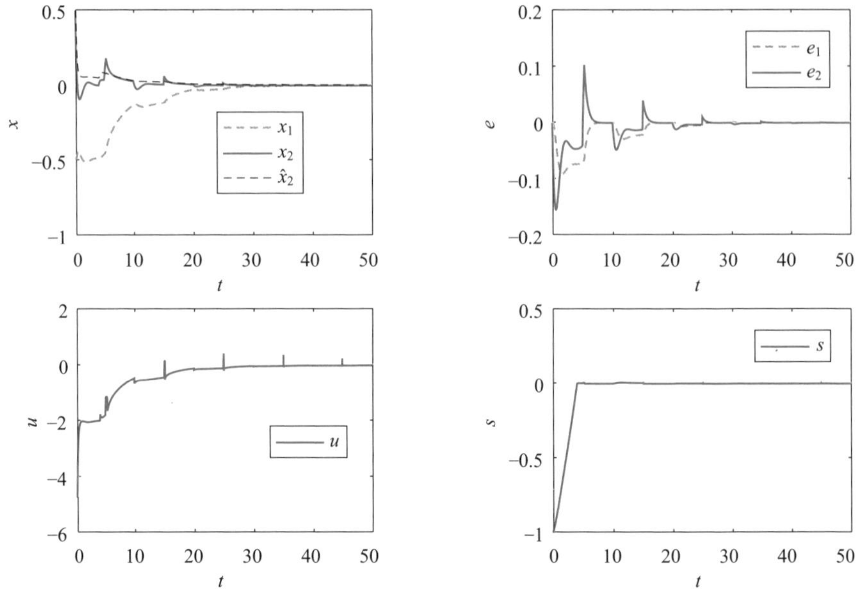

图 4.12　情况 3c 中 $x(t)$、$e(t)$、$u(t)$ 和 $s(t)$ 的变化曲线

上述讨论表明，在不同的隶属度函数、攻击强度和攻击函数下，尽管控制性能可能发生变化，但网络攻击下系统的稳定性和可达性仍然可以保证。

4.5 本章小结

本章研究了网络攻击和不可测状态下区间二型 T-S 模糊系统的自适应滑模控制器设计问题。通过引入两个权重系数重构观测器的隶属度函数，设计了滑模观测器估计不可测的系统状态。特别地，利用输入-状态稳定的概念处理了误差系统中的残差项，充分条件保证了闭环系统的输入-状态稳定性。

需要注意，本章欺骗攻击发生在控制器到执行器通道。第 8 章将会考虑攻击发生在传感器到控制器通道的情况。

参考文献

Hassani H, et al, 2017. Unknown input observer design for interval type-2 T-S fuzzy systems with immeasurable premise variables. IEEE Transactions on Cybernetics, 47(9): 2639-2650.

Jiang B, et al, 2020. Adaptive control of nonlinear semi-Markovian jump T-S fuzzy systems with immeasurable premise variables via sliding mode observer. IEEE Transactions on Cybernetics, 50(2): 810-820.

Li H, et al, 2016. Observer-based fault detection for nonlinear systems with sensor fault and limited communication capacity. IEEE Transactions on Automatic Control, 61(9): 9-25.

Rong N, et al, 2021. Event-based impulsive control of IT2 T-S fuzzy interconnected system under deception attacks. IEEE Transactions on Fuzzy Systems, 29(6): 1615-1628.

Sontag E D, 1989. Smooth stabilization implies coprime factorization. IEEE Transactions on Automatic Control, 34(4): 435-443.

Sontag E D, et al, 1995. On characterizations of the input-to-state stability property. Systems and Control Letters, 24(5): 351-359.

Wu Y, et al, 2018. Fault detection for T-S fuzzy systems with partly unmeasurable premise variables. Fuzzy Sets and Systems, 338: 136-156.

Zhang Z, et al, 2021. Observer-based interval type-2 L_2-L_∞ /H_∞ mixed fuzzy control for uncertain nonlinear systems under measurement outliers. IEEE Transactions on Systems, Man, and Cybernetics: Systems, 51(12): 7652-7662.

Zhang Z, et al, 2022. Fault-tolerant containment control for IT2 fuzzy networked multiagent systems against denial-of-service attacks and actuator faults. IEEE Transactions on Systems, Man, and Cybernetics: Systems, 52(4): 2213-2224.

Zhao T, et al, 2016. Observer-based H_∞ controller design for interval type-2 T-S fuzzy systems. Neurocomputing, 177: 9-25.

Digital Wave
Advanced Technology of Industrial Internet

Resilient Control for Cyber-Physical Systems: Design and Analysis

信息物理系统安全控制设计与分析

第5章

虚假数据注入攻击下的大规模系统滑模安全控制

5.1 概述

大规模系统是一类重要的复杂系统，被广泛应用于电力系统、智能制造、交通运输等领域（Gu Z., 2017）。它的主要特征是其动力学方程由一组低维子系统动力学方程组成。这些子系统动力学方程通过物理互联相互耦合。显然，当一个子系统受到干扰时，相邻子系统的系统动态也会因为相互耦合而受到影响，从而改变整个系统的动态性能（Palacios Q.F., 2018）。目前，仅使用局部子系统信息的分散式控制方法已经被广泛应用到大规模系统中。

自适应动态规划（Adaptive Dynamic Programming, ADP）是求解最优控制问题的一种方法，它可以放松对系统精确动力学模型的需求（Vrabie D., 2009）。近年来，ADP 的思想已被成功应用于解决大规模系统的最优分散式控制问题（Gao W., 2016）。在解决基于 ADP 的大规模系统分散式控制时，一个关键的难点是如何处理子系统之间的未知耦合，同时保证孤立子系统的最优稳定性（Liu D., 2013；Sun J., 2019）。滑模控制（Sliding Mode Control, SMC）是一种衰减匹配外部扰动的鲁棒控制方案（Li M., 2019）。通过结合 SMC 和 ADP 技术，Fan Q. 等（2016）提出了基于 ADP 的 SMC 方案。然而，该方案的实现仍然依赖于精确已知的系统动力学模型。这个事实表明：在系统动力学模型未知情况下，基于 ADP 的 SMC 问题还有广泛的研究空间。另一方面，在假设系统动力学模型已知的情况下，大规模系统的分散式 SMC 问题得到了充分的研究。然而，到目前为止，在系统动力学模型未知情况下，基于 ADP 的大规模系统分散式 SMC 问题并没有得到足够的研究重视。近年来，随着信息物理系统（CPS）的发展，网络安全问题越来越受到人们的关注。攻击者可能通过收集和利用包括但不限于传感器、控制器和执行器之间交换的数据破坏网络通信或降低网络可靠性（Hu S., 2019）。但是，大规模系统在虚假数据注入攻击下的分散式 SMC 问题尚未被研究。

基于以上讨论，本章结合 ADP 和 SMC 理论，提出了一种针对注入攻击下部分未知大规模系统的分散式最优控制策略。首先，在不使用子系统矩阵 $\boldsymbol{A}_i$ 的情况下，提出了一种新的分散式 SMC 方案，同时补偿外部扰动、执行器注入攻击和子系统间的耦合。从初始时刻起，所设计的分散式 SMC 方案使所有子系统状态轨迹均抵达滑模面，从而将最优分散式控制问题转化为 N 个并行代数黎卡提方程（Kleinman D., 1968）的求解问题。然后，利用 ADP 思想，提出了一种新的基于并行策略的迭代算法，通过采样各子系统的状态和控制输入信号，在线实现所提出的分散式 SMC 律。进一步，证明了在整个策略迭代过程中，所提出的在线更新分散式 SMC 方案能够保证理想滑模面的可达性和滑模动态的稳定性。最后，以一个受三种不同注入攻击情形的双机电力系统为例，说明了所提出的基于 ADP 的分散式 SMC 方案的有效性。

5.2 问题描述

如图 5.1 所示，本章考虑一个包含 N 个子系统的连续时间大规模系统，

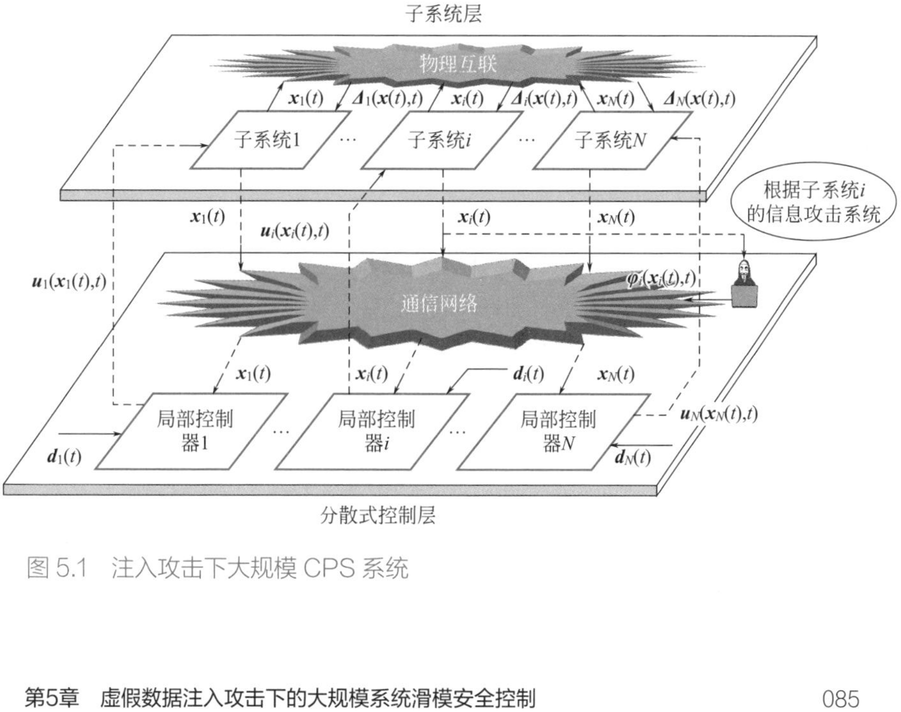

图 5.1　注入攻击下大规模 CPS 系统

该系统受到虚假数据注入攻击。假设攻击者根据可能检测到的子系统动态信息对大规模系统中的某些子系统进行攻击。部分未知大规模系统的第 i 个子系统的系统模型为：

$$\dot{\boldsymbol{x}}_i(t)=\boldsymbol{A}_i\boldsymbol{x}_i(t)+\boldsymbol{B}_i[\bar{\boldsymbol{u}}_i(t)+\boldsymbol{\Delta}_i(\boldsymbol{x}(t),t)+\boldsymbol{d}_i(t)] \tag{5.1}$$

其中，$\boldsymbol{x}_i(t)\in\mathbb{R}^{n_i}$ 是第 i 个子系统的状态向量，$\boldsymbol{x}(t)\overset{\text{def}}{=\!=}[\boldsymbol{x}_1^{\mathrm{T}}(t), \boldsymbol{x}_2^{\mathrm{T}}(t), \cdots, \boldsymbol{x}_N^{\mathrm{T}}(t)]^{\mathrm{T}}\in\mathbb{R}^{\sum_{i=1}^{N}n_i}$，$\bar{\boldsymbol{u}}_i(t)=\boldsymbol{\varphi}_i(\boldsymbol{x}_i(t),t)+\boldsymbol{u}_i(t)$ 表示第 i 个子系统的执行器输入，$\boldsymbol{u}_i(t)\in\mathbb{R}^{m_i}$ 是子系统 i 的控制输入，$\boldsymbol{\varphi}_i(\boldsymbol{x}_i(t),t)$ 是一类由攻击者发出的网络攻击信号，$\boldsymbol{d}_i(t)$ 是执行器受到的未知外部扰动，其满足 $\|\boldsymbol{d}_i(t)\|\leqslant\bar{d}_i$，$\bar{d}_i\geqslant 0$ 是一个已知的常数。$\boldsymbol{\Delta}_i(\boldsymbol{x}(t),t)$ 表示子系统之间的未知耦合。$\boldsymbol{A}_i$、$\boldsymbol{B}_i$ 是实矩阵。对于设计者，假设 $\boldsymbol{A}_i$ 未知，$\boldsymbol{B}_i$ 已知。

假设 5.1 未知注入攻击信号 $\boldsymbol{\varphi}_i(\boldsymbol{x}_i(t),t)$ 和未知耦合 $\boldsymbol{\Delta}_i(\boldsymbol{x}(t),t)$ 分别满足 $\|\boldsymbol{\varphi}_i(\boldsymbol{x}_i(t),t)\|\leqslant\tau_i(\boldsymbol{x}_i(t),t)\|\boldsymbol{x}_i(t)\|$ 和 $\|\boldsymbol{\Delta}_i(\boldsymbol{x}(t),t)\|\leqslant\mu_i(\boldsymbol{x}_i(t),t)\|\boldsymbol{x}(t)\|$，其中，$\tau_i(\cdot)$ 和 $\mu_i(\cdot)$ 是已知的正函数。

注释 5.1 需要注意的是，子系统之间的未知耦合被建模为匹配形式。对于非匹配耦合形式，仅采用 SMC 方法很难完全补偿子系统之间的未知耦合。在这种情况下，可能需要引入扰动估计方法。另外，在实际应用中，欺骗攻击和 DoS 攻击是 CPS 安全关注的两种形式（Wang X., 2021）。相较于 DoS 攻击，欺骗攻击通过篡改通信网络上的传输信息，从而产生虚假或误导性的反馈数据。虚假数据注入攻击是一种典型的欺骗攻击，是常见的一种入侵 CPS 的方式，攻击者可以故意设计攻击模式，且其很难被检测出来。如今，许多实际的大规模系统通过集成通信网络进行扩展，例如互联电网和化工过程网络。本章主要研究的是部分未知大规模系统在注入攻击下的基于 ADP 的分散式 SMC 问题。

本章的目的是设计一种新型基于 ADP 的分散式 SMC 方案，使部分未知大规模系统［式 (5.1)］在未知的耦合和注入攻击下，能够获得最优的控制性能。

5.3 主要结果

5.3.1 新型滑模函数设计与最优滑模控制动态性能分析

针对大规模系统的第 i 个子系统，在系统矩阵 $\boldsymbol{A}_i$ 未知的情况下，设计如下滑模函数：

$$s_i(t)=\boldsymbol{x}_i^{\mathrm{T}}(t)\boldsymbol{P}_i\boldsymbol{x}_i(t)-\boldsymbol{x}_i^{\mathrm{T}}(0)\boldsymbol{P}_i\boldsymbol{x}_i(0)+\int_0^t \boldsymbol{x}_i^{\mathrm{T}}(\tau)(\boldsymbol{Q}_i+\boldsymbol{K}_i^{\mathrm{T}}\boldsymbol{R}_i\boldsymbol{K}_i)\boldsymbol{x}_i(\tau)\mathrm{d}\tau \tag{5.2}$$

其中，$\boldsymbol{Q}_i \geqslant 0$ 和 $\boldsymbol{R}_i>0$ 为预给定的权重矩阵，李雅普诺夫矩阵 $\boldsymbol{P}_i>0$ 和控制器增益矩阵 $\boldsymbol{K}_i=\boldsymbol{R}_i^{-1}\boldsymbol{B}_i^{\mathrm{T}}\boldsymbol{P}_i$ 将在后续部分确定。结合式 (5.1) 和式 (5.2)，可以得到

$$\dot{s}_i(t)=2\boldsymbol{x}_i^{\mathrm{T}}(t)\boldsymbol{P}_i\boldsymbol{B}_i[\boldsymbol{u}_i(t)+\boldsymbol{K}_i\boldsymbol{x}_i(t)+\boldsymbol{\Delta}_i(\boldsymbol{x}(t),t)+\boldsymbol{d}_i(t)+\boldsymbol{\varphi}_i(\boldsymbol{x}(t),t)] \tag{5.3}$$

其中，控制器增益矩阵 $\boldsymbol{K}_i$ 可通过求解以下代数 Riccati 方程得到

$$\boldsymbol{A}_{ik}^{\mathrm{T}}\boldsymbol{P}_i+\boldsymbol{P}_i\boldsymbol{A}_{ik}+\boldsymbol{K}_i^{\mathrm{T}}\boldsymbol{R}_i\boldsymbol{K}_i+\boldsymbol{Q}_i=0 \tag{5.4}$$

其中，$\boldsymbol{A}_{ik}=\boldsymbol{A}_i-\boldsymbol{B}_i\boldsymbol{K}_i$。根据 SMC 理论可知，当第 i 个子系统的状态轨迹抵达理想滑模面时，由 $\boldsymbol{s}_i(t)=\dot{\boldsymbol{s}}_i(t)=0$ 可得子系统 i 的等效控制律为

$$\boldsymbol{u}_{ieq}(t)=-\boldsymbol{K}_i\boldsymbol{x}_i(t)-\boldsymbol{\Delta}_i(\boldsymbol{x}(t),t)-\boldsymbol{d}_i(t)-\boldsymbol{\varphi}_i(\boldsymbol{x}_i(t),t) \tag{5.5}$$

进一步，可以得到如下等效滑模动态：

$$\dot{\boldsymbol{x}}_i(t)=\boldsymbol{A}_i\boldsymbol{x}_i(t)+\boldsymbol{B}_i\boldsymbol{u}_{io}(t) \tag{5.6}$$

其中，$\boldsymbol{u}_{io}(t)=-\boldsymbol{K}_i\boldsymbol{x}_i(t)$。

对于等效滑模动态［式 (5.6)］，考虑以下代价函数

$$\boldsymbol{J}_i(\boldsymbol{x}_i(t))=\int_t^{\infty}(\boldsymbol{x}_i^{\mathrm{T}}(\tau)\boldsymbol{Q}_i\boldsymbol{x}_i(\tau)+\boldsymbol{u}_{io}^{\mathrm{T}}(\tau)\boldsymbol{R}_i\boldsymbol{u}_{io}(\tau))\mathrm{d}\tau \tag{5.7}$$

根据 LQR 理论可知，存在一个最优控制律 $\boldsymbol{u}_{io}(t)=-\boldsymbol{K}_i\boldsymbol{x}_i(t)$ 可以最小化代价函数 (5.7)，其中，$\boldsymbol{K}_i=\boldsymbol{R}_i^{-1}\boldsymbol{B}_i^{\mathrm{T}}\boldsymbol{P}_i$，$\boldsymbol{P}_i>0$ 可以通过求解以下代数 Riccati 方程得到

$$\boldsymbol{A}_i^{\mathrm{T}}\boldsymbol{P}_i+\boldsymbol{P}_i\boldsymbol{A}_i-\boldsymbol{P}_i\boldsymbol{B}_i\boldsymbol{R}_i^{-1}\boldsymbol{B}_i^{\mathrm{T}}\boldsymbol{P}_i+\boldsymbol{Q}_i=0 \tag{5.8}$$

定理 5.1 子系统 i 的滑模动态［式 (5.6)］渐近稳定且具有最优性能。

证明：

选择李雅普诺夫函数 $\hat{V}_i(t)=\boldsymbol{x}_i^{\mathrm{T}}(t)\boldsymbol{P}_i\boldsymbol{x}_i(t)$。结合式 (5.6) 和式 (5.8) 可以得到

$$\begin{aligned}\dot{\hat{V}}_i(t)&=\boldsymbol{x}_i^{\mathrm{T}}(t)(\boldsymbol{A}_i-\boldsymbol{B}_i\boldsymbol{K}_i)^{\mathrm{T}}\boldsymbol{P}_i\boldsymbol{x}_i(t)+\boldsymbol{x}_i^{\mathrm{T}}(t)\boldsymbol{P}_i(\boldsymbol{A}_i-\boldsymbol{B}_i\boldsymbol{K}_i)\boldsymbol{x}_i(t)\\&=\boldsymbol{x}_i^{\mathrm{T}}(t)(\boldsymbol{A}_{ik}^{\mathrm{T}}\boldsymbol{P}_i+\boldsymbol{P}_i\boldsymbol{A}_{ik})\boldsymbol{x}_i(t)\\&=-\boldsymbol{x}_i^{\mathrm{T}}(t)(\boldsymbol{Q}_i+\boldsymbol{K}_i^{\mathrm{T}}\boldsymbol{R}_i\boldsymbol{K}_i)\boldsymbol{x}_i(t)<0\end{aligned} \tag{5.9}$$

这表明等效滑模动态［式 (5.6)］是渐近稳定的。此外，根据最优控制理论可知，控制律 $\boldsymbol{u}_{io}(t)=-\boldsymbol{K}_i\boldsymbol{x}_i(t)$ 可以使滑模动态［式 (5.6)］在代价函数 (5.7) 下最优。证毕。

5.3.2 可达性分析与部分模型依赖的分散式滑模控制律设计

对于滑模函数 (5.2)，以下定理保证了每个子系统的理想滑模面 $\boldsymbol{s}_i(t)=0$ 的可达性。

定理 5.2 对于大规模系统［式 (5.1)］，分散式 SMC 律［式 (5.10)］可以保证子系统 i 的状态轨迹在有限时间内抵达理想滑模面 $\boldsymbol{s}_i(t)=0$

$$\boldsymbol{u}_i(t)=\boldsymbol{u}_{io}(t)+\boldsymbol{u}_{is1}(t)+\boldsymbol{u}_{is2}(t) \tag{5.10}$$

其中，非切换项（滑模面最优控制律）是

$$\boldsymbol{u}_{io}(t)=-\boldsymbol{K}_i\boldsymbol{x}_i(t) \tag{5.11}$$

补偿混合注入攻击和外部干扰的切换项是

$$\boldsymbol{u}_{is1}(t)=-(\eta_i+\overline{d}_i+\tau_i(\boldsymbol{x}_i(t),t)\|\boldsymbol{x}_i(t)\|)\mathrm{sgn}(\boldsymbol{R}_i\boldsymbol{K}_i\boldsymbol{x}_i(t)s_i(t)) \tag{5.12}$$

其中，$\eta_i>0$，补偿未知耦合的切换项是

$$\boldsymbol{u}_{is2}(t)=-\delta_i(\boldsymbol{x}_i(t),t)\text{sgn}(\boldsymbol{R}_i\boldsymbol{K}_i\boldsymbol{x}_i(t)s_i(t)) \tag{5.13}$$

其中，$\delta_i(\boldsymbol{x}_i(t),t)\geqslant 0$ 满足

$$\sum_{i=1}^{N}\left(\delta_i(\boldsymbol{x}_i(t),t)-\mu_i(\boldsymbol{x}_i(t),t)\sum_{j=1}^{N}\left\|\boldsymbol{x}_j(t)\right\|\right)\geqslant 0 \tag{5.14}$$

证明：

选择李雅普诺夫函数为 $\boldsymbol{V}(t)=\sum_{i=1}^{N}\left(\frac{1}{2}s_i^2(t)\right)$。求 $\boldsymbol{V}(t)$ 对时间 t 的导数得到

$$\begin{aligned}
\dot{\boldsymbol{V}}(t)&=\sum_{i=1}^{N}(s_i(t)\dot{s}_i(t))\\
&=\sum_{i=1}^{N}\{2s_i(t)\boldsymbol{x}_i^{\mathrm{T}}(t)\boldsymbol{K}_i^{\mathrm{T}}\boldsymbol{R}_i[-(\eta_i+\bar{d}_i+\tau_i(\boldsymbol{x}_i(t),t)\|\boldsymbol{x}_i(t)\|)\text{sgn}(\boldsymbol{R}_i\boldsymbol{K}_i\boldsymbol{x}_i(t)s_i(t))\\
&\quad+\boldsymbol{\varphi}_i(\boldsymbol{x}_i(t),t)+\boldsymbol{d}_i(t)-\delta_i(\boldsymbol{x}_i(t),t)\text{sgn}(\boldsymbol{R}_i\boldsymbol{K}_i\boldsymbol{x}_i(t)s_i(t))+\boldsymbol{\Delta}_i(\boldsymbol{x}(t),t)]\}\\
&=\sum_{i=1}^{N}\{-2\eta_i s_i(t)\boldsymbol{x}_i^{\mathrm{T}}(t)\boldsymbol{K}_i^{\mathrm{T}}\boldsymbol{R}_i\text{sgn}(\boldsymbol{R}_i\boldsymbol{K}_i\boldsymbol{x}_i(t)s_i(t))+2s_i(t)\boldsymbol{x}_i^{\mathrm{T}}(t)\boldsymbol{K}_i^{\mathrm{T}}\boldsymbol{R}_i(\varphi_i(\boldsymbol{x}_i(t),t)\\
&\quad+\boldsymbol{d}_i(t))-2(\bar{d}_i+\tau_i(\boldsymbol{x}_i(t),t)\|\boldsymbol{x}_i(t)\|)s_i(t)\boldsymbol{x}_i^{\mathrm{T}}(t)\boldsymbol{K}_i^{\mathrm{T}}\boldsymbol{R}_i\text{sgn}(\boldsymbol{R}_i\boldsymbol{K}_i\boldsymbol{x}_i(t)s_i(t))\\
&\quad-2s_i(t)\boldsymbol{x}_i^{\mathrm{T}}(t)\boldsymbol{K}_i^{\mathrm{T}}\boldsymbol{R}_i\text{sgn}(\boldsymbol{R}_i\boldsymbol{K}_i\boldsymbol{x}_i(t)s_i(t))\delta_i(\boldsymbol{x}_i(t),t)\\
&\quad+2s_i(t)\boldsymbol{x}_i^{\mathrm{T}}(t)\boldsymbol{K}_i^{\mathrm{T}}\boldsymbol{R}_i\boldsymbol{\Delta}_i(\boldsymbol{x}(t),t)\}.
\end{aligned} \tag{5.15}$$

通过假设 5.1、$\mu_i(\boldsymbol{x}_i(t),t)\|\boldsymbol{x}(t)\|\leqslant\mu_i(\boldsymbol{x}_i(t),t)\sum_{j=1}^{N}\|\boldsymbol{x}_j(t)\|$ 和 $|\boldsymbol{R}_i\boldsymbol{K}_i\boldsymbol{x}_i(t)s_i(t)|>\|\boldsymbol{R}_i\boldsymbol{K}_i\boldsymbol{x}_i(t)s_i(t)\|$，可以得到

$$\begin{aligned}
&\sum_{i=1}^{N}[2s_i(t)\boldsymbol{x}_i^{\mathrm{T}}(t)\boldsymbol{K}_i^{\mathrm{T}}\boldsymbol{R}_i(\boldsymbol{\varphi}_i(\boldsymbol{x}_i(t),t)+\boldsymbol{d}_i(t))-2(\bar{d}_i+\tau_i(\boldsymbol{x}_i(t),t)\|\boldsymbol{x}_i(t)\|)\\
&\times s_i(t)\boldsymbol{x}_i^{\mathrm{T}}(t)\boldsymbol{K}_i^{\mathrm{T}}\boldsymbol{R}_i\text{sgn}(\boldsymbol{R}_i\boldsymbol{K}_i\boldsymbol{x}_i(t)s_i(t))]\\
&\leqslant\sum_{i=1}^{N}[2(\|\boldsymbol{R}_i\boldsymbol{K}_i\boldsymbol{x}_i(t)s_i(t)\|-|\boldsymbol{R}_i\boldsymbol{K}_i\boldsymbol{x}_i(t)s_i(t)|)
\end{aligned}$$

$$\times(\bar{d}_i+\tau_i(\boldsymbol{x}_i(t),t)\|\boldsymbol{x}_i(t)\|)]\leqslant 0 \tag{5.16}$$

和

$$\begin{aligned}
&\sum_{i=1}^{N}[2s_i(t)\boldsymbol{x}_i^{\mathrm{T}}(t)\boldsymbol{K}_i^{\mathrm{T}}\boldsymbol{R}_i\boldsymbol{\varDelta}_i(\boldsymbol{x}(t),t)-2s_i(t)\boldsymbol{x}_i^{\mathrm{T}}(t)\boldsymbol{K}_i^{\mathrm{T}}\boldsymbol{R}_i\mathrm{sgn}(\boldsymbol{R}_i\boldsymbol{K}_i\boldsymbol{x}_i(t)s_i(t))]\\
&\leqslant\sum_{i=1}^{N}[2(\|\boldsymbol{R}_i\boldsymbol{K}_i\boldsymbol{x}_i(t)s_i(t)\|\mu_i(\boldsymbol{x}_i(t),t)\|\boldsymbol{x}_i(t)\|-2|\boldsymbol{R}_i\boldsymbol{K}_i\boldsymbol{x}_i(t)\boldsymbol{s}_i(t)|\delta_i(\boldsymbol{x}_i(t),t)]\\
&\leqslant\sum_{i=1}^{N}\left[2\|\boldsymbol{R}_i\boldsymbol{K}_i\boldsymbol{x}_i(t)s_i(t)\|\left(\mu_i(\boldsymbol{x}_i(t),t)\sum_{j=1}^{N}\|\boldsymbol{x}_j(t)\|-\delta_i(\boldsymbol{x}_i(t),t)\right)\right]\leqslant 0
\end{aligned} \tag{5.17}$$

此外，注意到所选 $\delta_i(\boldsymbol{x}_i(t),t)$ 满足 $\sum_{i=1}^{N}\left(\delta_i(\boldsymbol{x}_i(t),t)-\mu_i(\boldsymbol{x}_i(t),t)\times\sum_{j=1}^{N}\|\boldsymbol{x}_j(t)\|\right)\geqslant 0$。因此，通过应用关系［式(5.16)、式(5.17)］可以得到

$$\dot{V}(t)=\sum_{i=1}^{N}(s_i(t)\dot{s}_i(t))\leqslant\sum_{i=1}^{N}\left(-2\eta_i\|s_i(t)\boldsymbol{x}_i^{\mathrm{T}}(t)\boldsymbol{K}_i^{\mathrm{T}}\boldsymbol{R}_i\|\right) \tag{5.18}$$

这表明在分散式 SMC 律［式 (5.10) ～式 (5.14)］下，由于 $s_i(0)=0$，因此每个子系统 i 的系统轨迹从初始时刻起已经保持在理想滑模面 $s_i(t)=0$ 上。证毕。

注释 5.2　定理 5.1 表明，在理想滑模面 $\boldsymbol{s}(t)=0$ 上，各子系统的滑模动态在代价函数 (5.7) 下具有最优的控制性能。同时，定理 5.2 表明，从初始时刻 $t=0$ 开始，各子系统的系统轨迹已经保持在理想滑模面上。因此，在矩阵 $\boldsymbol{P}_i$ 满足式 (5.8) 的情况下，分散式 SMC 律［式 (5.10) ～式 (5.14)］可以保证大规模系统［式 (5.1)］的最优控制性能。

5.3.3 基于 ADP 的分散式滑模控制律设计

为了实现所提出的分散式 SMC 律［式 (5.10) ～式 (5.14)］，当选择函

数 $\delta_i(\boldsymbol{x}_i(t),t)$ 时，在保证约束条件 (5.14) 成立的前提下，仅可以利用局部状态信息 $\boldsymbol{x}_i(t)$。需要注意的是，所有的 $\mu_i(\boldsymbol{x}_i(t),t)$ 对于设计者来说都是已知的，且以下关系成立

$$\sum_{i=1}^{N}\left(\delta_i(\boldsymbol{x}_i(t),t)-\mu_i(\boldsymbol{x}_i(t),t)\sum_{j=1}^{N}\|\boldsymbol{x}_j(t)\|\right)$$

$$=\sum_{i=1}^{N}\left(\delta_i(\boldsymbol{x}_i(t),t)-\|\boldsymbol{x}_i(t)\|\sum_{j=1}^{N}\mu_j(\boldsymbol{x}_j(t),t)\right) \tag{5.19}$$

因此，可将 $\delta_i(\boldsymbol{x}_i(t),t)$ 设计为

$$\delta_i(\boldsymbol{x}_i(t),t)=\|\boldsymbol{x}_i(t)\|\sum_{j=1}^{N}\mu_j(\boldsymbol{x}_j(t),t) \tag{5.20}$$

现在，可以把补偿未知耦合的切换项 $\boldsymbol{u}_{is2}(t)$ 改写为

$$\boldsymbol{u}_{is2}(t)=-\left(\|\boldsymbol{x}_i(t)\|\sum_{j=1}^{N}\mu_j(\boldsymbol{x}_j(t),t)\right)\mathrm{sgn}(\boldsymbol{R}_i\boldsymbol{K}_i\boldsymbol{x}_i(t)s_i(t)) \tag{5.21}$$

这表明所提 SMC 方案在分布式控制框架下是可行的。

根据定理 5.2 可知，从初始时刻起，所设计的 SMC 律［式 (5.10) ～式 (5.14)］可以将每个子系统的状态轨迹驱使到相应的滑模面。这意味着被控子系统的动力学等价于滑模动态［式 (5.6)］。接下来，下面的引理给出了针对线性时不变系统的策略迭代算法。

引理 5.1 ［Vrabie D. (2009)］令 $\boldsymbol{K}_i(0)$ 为第 i 个子系统的初始稳定控制增益矩阵。以下两步策略迭代算法［式 (5.22)、式 (5.23)］等价于求解代数黎卡提方程 (5.8) 的克莱曼算法。

策略评估：

$$\boldsymbol{x}_i^{\mathrm{T}}(t)\boldsymbol{P}_i(k)\boldsymbol{x}_i(t)-\boldsymbol{x}_i^{\mathrm{T}}(t+\bar{T})\boldsymbol{P}_i(k)\boldsymbol{x}_i(t+\bar{T})$$

$$=\int_t^{t+\bar{T}}\boldsymbol{x}_i^{\mathrm{T}}(\tau)(\boldsymbol{Q}_i+\boldsymbol{K}_i^{\mathrm{T}}(k)\boldsymbol{R}_i\boldsymbol{K}_i(k))\boldsymbol{x}_i(\tau)\mathrm{d}\tau \tag{5.22}$$

策略改进：

$$\boldsymbol{K}_i(k+1)=\boldsymbol{R}_i^{-1}\boldsymbol{B}_i^{\mathrm{T}}\boldsymbol{P}_i(k) \tag{5.23}$$

现在，将策略迭代算法［式 (5.22)、式 (5.23)］导出的 $\boldsymbol{P}_i(k)$ 和 $\boldsymbol{K}_i(k+1)$ 代入分散式 SMC 律［式 (5.10) ～式 (5.14)］可得

$$\boldsymbol{u}_i(t)=-\boldsymbol{K}_i(k+1)\boldsymbol{x}_i(t)-(\eta_i+\bar{d}_i+\tau_i(\boldsymbol{x}_i(t),t)\|\boldsymbol{x}_i(t)\|)\mathrm{sgn}(\boldsymbol{R}_i\boldsymbol{K}_i(k+1)\boldsymbol{x}_i(t)s_i(t))$$
$$-\delta_i(\boldsymbol{x}_i(t),t)\mathrm{sgn}(\boldsymbol{R}_i\boldsymbol{K}_i(k+1)\boldsymbol{x}_i(t)s_i(t)) \tag{5.24}$$

其中，具有更新特性的滑模函数为：

$$s_i(t)=\boldsymbol{x}_i^{\mathrm{T}}(t)\boldsymbol{P}_i(k)\boldsymbol{x}_i(t)-\boldsymbol{x}_i^{\mathrm{T}}(0)\boldsymbol{P}_i(k)\boldsymbol{x}_i(0)$$
$$+\int_0^t \boldsymbol{x}_i^{\mathrm{T}}(\tau)(\boldsymbol{Q}_i+\boldsymbol{K}_i^{\mathrm{T}}(k+1)\boldsymbol{R}_i\boldsymbol{K}_i(k+1))\boldsymbol{x}_i(\tau)\mathrm{d}\boldsymbol{\tau} \tag{5.25}$$

其中，$i=1, 2, \cdots, N$。

显然，由于分散式 SMC 律［式 (5.10)］变成在线更新的分散式 SMC 律［式 (5.24)］，策略迭代算法的使用会影响每个滑模面的可达性和滑模动态的稳定性。接下来，下面的定理将逐一分析每个滑模动态在每个策略迭代步中的渐近稳定性和每个理想滑模面的可达性。

定理 5.3 在具有更新滑模函数［式 (5.24)］的在线更新分散式 SMC 律［式 (5.25)］下，大规模系统中的第 i 个子系统在滑模面 $\boldsymbol{s}_i(t)=0$ 上渐近稳定。

证明：

对于第 i 个子系统，选择李雅普诺夫函数为 $\bar{\boldsymbol{V}}_i(t)=\boldsymbol{x}_i^{\mathrm{T}}(t)\boldsymbol{P}_i(k)\boldsymbol{x}_i(t)$。通过式 (5.23) 可以得到

$$\dot{\bar{\boldsymbol{V}}}(t)=\boldsymbol{x}_i^{\mathrm{T}}(t)[(\boldsymbol{A}_i-\boldsymbol{B}_i\boldsymbol{K}_i(k+1))^{\mathrm{T}}\boldsymbol{P}_i(k)+\boldsymbol{P}_i(k)(\boldsymbol{A}_i-\boldsymbol{B}_i\boldsymbol{K}_i(k+1))]\boldsymbol{x}_i(t)$$
$$=\boldsymbol{x}_i^{\mathrm{T}}(t)[(\boldsymbol{A}_i-\boldsymbol{B}_i\boldsymbol{K}_i(k))^{\mathrm{T}}\boldsymbol{P}_i(k)+\boldsymbol{P}_i(k)(\boldsymbol{A}_i-\boldsymbol{B}_i\boldsymbol{K}_i(k))]\boldsymbol{x}_i(t)$$
$$+\boldsymbol{x}_i^{\mathrm{T}}(t)[(\boldsymbol{K}_i(k)-\boldsymbol{K}_i(k+1))^{\mathrm{T}}\boldsymbol{R}_i\boldsymbol{K}_i(k+1)+\boldsymbol{K}_i^{\mathrm{T}}(k+1)\boldsymbol{R}_i(\boldsymbol{K}_i(k)-\boldsymbol{K}_i(k+1))]\boldsymbol{x}_i(t)$$
$$=-\boldsymbol{x}_i^{\mathrm{T}}(t)(\boldsymbol{Q}_i+\boldsymbol{K}_i^{\mathrm{T}}(k+1)\boldsymbol{R}_i\boldsymbol{K}_i(k+1))\boldsymbol{x}_i(t)-\boldsymbol{x}_i^{\mathrm{T}}(t)(\boldsymbol{K}_i(k)-\boldsymbol{K}_i(k+1))^{\mathrm{T}}\boldsymbol{R}_i(\boldsymbol{K}_i(k)$$
$$-\boldsymbol{K}_i(k+1))\boldsymbol{x}_i(t)<0 \tag{5.26}$$

这意味着第 i 个子系统在策略迭代算法［式 (5.22)、式 (5.23)］的每一步都是渐近稳定的。此外，从引理 5.1 可以很容易得出控制策略收敛于大规模系统中各子系统的无限时域最优控制策略。证毕。

以下定理保证了在策略迭代步中，理想滑模面 $\boldsymbol{s}_i(t)=0$ 的可达性。

定理 5.4 对于每一个策略迭代步［式 (5.22)、式 (5.23)］，具有更新滑模函数 (5.24) 的在线更新分散式 SMC 律［式 (5.25)］可以保证指定滑模面 $s_i(t)=0$ 的可达性。

证明：

对于具有在线更新滑模函数 (5.24) 的在线更新分散式 SMC 律［式 (5.25)］，李雅普诺夫函数选为 $\tilde{\boldsymbol{V}}(t)=\sum_{i=1}^{N}\left(\frac{1}{2}s_i^2(t)\right)$。将李雅普诺夫函数对时间 t 求导得到

$$
\begin{aligned}
\dot{\tilde{\boldsymbol{V}}}(t) &= \sum_{i=1}^{N}(s_i(t)\dot{s}_i(t)) \\
&= \sum_{i=1}^{N}\{2s_i(t)\boldsymbol{x}_i^{\mathrm{T}}(t)\boldsymbol{K}_i^{\mathrm{T}}(k+1)\boldsymbol{R}_i\cdot[-(\eta_i+\bar{d}_i+\tau_i(\boldsymbol{x}_i(t),t)\|\boldsymbol{x}_i(t)\|)\mathrm{sgn}(\boldsymbol{R}_i\boldsymbol{K}_i(k+1)) \\
&\quad \times\boldsymbol{x}_i(t)s_i(t)+\boldsymbol{\varphi}_i(\boldsymbol{x}_i(t),t)+\boldsymbol{d}_i(t)-\delta_i(x_i(t),t)\mathrm{sgn}(\boldsymbol{R}_i\boldsymbol{K}_i(k+1)\boldsymbol{x}_i(t)s_i(t))+\boldsymbol{\Delta}_i(\boldsymbol{x}(t),t)]\} \\
&= \sum_{i=1}^{N}\{-2\eta_i s_i(t)\boldsymbol{x}_i^{\mathrm{T}}(t)\boldsymbol{K}_i^{\mathrm{T}}(k+1)\boldsymbol{R}_i\mathrm{sgn}(\boldsymbol{R}_i\boldsymbol{K}_i(k+1)\boldsymbol{x}_i(t)s_i(t))+2s_i(t)\boldsymbol{x}_i^{\mathrm{T}}(t)\boldsymbol{K}_i^{\mathrm{T}}(k+1) \\
&\quad \times\boldsymbol{R}_i(\boldsymbol{\varphi}_i(\boldsymbol{x}_i(t),t)+\boldsymbol{d}_i(t))-2(\bar{d}_i+\tau_i(\boldsymbol{x}_i(t),t)\|\boldsymbol{x}_i(t)\|)s_i(t)\boldsymbol{x}_i^{\mathrm{T}}(t)\boldsymbol{K}_i^{\mathrm{T}}(k+1)\boldsymbol{R}_i\,\mathrm{sgn}(\boldsymbol{R}_i \\
&\quad \times\boldsymbol{K}_i(k+1)\boldsymbol{x}_i(t)s_i(t))-2s_i(t)\boldsymbol{x}_i^{\mathrm{T}}(t)\boldsymbol{K}_i^{\mathrm{T}}(k+1)\boldsymbol{R}_i\,\mathrm{sgn}(\boldsymbol{R}_i\boldsymbol{K}_i(k+1)\boldsymbol{x}_i(t)s_i(t))\delta_i(\boldsymbol{x}_i(t),t) \\
&\quad +2s_i(t)\boldsymbol{x}_i^{\mathrm{T}}(t)\boldsymbol{K}_i^{\mathrm{T}}(k+1)\boldsymbol{R}_i\,\boldsymbol{\Delta}_i(\boldsymbol{x}(t),t)\}
\end{aligned}
\tag{5.27}
$$

类似于定理 5.2，可以得到

$$
\begin{aligned}
&\sum_{i=1}^{N}[2s_i(t)\boldsymbol{x}_i^{\mathrm{T}}(t)\boldsymbol{K}_i^{\mathrm{T}}(k+1)\boldsymbol{R}_i(\boldsymbol{\varphi}_i(\boldsymbol{x}_i(t),t)+\boldsymbol{d}_i(t))-2(\bar{d}_i+\tau_i(\boldsymbol{x}_i(t),t)\|\boldsymbol{x}_i(t)\|) \\
&\quad \times s_i(t)\boldsymbol{x}_i^{\mathrm{T}}(t)\boldsymbol{K}_i^{\mathrm{T}}(k+1)\boldsymbol{R}_i\,\mathrm{sgn}(\boldsymbol{R}_i\boldsymbol{K}_i(k+1)\boldsymbol{x}_i(t)s_i(t))] \\
&\leqslant \sum_{i=1}^{N}[2(\|\boldsymbol{R}_i\boldsymbol{K}_i(k+1)\boldsymbol{x}_i(t)s_i(t)\|-|\boldsymbol{R}_i\boldsymbol{K}_i(k+1)\boldsymbol{x}_i(t)s_i(t)|)(\bar{d}_i+\tau_i(\boldsymbol{x}_i(t),t)\|\boldsymbol{x}_i(t)\|)]\leqslant 0
\end{aligned}
\tag{5.28}
$$

和

$$\sum_{i=1}^{N}(2s_i(t)\boldsymbol{x}_i^{\mathrm{T}}(t)\boldsymbol{K}_i^{\mathrm{T}}(k+1)\boldsymbol{R}_i\boldsymbol{\Delta}_i(\boldsymbol{x}(t),t)-2s_i(t)\boldsymbol{x}_i^{\mathrm{T}}(t)$$

$$\times\boldsymbol{K}_i^{\mathrm{T}}(k+1)\boldsymbol{R}_i\operatorname{sgn}(\boldsymbol{R}_i\boldsymbol{K}_i(k+1)\boldsymbol{x}_i(t)s_i(t)))$$

$$\leqslant\sum_{i=1}^{N}\left[2\|\boldsymbol{R}_i\boldsymbol{K}_i(k+1)\boldsymbol{x}_i(t)s_i(t)\|(\mu_i(\boldsymbol{x}_i(t),t)\sum_{j=1}^{N}\|\boldsymbol{x}_j(t)\|-\delta_i(\boldsymbol{x}_i(t),t))\right]\leqslant 0 \tag{5.29}$$

因此，根据式 (5.27) ～式 (5.29) 可以得到以下关系

$$\dot{\boldsymbol{V}}(t)\leqslant\sum_{i=1}^{N}(-2\eta_i\|s_i(t)\boldsymbol{x}_i^{\mathrm{T}}(t)\boldsymbol{K}_i^{\mathrm{T}}(k+1)\boldsymbol{R}_i\|) \tag{5.30}$$

由于 $s_i(0)=0$，在线策略迭代算法 (5.22)、(5.23) 可以保证每个滑模面的可达性。证毕。

接下来，将给出实现策略迭代算法 (5.22)、(5.23) 的计算方法。首先，将式 (5.22) 中的 $\boldsymbol{x}_i^{\mathrm{T}}(t)\boldsymbol{P}_i(k)\boldsymbol{x}_i(t)$ 改写为 $\boldsymbol{x}_i^{\mathrm{T}}(t)\boldsymbol{P}_i(k)\boldsymbol{x}_i(t)=\tilde{\boldsymbol{p}}_i^{\mathrm{T}}(k)\tilde{\boldsymbol{x}}_i(t)$，其中：

$$\tilde{\boldsymbol{p}}_i(k)=[p_{11}^i(k),2p_{12}^i(k),\cdots,2p_{1n_i}^i(k),p_{22}^i(k),2p_{23}^i(k),\cdots,p_{n_in_i}^i(k)]^{\mathrm{T}}\in\mathbb{R}^{\frac{n_i(n_i+1)}{2}},$$

和

$$\tilde{\boldsymbol{x}}_i(t)=$$

$$[x_{i,1}^2(t),x_{i,1}(t)x_{i,2}(t),\cdots,x_{i,2}^2(t),x_{i,2}(t)x_{i,3}(t),x_{i,2}(t)x_{i,4}(t),\cdots,x_{i,n_i}^2(t)]^{\mathrm{T}}\in\mathbb{R}^{\frac{n_i(n_i+1)}{2}},$$

$x_{i,j}(t)$ 是 $\boldsymbol{x}_i(t)$ 的第 j 个元素，$p_{zv}^i(k)$ 是矩阵 $\boldsymbol{P}_i(k)$ 的第 z 行第 v 列的元素。因此，策略评估［式 (5.22)］可以改写为

$$\tilde{\boldsymbol{p}}_i^{\mathrm{T}}(k)(\tilde{\boldsymbol{x}}_i(t)-\tilde{\boldsymbol{x}}_i(t+\bar{T}))$$

$$=\int_t^{t+T}\boldsymbol{x}_i^{\mathrm{T}}(\tau)(\boldsymbol{Q}_i+\boldsymbol{K}_i^{\mathrm{T}}(k)\boldsymbol{R}_i\boldsymbol{K}_i(k))\boldsymbol{x}_i(\tau)\mathrm{d}\tau$$

注意到，对称矩阵 $\boldsymbol{P}_i(k)$ 有 $\dfrac{n_i(n_i+1)}{2}$ 个未知的独立元素，所以至少需

要求解 $M_i \geqslant \dfrac{n_i(n_i+1)}{2}$ 个线性无关的方程。也就是说，对于第 i 个子系统，需要在每个控制器更新间隔 T 中至少采样 M_i 个子系统 i 的状态信息。$\boldsymbol{P}_i(k)$ 可以通过求解下面的方程来计算得到

$$\begin{cases}\tilde{\boldsymbol{p}}_i^{\mathrm{T}}(k)(\tilde{\boldsymbol{x}}_i(t)-\tilde{\boldsymbol{x}}_i(t+T_{i,\triangle}))\\=\displaystyle\int_t^{t+T_{i,\triangle}}\boldsymbol{x}_i^{\mathrm{T}}(\tau)(\boldsymbol{Q}_i+\boldsymbol{K}_i^{\mathrm{T}}(k)\boldsymbol{R}_i\boldsymbol{K}_i(k))\,\boldsymbol{x}_i(\tau)\mathrm{d}\tau\\ \qquad\vdots\\ \tilde{\boldsymbol{p}}_i^{\mathrm{T}}(k)(\tilde{\boldsymbol{x}}_i(t+hT_{i,\triangle})-\tilde{\boldsymbol{x}}_i(t+(h+1)T_{i,\triangle}))\\=\displaystyle\int_{t+hT_{i,\triangle}}^{t+(h+1)T_{i,\triangle}}\boldsymbol{x}_i^{\mathrm{T}}(\tau)(\boldsymbol{Q}_i+\boldsymbol{K}_i^{\mathrm{T}}(k)\boldsymbol{R}_i\boldsymbol{K}_i(k))\,\boldsymbol{x}_i(\tau)\mathrm{d}\tau\\ \qquad\vdots\\ \tilde{\boldsymbol{p}}_i^{\mathrm{T}}(k)(\tilde{\boldsymbol{x}}_i(t+(M_i-1)T_{i,\triangle})-\tilde{\boldsymbol{x}}_i(t+T))\\=\displaystyle\int_{t+(M_i-1)T_{i,\triangle}}^{t+T}\boldsymbol{x}_i^{\mathrm{T}}(\tau)(\boldsymbol{Q}_i+\boldsymbol{K}_i^{\mathrm{T}}(k)\boldsymbol{R}_i\boldsymbol{K}_i(k))\,\boldsymbol{x}_i(\tau)\mathrm{d}\tau\end{cases}\tag{5.31}$$

其中，$T_{i,\triangle}=\dfrac{\bar{T}}{M_i}$ 是相邻采样点之间的时间间隔。求解方程 (5.31) 等价于求解以下最小二乘方程

$$\tilde{\boldsymbol{p}}_i(k)=(\boldsymbol{X}_i\boldsymbol{X}_i^{\mathrm{T}})^{-1}\boldsymbol{X}_i\boldsymbol{Y}_i\tag{5.32}$$

其中，$\boldsymbol{X}_i=[\tilde{\boldsymbol{x}}_i(t)-\tilde{\boldsymbol{x}}_i(t+T_{i,\triangle}),\ \tilde{\boldsymbol{x}}_i(t+T_{i,\triangle})-\tilde{\boldsymbol{x}}_i(t+2T_{i,\triangle}),\cdots,\ \tilde{\boldsymbol{x}}_i(t+(M_i-1)T_{i,\triangle})-\tilde{\boldsymbol{x}}_i(t+T)]\in\mathbb{R}^{\frac{n_i(n_i+1)}{2}\times M_i}$，$\boldsymbol{Y}_i=[\boldsymbol{Y}_{i,1},\boldsymbol{Y}_{i,2},\cdots,\boldsymbol{Y}_{i,M_i}]^{\mathrm{T}}\in\mathbb{R}^{M_i}$；$\boldsymbol{Y}_{i,q}=\displaystyle\int_{t+(q-1)T_{i,\triangle}}^{t+qT_{i,\triangle}}\boldsymbol{x}_i^{\mathrm{T}}(\tau)(\boldsymbol{Q}_i+\boldsymbol{K}_i^{\mathrm{T}}(k)\boldsymbol{R}_i\boldsymbol{K}_i(k))\boldsymbol{x}_i(\tau)\mathrm{d}\tau(q=1,2,\cdots,M_i)$。

对每个子系统利用式 (5.32)，得到以下并行策略迭代算法：

- 并行策略评估：

$$\begin{cases}\tilde{\boldsymbol{p}}_1(k)=(\boldsymbol{X}_1\boldsymbol{X}_1^{\mathrm{T}})^{-1}\boldsymbol{X}_1\boldsymbol{Y}_1\\ \tilde{\boldsymbol{p}}_2(k)=(\boldsymbol{X}_2\boldsymbol{X}_2^{\mathrm{T}})^{-1}\boldsymbol{X}_2\boldsymbol{Y}_2\\ \qquad\vdots\\ \tilde{\boldsymbol{p}}_N(k)=(\boldsymbol{X}_N\boldsymbol{X}_N^{\mathrm{T}})^{-1}\boldsymbol{X}_N\boldsymbol{Y}_N\end{cases}\tag{5.33}$$

- 并行策略改进：

$$
\begin{cases}
\boldsymbol{K}_1(k+1)=\boldsymbol{R}_1^{-1}\boldsymbol{B}_1^{\mathrm{T}}\boldsymbol{P}_1(k) \\
\boldsymbol{K}_2(k+1)=\boldsymbol{R}_2^{-1}\boldsymbol{B}_2^{\mathrm{T}}\boldsymbol{P}_2(k) \\
\qquad\vdots \\
\boldsymbol{K}_N(k+1)=\boldsymbol{R}_N^{-1}\boldsymbol{B}_N^{\mathrm{T}}\boldsymbol{P}_N(k)
\end{cases}
\tag{5.34}
$$

以下算法给出了基于 ADP 的部分未知大规模系统分散式 SMC 方案的实现。

步骤 1. 给定初始序列 $\{\boldsymbol{Q}_1, \boldsymbol{Q}_2, \cdots, \boldsymbol{Q}_N\}$、$\{\boldsymbol{R}_1, \boldsymbol{R}_2, \cdots, \boldsymbol{R}_N\}$、$\{\boldsymbol{P}_1(0), \boldsymbol{P}_2(0), \cdots, \boldsymbol{P}_N(0)\}$，保证各子系统的稳定性。令 k=0，初始滑模变量序列 $\{s_1(0), s_2(0), \cdots, s_N(0)\}$ 以及已知的小的正常数序列 $\{\epsilon_1, \epsilon_2, \cdots, \epsilon_N\}$。

步骤 2. 在迭代步 k 使用式 (5.34) 得到增益矩阵序列 $\{\boldsymbol{K}_1(k+1), \boldsymbol{K}_2(k+1), \cdots, \boldsymbol{K}_N(k+1)\}$，然后应用式 (5.24)、式 (5.25) 中的基于 ADP 的迭代 SMC 律 $\{\boldsymbol{u}_1(t), \boldsymbol{u}_2(t), \cdots, \boldsymbol{u}_N(t)\}$ 到各个子系统。

步骤 3. 令 k=k+1，通过式 (5.33) 得到序列 $\{\boldsymbol{P}_1(k), \boldsymbol{P}_2(k), \cdots, \boldsymbol{P}_N(k)\}$。

步骤 4. 对于任意 i，如果序列 $\{\boldsymbol{P}_i(k)-\boldsymbol{P}_i(k-1)\}$ 满足 $\|\boldsymbol{P}_i(k)-\boldsymbol{P}_i(k-1)\| \leqslant \epsilon_i$，则转到步骤 5；否则，执行步骤 2。

步骤 5. 结束。

注释 5.3 本章提出的基于 ADP 的分散式 SMC 律具有以下优点：①实现分散式 SMC 律不需要使用所有子系统矩阵 $\boldsymbol{A}_i$；②在存在注入攻击、外部扰动和未知耦合的情况下，所有子系统都能实现代价函数 (5.7) 下的最优控制性能。值得一提的是，现有的基于 ADP 的 SMC 方法的实现仍然依赖于已知的系统动力学模型。此外，由于鲁棒 ADP 方法不能完全消除子系统间的未知耦合的影响，因此基于鲁棒 ADP 的分散式控制方案仅能得到次优控制性能。这表明本章提出的基于 ADP 的新型分散式 SMC 方法优于基于 ADP 的鲁棒分散式控制方法。

5.4
仿真实例

如图 5.2 所示，考虑一个具有调速控制器的双机电力系统（Kundur P., 1994），其中，子系统 1 的通信网络可能受到虚假数据注入攻击。两个子系统都包含一个发电机组，它们分别向相应的用户区域供电。功率相位和频率受同步发电机角度和转子相对转速的影响，而发电机组的角度和转子相对转速由同步发电机组的励磁电路调节。两个子系统通过母线互连。该系统的系统模型为

$$\dot{\boldsymbol{\theta}}_i(t)=\boldsymbol{\omega}_i(t)$$

$$\dot{\boldsymbol{\omega}}_i(t)=-\frac{D_i}{2H_i}\boldsymbol{\omega}_i(t)+\frac{\omega_0}{2H_i}\left(\boldsymbol{P}_{mi}(t)-\boldsymbol{P}_{ei}(t)\right)$$

$$\dot{\boldsymbol{P}}_{mi}(t)=\frac{1}{T_i}\left(-\boldsymbol{P}_{mi}(t)+\boldsymbol{u}_{gi}(t)\right)$$

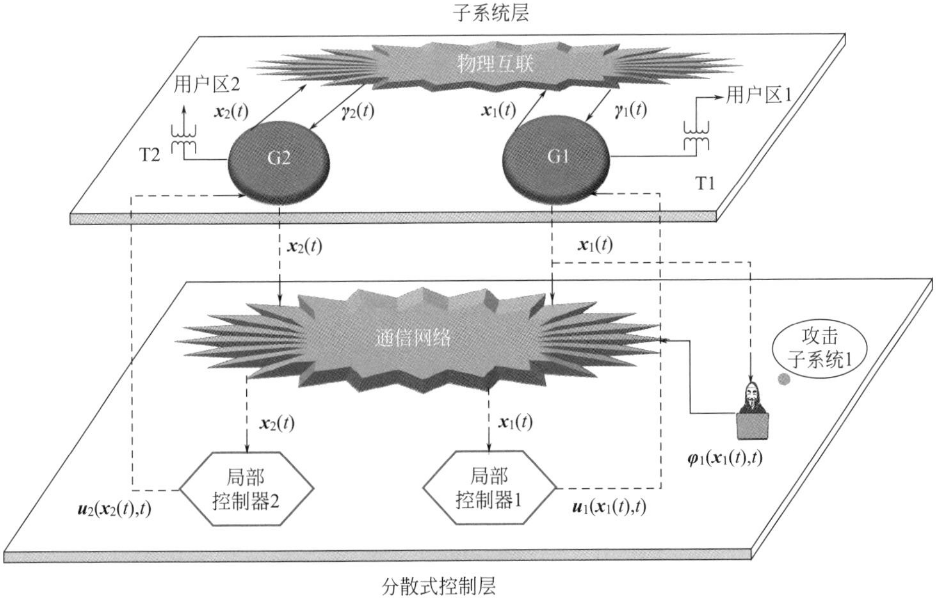

图 5.2　双机电力系统（G1 和 G2 是两个同步发电机；T1 和 T2 为两个用户变压器；发电机组分别向用户区 1 和用户区 2 供电）

$$\boldsymbol{P}_{ei}(t)=E_{qi}\sum_{j=1,j\neq i}^{2}\boldsymbol{E}_{qj}[\boldsymbol{B}_{ij}\sin(\boldsymbol{\theta}_{ij}(t))+\boldsymbol{G}_{ij}\cos(\boldsymbol{\theta}_{ij}(t))] \tag{5.35}$$

式中　$\boldsymbol{\theta}_{ij}(t)$——第 i 个和第 j 个发电机的功率角之差，即 $\boldsymbol{\theta}_{ij}=\boldsymbol{\theta}_i-\boldsymbol{\theta}_j$；

$\boldsymbol{\omega}_i(t)$——第 i 个发电机转子相对转速；

$\boldsymbol{P}_{mi}(t)$——机械功率；

$\boldsymbol{P}_{ei}(t)$——电功率；

D_i——阻尼系数；

H_i——惯性常数；

T_i——调速时间常数；

E_{qi}——电动势瞬态常数；

$\boldsymbol{B}_{ij}$——导纳矩阵的虚部；

$\boldsymbol{G}_{ij}$——导纳矩阵的实部；

$\boldsymbol{u}_{gi}(t)$——第 i 个发电机的调速控制信号。

上式中，i=1, j=2，表 5.1 给出了各参数的数值。

表5.1　系统参数值

符号	值	符号	值
D_1	1N·s/m	E_{q1}	0.2
D_2	1N·s/m	E_{q2}	0.05
T_1	6s	B_{12}	9.3×10^{-5}
T_2	6s	B_{21}	2.493×10^{-3}
H_1	6.35s	G_{12}	4.1×10^{-5}
H_2	6.4s	G_{21}	3.41×10^{-4}

假设 θ_0 和 ω_0 分别是同步发电机的角度和相对转子转速的标称值。定义 $\boldsymbol{x}_{i1}(t)=\boldsymbol{\theta}_i(t)-\theta_0$，$\boldsymbol{x}_{i2}(t)=\boldsymbol{\omega}_i(t)-\omega_0$，$\boldsymbol{x}_{i3}(t)=\boldsymbol{P}_{mi}(t)-\boldsymbol{P}_{ei}(t)$，$\boldsymbol{u}_i(t)=\boldsymbol{u}_{gi}(t)-\boldsymbol{P}_{ei}(t)$，可以得到

$$\begin{aligned}
&\dot{\boldsymbol{x}}_{i1}(t)=\boldsymbol{x}_{i2}(t)\\
&\dot{\boldsymbol{x}}_{i2}(t)=-\frac{D_i}{2H_i}\boldsymbol{x}_{i2}(t)+\frac{\omega_0}{2H_i}\boldsymbol{x}_{i3}(t)\\
&\dot{\boldsymbol{x}}_{i3}(t)=\frac{1}{T_i}[-\boldsymbol{x}_{i3}(t)+\boldsymbol{u}_i(t)-\boldsymbol{\gamma}_i(t)]
\end{aligned} \tag{5.36}$$

其中，系统耦合为

$$\boldsymbol{\gamma}_i(t)=E_{qi}\sum_{j=1,j\neq i}^{2}E_{qj}[\boldsymbol{B}_{ij}\cos(\boldsymbol{x}_{i1}(t)-\boldsymbol{x}_{j1}(t))-\boldsymbol{G}_{ij}\sin(\boldsymbol{x}_{i1}(t)-\boldsymbol{x}_{j1}(t))](\boldsymbol{x}_{i2}(t)-\boldsymbol{x}_{j2}(t))$$

显然，存在一个正常数 ϑ，满足 $\max_{1\leqslant i,j\leqslant 2}[E_{qi}E_{qj}(\|\boldsymbol{B}_{ij}\|+\|\boldsymbol{G}_{ij}\|)]<\vartheta$。因此，对于 $i=1,2$, $\|\boldsymbol{\gamma}_i(t)\|\leqslant\vartheta\sum_{j=1,j\neq i}^{2}(\boldsymbol{x}_{i2}(t)-\boldsymbol{x}_{j2}(t))\leqslant\vartheta\sum_{j=1}^{2}\|\boldsymbol{x}_{j2}(t)\|$ 成立。在仿真中，假定针对子系统 1 的注入攻击是 $\boldsymbol{\varphi}_1(\boldsymbol{x}_1(t),t)$，其中 $\boldsymbol{x}_1(t)=[\boldsymbol{x}_{11}(t)\boldsymbol{x}_{12}(t)\boldsymbol{x}_{13}(t)]^{\mathrm{T}}$，外部扰动的边界为 $\bar{d}_1=\bar{d}_2=0.00005$，注入攻击为 $\boldsymbol{\varphi}_1(\boldsymbol{x}_1(t),t)=300\sin(\boldsymbol{x}_{11}(t))$。

对于电力系统［式 (5.36)］，未知耦合 $\boldsymbol{\gamma}_i(t)$ 满足 $\|\gamma_1(t)\|\leqslant 5.668\times10^{-5}(\|\boldsymbol{x}_{12}(t)\|+\|\boldsymbol{x}_{22}(t)\|)$ 和 $\|\gamma_2(t)\|\leqslant 1.34\times10^{-6}(\|\boldsymbol{x}_{22}(t)\|+\|\boldsymbol{x}_{12}(t)\|)$。因此，根据选择准则［式 (5.20)］选择 $\delta_1(\boldsymbol{x}_1(t),t)=2.968\times10^{-5}\|\boldsymbol{x}_{12}(t)\|$ 和 $\delta_2(\boldsymbol{x}_2(t),t)=2.968\times10^{-5}\|\boldsymbol{x}_{22}(t)\|$。同时，由于 $\boldsymbol{\varphi}_1(\boldsymbol{x}_1(t),t)\leqslant 300\|\boldsymbol{x}_{11}(t)\|$，根据假设 5.1，选择 $\tau_1(\boldsymbol{x}_1(t),t)=300$，$\eta_1=\eta_2=0.00005$。现在，利用并行策略迭代算法逼近 $\boldsymbol{P}_1^*$ 和 $\boldsymbol{P}_2^*$。在此，初始矩阵取为

$$\boldsymbol{P}_1(0)=\boldsymbol{P}_2(0)=\begin{bmatrix}-1.2456 & -0.1139 & 0.2107\\ -0.1139 & 1.3006 & 1.0980\\ 0.2107 & 1.0980 & 0.3960\end{bmatrix}$$

对于 $i=1,2$，权重矩阵选择为 $\boldsymbol{Q}_i=\boldsymbol{I}_3$, $\boldsymbol{R}_i=\boldsymbol{I}_1$。并行策略迭代算法的停止条件设置为 $\|\boldsymbol{P}_1(k)-\boldsymbol{P}_1(k-1)\|\leqslant 10^{-8}$ 和 $\|\boldsymbol{P}_2(k)-\boldsymbol{P}_2(k-1)\|\leqslant 10^{-8}$。假定系统初始状态为 $\boldsymbol{x}_1(0)=[0.2\quad 0.2\quad 0.1]^{\mathrm{T}}$ 和 $\boldsymbol{x}_2(0)=[0.2\quad 0.2\quad 0.1]^{\mathrm{T}}$。在仿真中，考虑了三种情形。

注释 5.4 需要指出的是，初始矩阵 $\boldsymbol{P}_i(0)$ 的选择决定了本章所提算法的可行性。一般地，$\boldsymbol{P}_i(0)$ 的选择有两种方法。一是根据子系统 i 的近似模型确定矩阵 $\boldsymbol{P}_i(0)$。此外，可以将矩阵 $\boldsymbol{P}_i(0)$ 的形式选择为 $\boldsymbol{P}_i(0)=\kappa_i\boldsymbol{I}$，其中，$\kappa_i>0$ 是给定的参数。在实际应用中，可以从一个非常小的值逐渐增大 κ_i，直到所提算法可行。本章采用前一种方法来选择初始矩阵 $\boldsymbol{P}_i(0)$。

注释 5.5 注意到在大规模系统［式 (5.1)］中，未知注入攻击信号 $\boldsymbol{\varphi}_i(\boldsymbol{x}_i(t),t)$ 和未知耦合 $\boldsymbol{\Delta}_i(\boldsymbol{x}(t),t)$ 满足利普希茨条件，这可以使滑模控制律的切换项具有自适应增益。此外，为了便于仿真，切换律中的符号函数 $\mathrm{sgn}(\boldsymbol{R}_i\boldsymbol{K}_i\boldsymbol{x}_i(t)\boldsymbol{s}_i(t))$ 由 $\dfrac{\boldsymbol{R}_i\boldsymbol{K}_i\boldsymbol{x}_i(t)\boldsymbol{s}_i(t)}{|\boldsymbol{R}_i\boldsymbol{K}_i\boldsymbol{x}_i(t)\boldsymbol{s}_i(t)|+\varsigma}$ 代替，其中，ς 是一个小的正常数。这些操作有利于缓解抖震现象。

情况 1：在这种情况下，在 9s 时向子系统 1 注入攻击信号，系统受到攻击后未补偿攻击。图 5.3 ～图 5.5 给出了子系统状态、滑模变量和 SMC 输入的响应曲线。图 5.6、图 5.7 给出了矩阵 $\boldsymbol{P}_i(k)$ 和 $\boldsymbol{K}_i(k)$ 在策略迭代中的演化曲线，其中，i=1, 2。如图 5.3 ～图 5.5 所示，在所提基于 ADP 的分散式 SMC 律［式 (5.24)、式 (5.25)］下，从初始时刻起，系统状态迅速收敛。在注入攻击前，两个子滑模变量从初始时刻开始稳定在零附近。然而，注入攻击后，滑模变量变得不稳定，两个子系统变得波动。

情况 2：在这种情况下，在 9s 时向子系统 1 注入攻击信号，同时进行补偿。图 5.8 ～图 5.10 分别给出了注入攻击后立即开始补偿攻击的系统各变量的变化曲线。图 5.11、图 5.12 给出了矩阵 $\boldsymbol{P}_i(k)$ 和 $\boldsymbol{K}_i(k)$ 在策略迭代中的演化曲线，其中，i=1, 2。由实验结果可知，本章提出的基于 ADP 的分散式 SMC 律［式 (5.24)、式 (5.25)］可以有效地抑制注入攻击的影响。

情况 3：在这种情况下，在 9s 时向子系统 1 注入攻击信号，10s 时补偿，即可能需要 1s 才能检测到网络攻击。如图 5.13 ～图 5.17 所示，在 9s 时向子系统 1 注入攻击后，由于两个子系统之间的耦合被完全补偿，尽管子系统 1 不稳定，而子系统 2 是稳定的。然而，当在 10s 时应用所提基于 ADP 的分散式 SMC 律［式 (5.24)、式 (5.25)］，子系统 1 可以迅速收敛到 0。

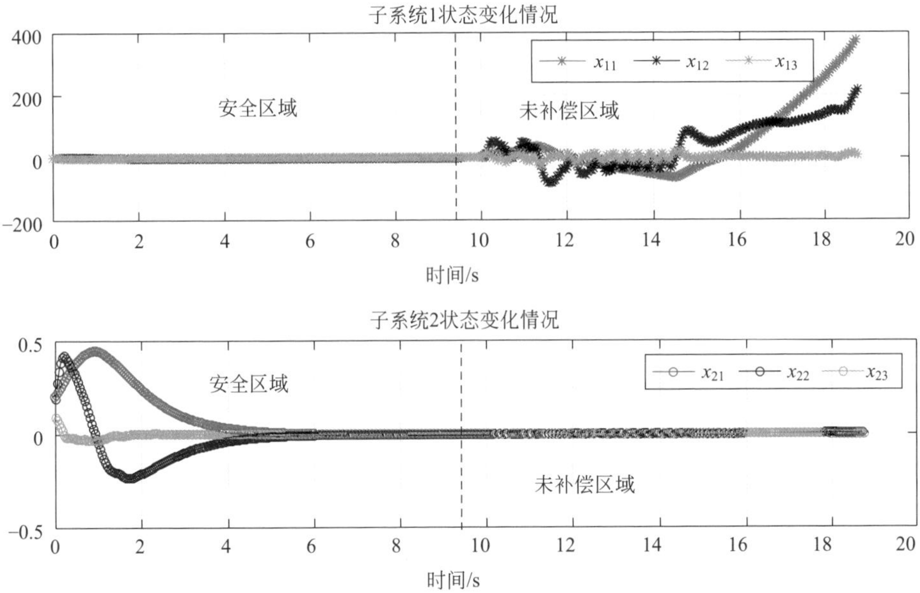

图 5.3 情况 1 的状态轨迹变化曲线

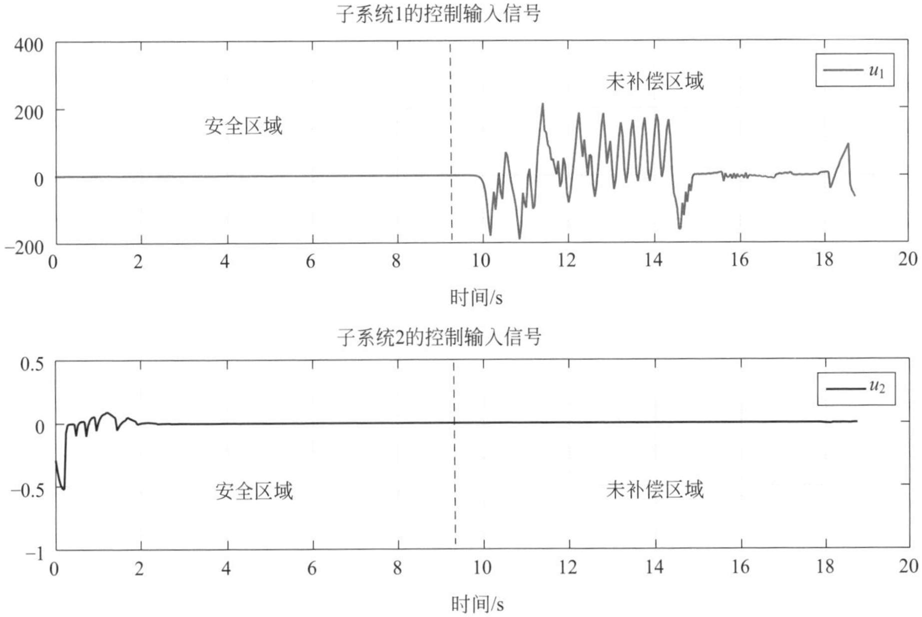

图 5.4 情况 1 的控制输入信号变化曲线

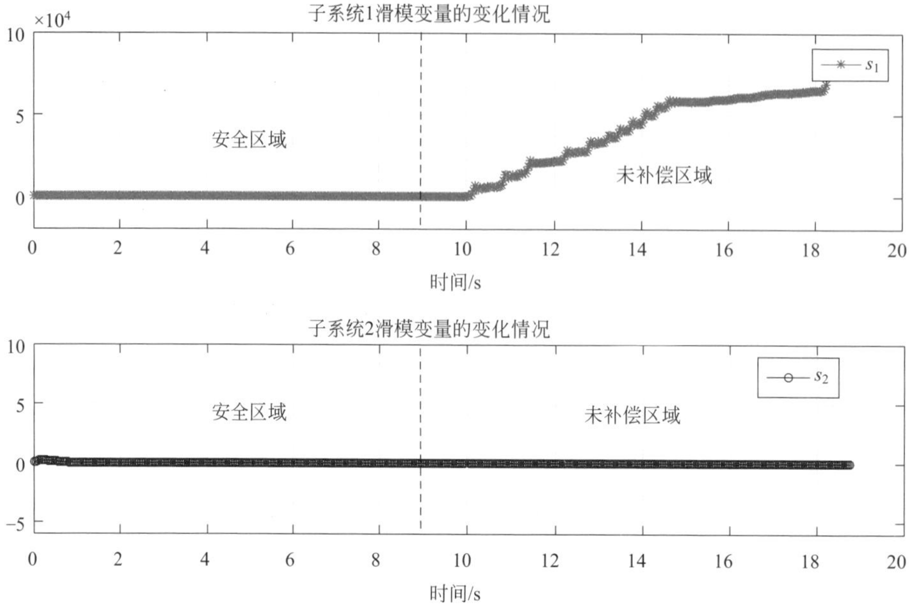

图 5.5　情况 1 的滑模变量变化曲线

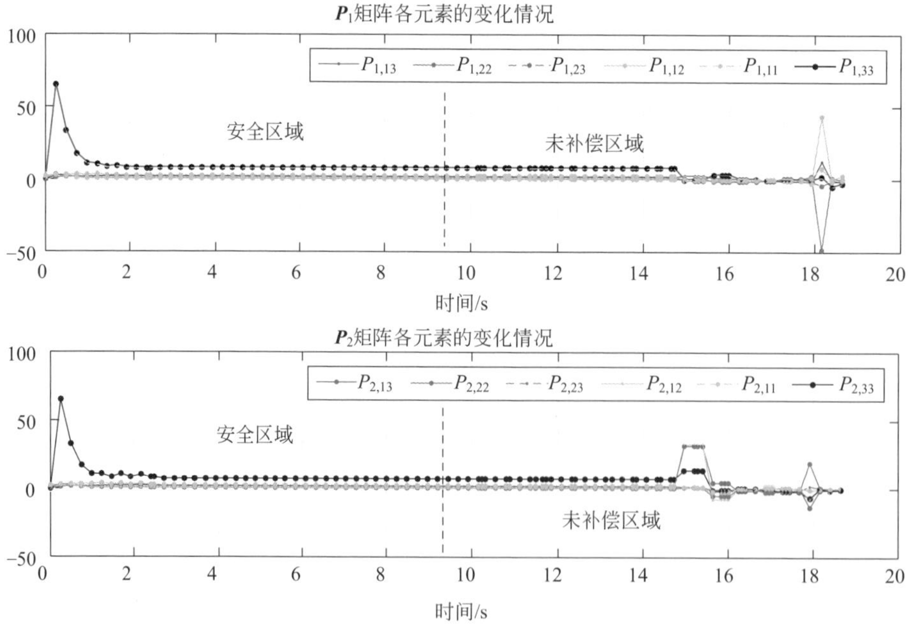

图 5.6　情况 1 的矩阵 $\boldsymbol{P}_1$ 和 $\boldsymbol{P}_2$ 元素的变化曲线

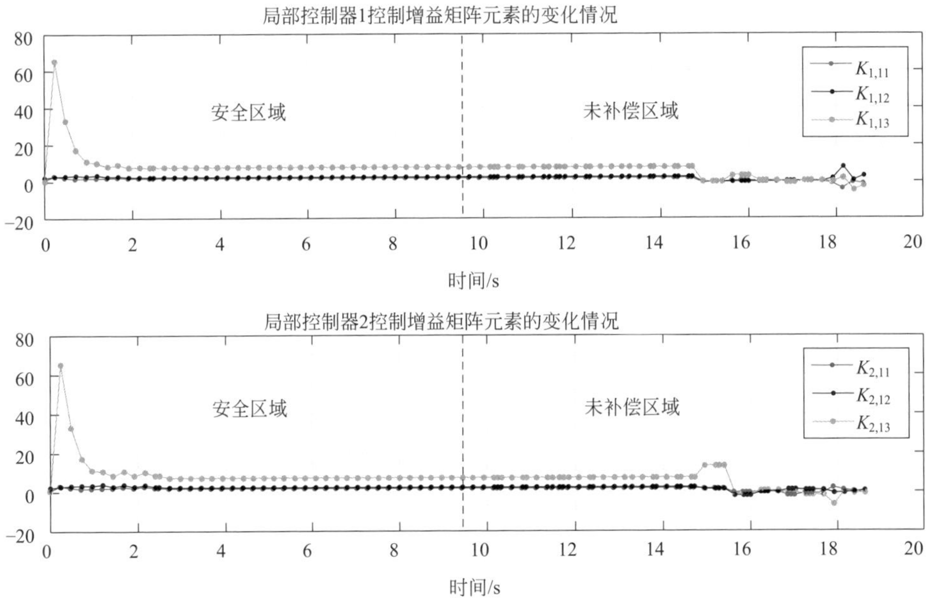

图 5.7 情况 1 的矩阵 $\boldsymbol{K}_1$ 和 $\boldsymbol{K}_2$ 元素的变化曲线

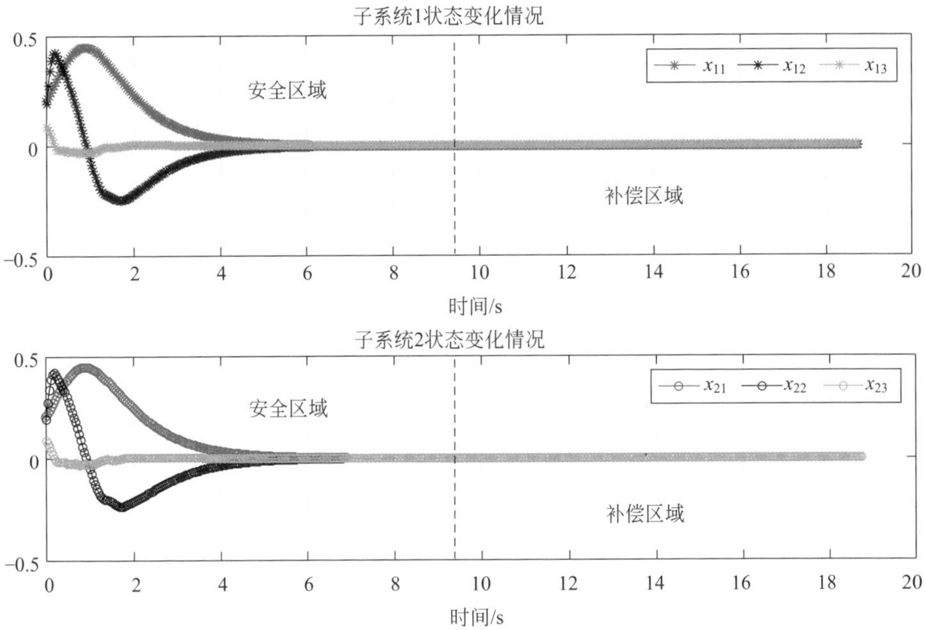

图 5.8 情况 2 的状态轨迹变化曲线

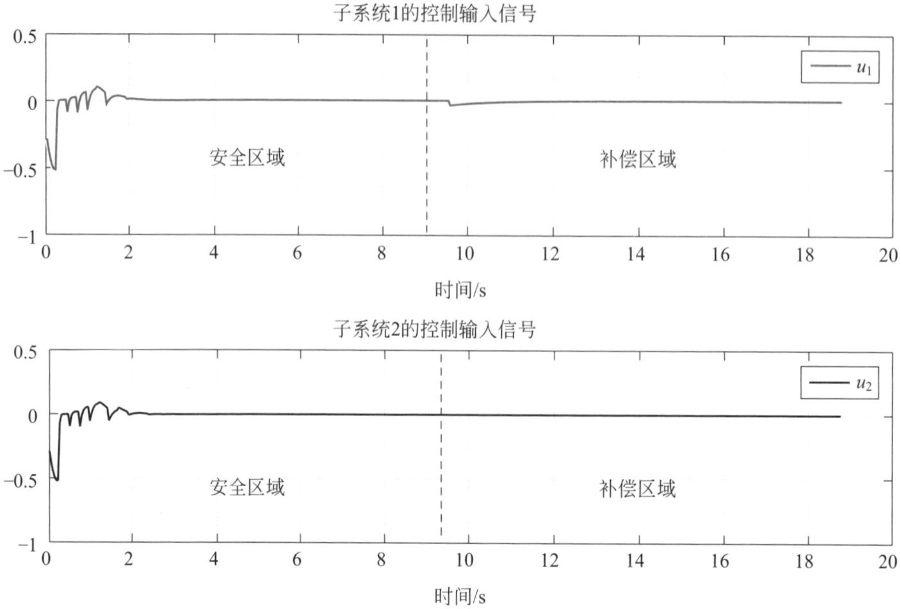

图 5.9　情况 2 的控制输入信号变化曲线

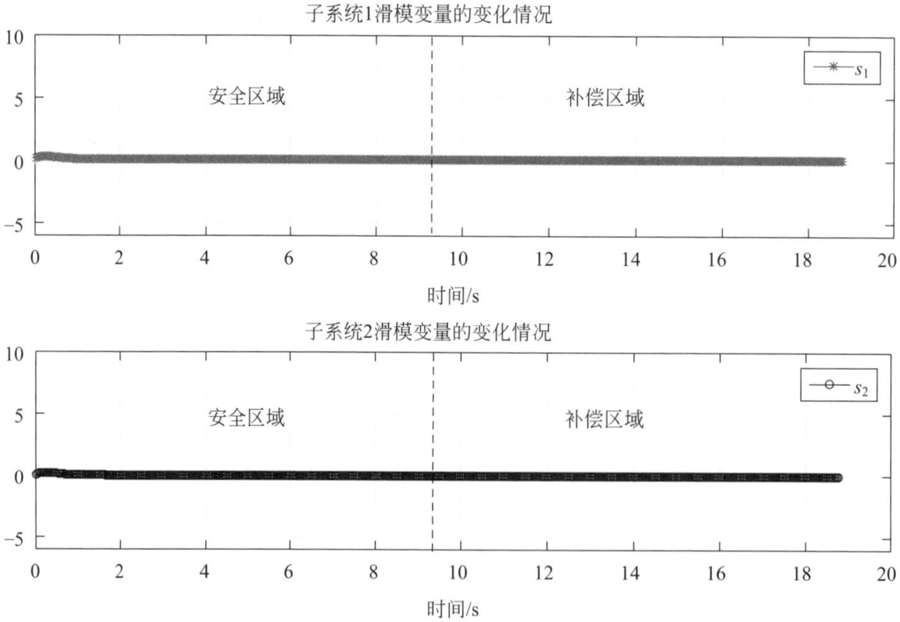

图 5.10　情况 2 的滑模变量变化曲线

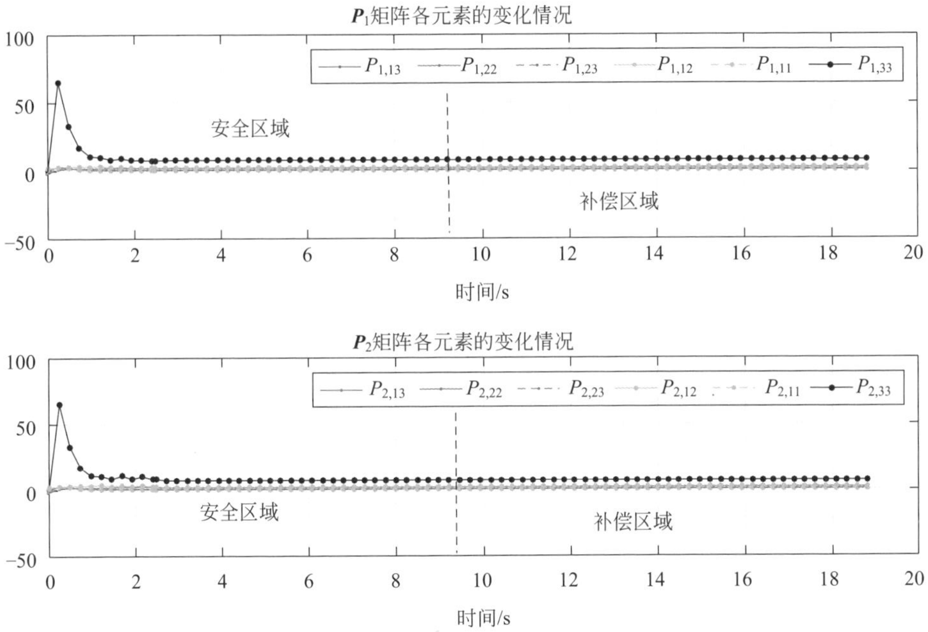

图 5.11　情况 2 的矩阵 $\boldsymbol{P}_1$ 和 $\boldsymbol{P}_2$ 元素的变化曲线

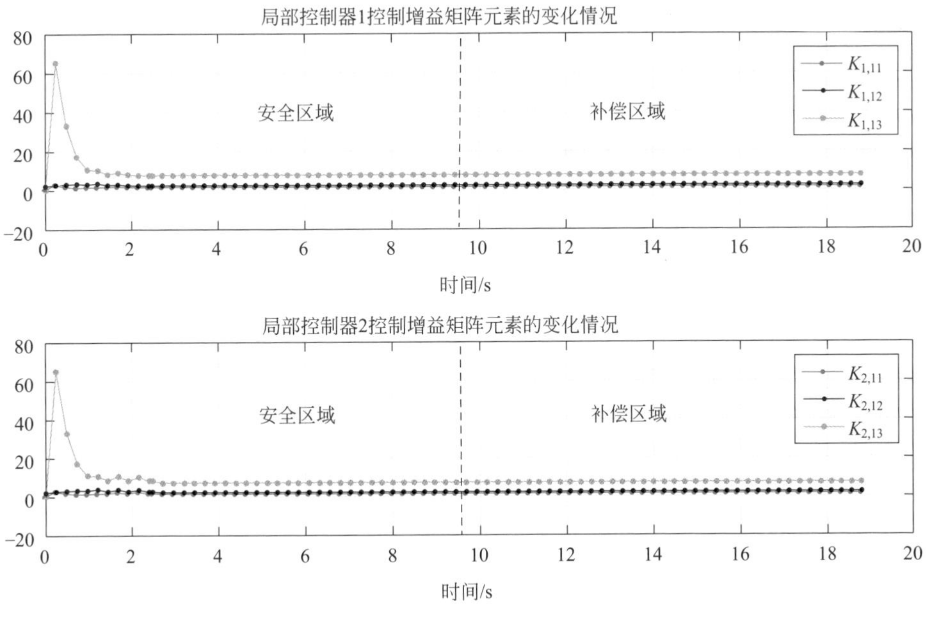

图 5.12　情况 2 的矩阵 $\boldsymbol{K}_1$ 和 $\boldsymbol{K}_2$ 元素的变化曲线

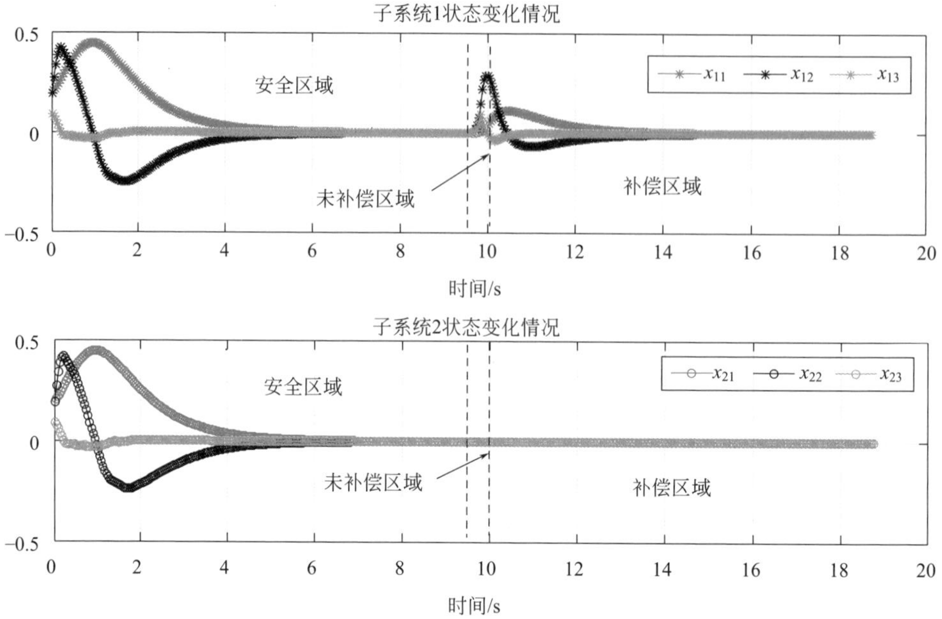

图 5.13　情况 3 的状态轨迹变化曲线

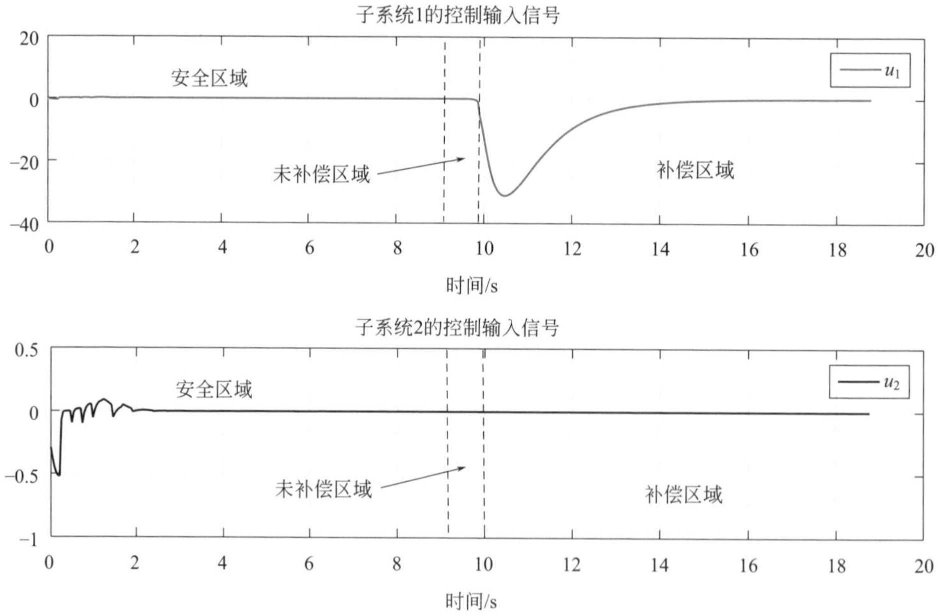

图 5.14　情况 3 的控制输入信号变化曲线

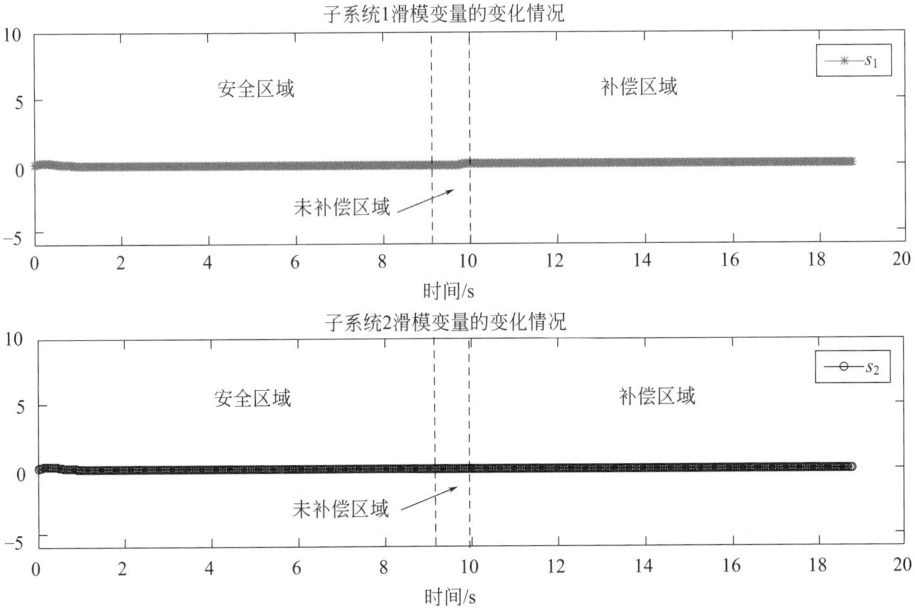

图 5.15　情况 3 的滑模变量变化曲线

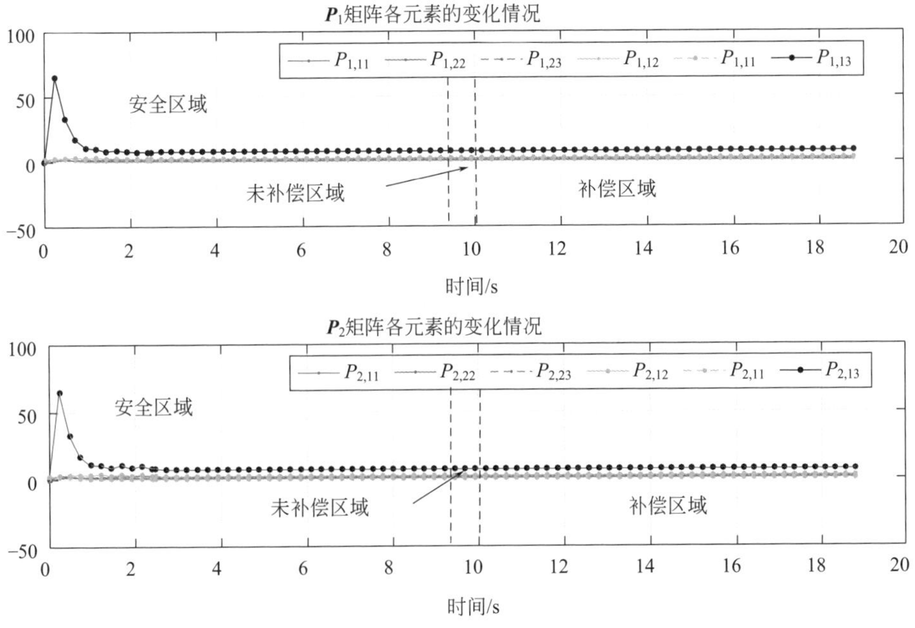

图 5.16　情况 3 的矩阵 $\boldsymbol{P}_1$ 和 $\boldsymbol{P}_2$ 元素的变化曲线

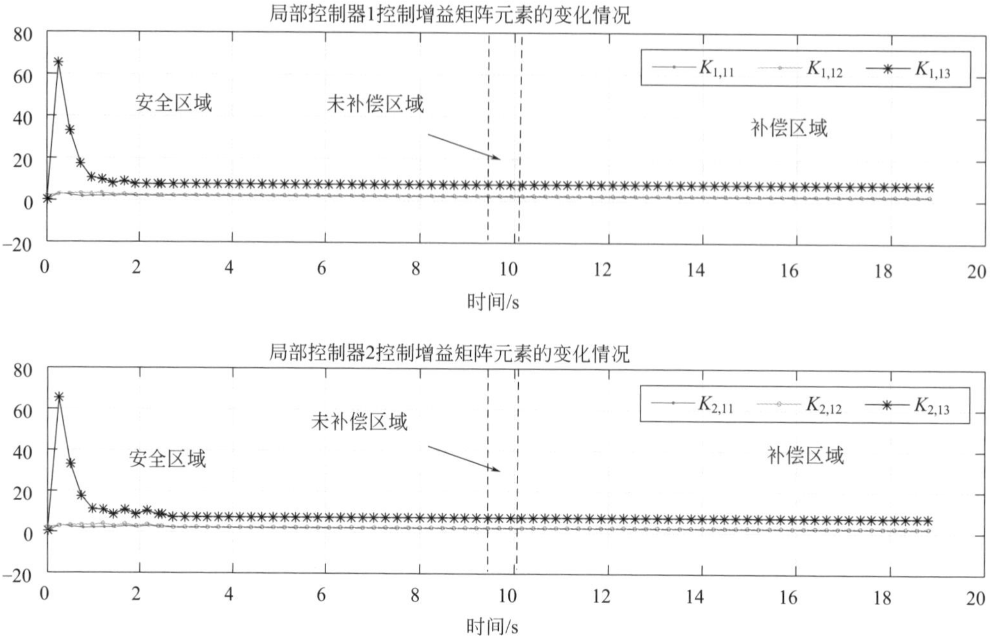

图 5.17　情况 3 的矩阵 $\boldsymbol{K}_1$ 和 $\boldsymbol{K}_2$ 元素的变化曲线

5.5 本章小结

本章提出了一种基于 ADP 的分散式 SMC 方案来解决注入攻击下部分未知大规模系统的最优控制问题。首先，利用积分滑模函数，在滑模动力学中同时补偿了注入攻击、外部干扰和未知的系统耦合，使滑模动力学具有最优的控制性能。其次，提出了一种新型并行策略迭代算法来实现该控制策略，并保证了每个策略迭代步骤下滑模面的可达性。最后，以双机电力系统为例，验证了该方法的有效性。

参考文献

Fan Q, et al, 2016. Adaptive actor-critic design-based integral sliding-mode control for partially unknown nonlinear systems with input disturbances. IEEE Transactions on Neural Networks and Learning Systems, 27(1): 165-177.

Gao W, et al, 2016. Output-feedback adaptive optimal control of interconnected systems based on robust adaptive dynamic programming. Automatica,72: 37-45.

Gu Z, et al, 2017. An adaptive event-triggering scheme for networked interconnected control system with stochastic uncertainty. International Journal of Robust and Nonlinear Control, 27(2): 236-251.

Hu S, et al, 2019. Attack-resilient event-triggered controller design of DC microgrids under DoS attacks. IEEE Transactions on Circuits and Systems I: Regular Papers, 67(2): 699-710.

Kleinman D, 1968. On an iterative technique for Riccati equation computations. IEEE Transactions on Automatic Control, 13(1): 114-115.

Kundur P, et al, 1994. Power System Stability and Control. New York: McGraw-Hill.

Li M, et al, 2019. Wide-area robust sliding mode controller for power systems with false data injection attacks. IEEE Transactions on Smart Grid, 11(2): 922-930.

Liu D, et al, 2013. Decentralized stabilization for a class of continuous-time nonlinear interconnected systems using online learning optimal control approach. IEEE Transactions on Neural Networks and Learning Systems, 25(2): 418-428.

Palacios Q F, et al, 2018. An effective computational design strategy for H_∞ vibration control of large structures with information constraints. Engineering Structures, 171: 298-308.

Sun J, et al, 2019. Decentralised zero-sum differential game for a class of large-scale interconnected systems via adaptive dynamic programming. International Journal of Control, 92(12): 2917-2927.

Vrabie D, et al, 2009. Adaptive optimal control for continuous-time linear systems based on policy iteration. Automatica, 45(2): 477-484.

Wang X, et al, 2021. An improved protocol to consensus of delayed MASs with UNMS and aperiodic dos cyber-attacks. IEEE Transactions on Network Science and Engineering, 8(3): 2506-2516.

Digital Wave
Advanced Technology of
Industrial Internet

Resilient Control for Cyber-Physical Systems: Design and Analysis

信息物理系统安全控制设计与分析

第6章

虚假数据注入攻击下的切换系统滑模安全控制

6.1
概述

CPS 在许多实际领域中的应用显著增加，其组件一般通过有限带宽的数字通信网络连接，因此，网络诱导的通信约束等问题难以避免。为了解决通信约束导致传输数据冲突的现象，在工业生产中广泛应用一些通信协议（Christmann D, 2014；Li B, 2019），例如，循环（Round-Robin，RR）协议（Wang Y Q, 2018）、随机通信协议（Stochastic Communication Protocol, SCP）（Wan X B, 2018；Song J, 2019）。其中，RR 协议又称令牌环协议，常用于令牌环网络中，网络节点根据预定的循环顺序逐个访问通信网络。也就是说，只有一个网络节点可以持有"访问令牌"，在任何时刻通过通信网络传输其信息。由于 RR 协议具有一些特殊性质，其在通信网络、安全监控、负载均衡和服务器资源分配等方面得到了广泛应用。

另一方面，由于网络环境开放性日益增强，安全风险不断增加，导致网络传输信号更容易遭受恶意网络攻击（Ye D, 2019；Huang X, 2018；Hu L, 2018；Ding D R, 2017）。欺骗攻击通过改变传感器和执行器的行为进而损害控制数据包或测量数据的完整性。若欺骗攻击随机发生在受限的网络通信过程中，如何同时处理 RR 协议调度和网络攻击下 CPS 的安全控制问题？考虑到 RR 协议调度在任一时刻只有一个控制器节点可以发送信号，以及在传输信号过程中随机遭受网络攻击，这将给 CPS 的分析和综合带来更大挑战。

本章将研究 RR 协议调度和欺骗攻击下不确定切换系统的滑模控制问题。为了减少网络通信负担，在控制器到执行器通道上引入 RR 协议机制，该机制在任意通信时刻只允许一个节点获得访问令牌。同时，为其他未收到传输信息的执行器提供可用的信息，本章提出了一种补偿策略。此外，当不确定切换系统控制信号被发送到执行器时，考虑到欺骗攻击可能随机发生，因此，设计了一种依赖令牌的滑模控制器，以应对随机发生欺骗攻击带来的影响。最后，应用依赖令牌的 Lyapunov 函数技术，给出切换系统依概率输入-状态稳定的充分条件。

6.2 问题描述

考虑下列切换系统：

$$\begin{cases} \boldsymbol{x}(k+1)=\left(\boldsymbol{A}(\sigma(k))+\Delta\boldsymbol{A}(\sigma(k))\right)\boldsymbol{x}(k)+\boldsymbol{B}(\sigma(k))\boldsymbol{u}(k) \\ \boldsymbol{y}(k)=\boldsymbol{C}\left(\sigma(k)\right)\boldsymbol{x}(k) \end{cases} \tag{6.1}$$

其中，$\boldsymbol{x}(k)\in\mathbb{R}^n$ 是状态向量；$\boldsymbol{u}(k)\in\mathbb{R}^m$ 是控制输入；$\boldsymbol{y}(k)\in\mathbb{R}^q$ 是测量输出。$\{\boldsymbol{A}(\sigma(k)),\boldsymbol{B}(\sigma(k)),\boldsymbol{C}(\sigma(k)):\sigma(k)\in I\}$ 是一组依赖整数集 $\boldsymbol{I}=\{1,2,\cdots,N\}$ 的已知矩阵。根据切换信号 $\sigma(k):\mathbb{R}^+\to I$，有切换序列 $0<k_1<k_2<\cdots<k_i<k_{i+1}<\cdots$。

当切换信号 $\sigma(k)=i$ 时，记 $\boldsymbol{A}(\sigma(k))\overset{\text{def}}{=\!=}\boldsymbol{A}(i),\boldsymbol{B}(\sigma(k))\overset{\text{def}}{=\!=}\boldsymbol{B}(i),\boldsymbol{C}(\sigma(k))\overset{\text{def}}{=\!=}\boldsymbol{C}(i)$。可容许不确定参数 $\Delta\boldsymbol{A}(\sigma(k))\overset{\text{def}}{=\!=}\Delta\boldsymbol{A}(i)$ 满足 $\Delta\boldsymbol{A}(i)=\boldsymbol{E}(i)\boldsymbol{M}(k,i)\boldsymbol{H}(i)$，其中，$\boldsymbol{H}(i)$ 和 $\boldsymbol{E}(i)$ 是已知常数矩阵以及 $\boldsymbol{M}(k,i)$ 是一个满足 $\boldsymbol{M}^{\mathrm{T}}(k,i)\boldsymbol{M}(k,i)\leqslant\boldsymbol{I}$ 的未知时变矩阵。矩阵 $\boldsymbol{B}(i)$ 为列满秩，即 $\operatorname{rank}(\boldsymbol{B}(i))=m$。

因此，当切换信号 $\sigma(k)=i$ 时，系统［式 (6.1)］可以改写为：

$$\begin{cases} \boldsymbol{x}(k+1)=\left(\boldsymbol{A}(i)+\Delta\boldsymbol{A}(i)\right)\boldsymbol{x}(k)+\boldsymbol{B}(i)\boldsymbol{u}(k) \\ \boldsymbol{y}(k)=\boldsymbol{C}(i)\boldsymbol{x}(k) \end{cases} \tag{6.2}$$

在通信网络中可能会随机发生网络攻击，进而导致网络环境不安全。因此，本章主要考虑在控制器到执行器通信通道上随机发生欺骗攻击的情况：

$$\tilde{\boldsymbol{v}}(k)=\boldsymbol{v}(k)+\alpha(k)\boldsymbol{F}(k,i)\boldsymbol{\psi}(\boldsymbol{x}(k),k,i) \tag{6.3}$$

其中，$\boldsymbol{v}(k)$ 是待设计控制信号；$\tilde{\boldsymbol{v}}(k)$ 是遭受攻击后的控制信号；$\boldsymbol{F}(k,i)$ 表示攻击模型的未知加权矩阵；非线性函数 $\boldsymbol{\psi}(\boldsymbol{x}(k),k,i)$ 表示攻击者使用的系统信息。假设 $\|\boldsymbol{F}(k,i)\|\leqslant\iota(i),\|\boldsymbol{\psi}(\boldsymbol{x}(k),k,i)\|\leqslant\varphi(\boldsymbol{x}(k),k,i)$，其中，范数的界 $\iota(i)$ 和 $\varphi(\boldsymbol{x}(k),k,i)$ 已知。随机变量 $\alpha(k)$ 服从 Bernoulli 分布 $Pr\{\alpha(k)=1\}=\mathcal{E}\{\alpha(k)\}=\bar{\alpha}$，$Pr\{\alpha(k)=0\}=1-\mathcal{E}\{\alpha(k)\}=1-\bar{\alpha}$，其中，$\bar{\alpha}\in[0,1]$ 是已知常数。

注释 6.1

假设攻击者有能力注入一些错误数据攻击控制器。由于保护设备或软件的应用，并且考虑到通信协议和网络条件，攻击通常具有随机性。因此，在式 (6.3) 中，Bernoulli 分布过程的统计信息已知，欺骗攻击应用该方式进行攻击。

如图 6.1 所示，利用 RR 协议调度决定哪个控制器节点在传输时刻 k 获得对控制器到执行器网络的访问令牌，并通过调度信号 $r(k)\in M\overset{\text{def}}{=\!=}\{1,2,\cdots,m\}$ 实现，调度信号的表达式为 $r(k)=\text{mod}(k-1,m)+1$。也就是说，在传输时刻 k，调度信号 $r(k)=l$ 表示只有第 l 个执行器才能获得新的控制信息，即 $\text{mod}(k-l,m)=0$，其他执行器接收不到任何新的控制信号。因此，对任意的 $l\in M$，我们提出一种执行器补偿策略：

$$\boldsymbol{u}_l(k)=\begin{cases}\tilde{\boldsymbol{v}}_l(k), & \text{如果 } r(k)=l\\ \boldsymbol{u}_l(k-1), & \text{其他情况}\end{cases} \tag{6.4}$$

这意味着，如果一个控制器节点没有获得访问令牌，其相应的执行器节点将使用之前存储在缓存区中的信息。

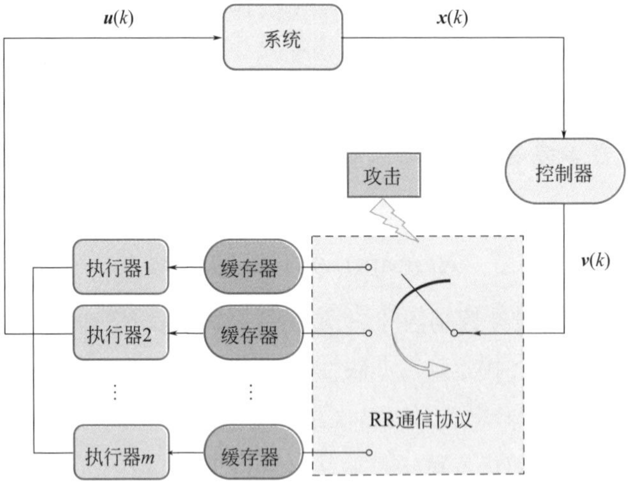

图 6.1　循环协议调度和欺骗攻击下的控制系统

因此，在 RR 协议调度和欺骗攻击共同作用下，可以得到原系统的执行器信号 $\boldsymbol{u}(k)$ 如下：

$$\begin{aligned}\boldsymbol{u}(k)&=\boldsymbol{\Phi}_{r(k)}\tilde{\boldsymbol{v}}(k)+(\boldsymbol{I}-\boldsymbol{\Phi}_{r(k)})\boldsymbol{u}(k-1)\\&=\boldsymbol{\Phi}_{r(k)}\boldsymbol{v}(k)+\alpha(k)\boldsymbol{\Phi}_{r(k)}\boldsymbol{F}(k,i)\boldsymbol{\psi}(\boldsymbol{x}(k),k,i)\\&\quad+(\boldsymbol{I}-\boldsymbol{\Phi}_{r(k)})\boldsymbol{u}(k-1),\ k\in\mathbb{N}^{+}\end{aligned}\tag{6.5}$$

其中，$\boldsymbol{v}(k)\overset{\text{def}}{=\!=}[v_1(k),v_2(k),\cdots,v_m(k)]^{\mathrm{T}}$；$\tilde{\boldsymbol{v}}(k)\overset{\text{def}}{=\!=}[\tilde{v}_1(k),\tilde{v}_2(k),\cdots,\tilde{v}_m(k)]^{\mathrm{T}}$；$\boldsymbol{u}(k)\overset{\text{def}}{=\!=}[u_1(k),u_2(k),\cdots,u_m(k)]^{\mathrm{T}}$，$\boldsymbol{\Phi}_{r(k)}\overset{\text{def}}{=\!=}\mathrm{diag}\left\{\tilde{\delta}^1_{r(k)},\tilde{\delta}^2_{r(k)},\cdots,\tilde{\delta}^m_{r(k)}\right\}$，其中，$\tilde{\delta}^b_a\overset{\text{def}}{=\!=}\delta(a-b)$，而 $\delta(\cdot)$ 是 Kronecker 符号函数，设 $\boldsymbol{u}(-1)=0$。

下面将在 RR 协议调度和欺骗攻击同时影响下，针对不确定切换系统［式 (6.2)］构造合适滑模控制器 $\boldsymbol{v}(k)$。

6.3 主要结果

6.3.1 依令牌滑模控制器设计

构造线性滑模函数为

$$\boldsymbol{s}(k)=\boldsymbol{G}\boldsymbol{x}(k)\tag{6.6}$$

其中，对任意 $i\in\mathcal{I}$，矩阵 $\boldsymbol{G}\overset{\text{def}}{=\!=}\sum_{i=1}^{N}\omega(i)\boldsymbol{B}^{\mathrm{T}}(i)$。已知 $\boldsymbol{B}(i)$ 列满秩，由下面引理 6.1 可知，存在适当的参数 $\omega(i)$，保证 $\boldsymbol{X}(i)\overset{\text{def}}{=\!=}\boldsymbol{G}\boldsymbol{B}(i)$ 非奇异。

引理 6.1 如果矩阵 $\boldsymbol{B}(i)\in\mathbb{R}^{n\times m}$ 列满秩，并且矩阵 $\boldsymbol{G}$ 为 $\boldsymbol{G}\overset{\text{def}}{=\!=}\sum_{i=1}^{N}w(i)\boldsymbol{B}^{\mathrm{T}}(i)$，则至少存在一组参数 $w(i)(i\in I)$，使得对于任何 $i\in I$，矩阵 $\boldsymbol{X}(i)\overset{\text{def}}{=\!=}\boldsymbol{G}\boldsymbol{B}(i)$ 是非奇异的。

证明：

假设对于所有 $w(i)(i\in I)$，矩阵 $\boldsymbol{X}(i)=\boldsymbol{GB}(i)$ 是奇异的。然后，可以选择一组参数 $w(i)\neq 0, w(j)=0(i,j\in I, i\neq j)$，由于 $\boldsymbol{X}(i)$ 的奇异性，存在一个非零向量 $\boldsymbol{Y}$，使得 $\boldsymbol{GB}(i)\boldsymbol{Y}=0$，即

$$(w(1)\boldsymbol{B}^{\mathrm{T}}(1)\boldsymbol{B}(i)+w(2)\boldsymbol{B}^{\mathrm{T}}(2)\boldsymbol{B}(i)+\cdots+w(i)\boldsymbol{B}^{\mathrm{T}}(i)\boldsymbol{B}(i) +\cdots+w(N)\boldsymbol{B}^{\mathrm{T}}(N)\boldsymbol{B}(i))\boldsymbol{Y}=0 \tag{6.7}$$

由式 (6.7) 以及选取的参数 $w(i)\neq 0, w(j)=0(i,j\in I, i\neq j)$，有

$$w(i)\boldsymbol{B}^{\mathrm{T}}(i)\boldsymbol{B}(i)\boldsymbol{Y}=0 \tag{6.8}$$

另一方面，由于矩阵 $\boldsymbol{B}^{\mathrm{T}}(i)\boldsymbol{B}(i)$ 是可逆的，所以齐次线性方程 $w(i)\boldsymbol{B}^{\mathrm{T}}(i)\boldsymbol{B}(i)\boldsymbol{Y}=0$ 只有一个零解，这与式 (6.8) 中条件 $\boldsymbol{Y}\neq 0$ 矛盾。因此，至少存在一组参数 $w(i)$ 可以保证 $\boldsymbol{X}(i)=\boldsymbol{GB}(i)$ 是非奇异的。证毕。

由式 (6.2)、式 (6.5) 和式 (6.6) 可得：

$$\boldsymbol{s}(k+1)=\boldsymbol{G}(\boldsymbol{A}(i)+\Delta\boldsymbol{A}(i))\boldsymbol{x}(k)+\boldsymbol{GB}(i)[\boldsymbol{\Phi}_{r(k)}\boldsymbol{v}(k)+(\boldsymbol{I}-\boldsymbol{\Phi}_{r(k)})\boldsymbol{u}(k-1)] +\alpha(k)\boldsymbol{GB}(i)\boldsymbol{\Phi}_{r(k)}\boldsymbol{F}(k,i)\boldsymbol{\psi}(\boldsymbol{x}(k),k,i) \tag{6.9}$$

另外，由于矩阵 $\boldsymbol{\Phi}_{r(k)}$ 不可逆，因此，无法通过 $\boldsymbol{s}(k+1)=0$ 获得等效控制 $\boldsymbol{v}_{eq}(k)$，这意味着等效控制律方法不适用目前问题。针对这种情况，另一种选择是分析闭环切换系统，而不是滑模动态方程。为此，设计依赖令牌的滑模控制律如下：

$$\boldsymbol{v}(k)=-\boldsymbol{K}_{r(k)}(i)\boldsymbol{x}(k)-\eta_{r(k)}(k,i)\mathrm{sgn}(\boldsymbol{s}(k)) \tag{6.10}$$

其中，增益矩阵 $\boldsymbol{K}_{r(k)}(i)$ 是待设计的，而鲁棒增益 $\eta_{r(k)}(k,i)$ 为：

$$\eta_{r(k)}(k,i)=\|\boldsymbol{X}^{-1}(i)\boldsymbol{GE}(i)\|\|\boldsymbol{H}(i)\|\|\boldsymbol{x}(k)\|$$

因此，通过整合式 (6.2)、式 (6.5) 和式 (6.10)，可得闭环切换系统：

$$\begin{cases}\boldsymbol{x}(k+1)=\bar{\boldsymbol{A}}_{r(k)}(i)\boldsymbol{x}(k)+\boldsymbol{B}(i)(\boldsymbol{I}-\boldsymbol{\Phi}_{r(k)})\boldsymbol{u}(k-1)-\boldsymbol{B}(i)\boldsymbol{\Phi}_{r(k)}\boldsymbol{\eta}_s(k)\\ \qquad +\alpha(k)\boldsymbol{B}(i)\boldsymbol{\Phi}_{r(k)}\boldsymbol{F}(k,i)\boldsymbol{\psi}(\boldsymbol{x}(k),k,i)\\ \boldsymbol{y}(k)=\boldsymbol{C}(i)\boldsymbol{x}(k)\end{cases} \tag{6.11}$$

其中，$\bar{\boldsymbol{A}}_{r(k)}(i)\overset{\text{def}}{=\!=}\boldsymbol{A}(i)+\Delta\boldsymbol{A}(k,i)-\boldsymbol{B}(i)\boldsymbol{\Phi}_{r(k)}\boldsymbol{K}_{r(k)}(i)$，$\boldsymbol{\eta}_s(k)\overset{\text{def}}{=\!=}\boldsymbol{\eta}_{r(k)}(k,i)\mathrm{sgn}(\boldsymbol{s}(k))$。

下面给出了切换系统依概率输入-状态稳定的定义。

定义 6.1 对任意 $\varepsilon>0$，$k\geqslant 0$ 和 $\boldsymbol{x}(0)\in\mathbb{R}^n\backslash\{0\}$，如果存在函数 $\phi\in\mathcal{KL}$ 和 $\gamma\in\mathcal{K}$，使得系统［式 (6.1)］在状态 $\boldsymbol{x}(k)$ 有下面关系：

$$Pr\{\|\boldsymbol{x}(k)\|<\phi(\|\boldsymbol{x}(0)\|,k)+\gamma(\sup_{0\leqslant s\leqslant k}\|\boldsymbol{\chi}(s)\|)\}\geqslant 1-\varepsilon \tag{6.12}$$

则称离散时间切换系统［式 (6.1)］是依概率输入-状态稳定（input-to-state stable in probability, ISSiP）的。

> **注释 6.2** 在控制器到执行器的通信通道中，攻击者应用攻击模型［式 (6.3)］随机注入虚假数据，其中，非线性项 $\alpha(k)\boldsymbol{F}(k,i)\boldsymbol{\psi}(\boldsymbol{x}(k),k,i)$ 与随机变量 $\alpha(k)$ 未知。然而，应用等效控制律方法并不能消除非线性项，因此，引入依概率输入-状态稳定概念，来分析切换系统［式 (6.11)］的稳定性。

6.3.2 依概率输入-状态稳定性分析

本节将给出闭环切换系统［式 (6.11)］依概率输入-状态稳定的充分条件。

定理 6.1 考虑切换系统［式 (6.11)］的循环协议为式 (6.4)。给定参数 $\mu>1$ 和 $0<\beta<1$，如果对任意 $i\in I$, $r(k)\in\mathcal{M}$，存在矩阵 $\boldsymbol{P}_{r(k)}(i)>0$、$\boldsymbol{Q}_{r(k)}(i)>0$ 和参数 $\delta_{r(k),r(k+1)}(i)>0$ 满足下列不等式条件

$$\mathbb{Q}_1\overset{\text{def}}{=}\begin{bmatrix}\mathbb{Q}_{11} & \mathbb{Q}_{12}\\ * & \mathbb{Q}_{22}\end{bmatrix}<0 \tag{6.13}$$

$$2\boldsymbol{\Phi}_{r(k)}^{\mathrm{T}}\boldsymbol{B}^{\mathrm{T}}(i)\boldsymbol{P}_{r(k+1)}(i)\boldsymbol{B}(i)\boldsymbol{\Phi}_{r(k)}-\delta_{r(k),r(k+1)}(i)\boldsymbol{I}\leqslant 0 \tag{6.14}$$

$$2\boldsymbol{\Phi}_{r(k)}^{\mathrm{T}}\boldsymbol{Q}_{r(k+1)}(i)\boldsymbol{\Phi}_{r(k)}-\gamma_{r(k),r(k+1)}(i)\boldsymbol{I}\leqslant 0 \tag{6.15}$$

$$\boldsymbol{P}_{r(k+1)}(i)\leqslant\mu\boldsymbol{P}_{r(k)}(j),\ \boldsymbol{Q}_{r(k+1)}(i)\leqslant\mu\boldsymbol{Q}_{r(k)}(j) \tag{6.16}$$

其中，

$$\begin{aligned}\mathbb{Q}_{11}=&3\,\bar{\boldsymbol{A}}_{r(k)}^{\mathrm{T}}(i)\boldsymbol{P}_{r(k+1)}(i)\bar{\boldsymbol{A}}_{r(k)}(i)+2\delta_{r(k),r(k+1)}(i)\vartheta^2(i)\boldsymbol{I}\\&+3\,\boldsymbol{K}_{r(k)}^{\mathrm{T}}(i)\boldsymbol{\Phi}_{r(k)}^{\mathrm{T}}\boldsymbol{Q}_{r(k+1)}(i)\boldsymbol{\Phi}_{r(k)}\boldsymbol{K}_{r(k)}(i)+2\gamma_{r(k),r(k+1)}(i)\vartheta^2(i)\boldsymbol{I}-\beta_i\boldsymbol{P}_{r(k)}(i)\end{aligned}$$

$$\mathbb{Q}_{22}=3(\boldsymbol{I}-\boldsymbol{\Phi}_{r(k)})^{\mathrm{T}}\boldsymbol{B}^{\mathrm{T}}(i)\boldsymbol{P}_{r(k+1)}(i)\boldsymbol{B}(i)(\boldsymbol{I}-\boldsymbol{\Phi}_{r(k)})$$
$$+3(\boldsymbol{I}-\boldsymbol{\Phi}_{r(k)})^{\mathrm{T}}\boldsymbol{Q}_{r(k+1)}(i)(\boldsymbol{I}-\boldsymbol{\Phi}_{r(k)})-\beta_i\boldsymbol{Q}_{r(k)}(i)$$
$$\mathbb{Q}_{12}=\bar{\boldsymbol{A}}^{\mathrm{T}}_{r(k)}(i)\boldsymbol{P}_{r(k+1)}(i)\boldsymbol{B}(i)(\boldsymbol{I}-\boldsymbol{\Phi}_{r(k)})-\boldsymbol{K}^{\mathrm{T}}_{r(k)}(i)\boldsymbol{\Phi}^{\mathrm{T}}_{r(k)}\boldsymbol{Q}_{r(k+1)}(i)(\boldsymbol{I}-\boldsymbol{\Phi}_{r(k)})$$

同时，切换信号的平均驻留时间满足下面条件

$$\tau_a>\tau_a^*=-\frac{\ln\mu}{\ln\beta} \tag{6.17}$$

则闭环切换系统［式 (6.11)］是依概率输入-状态稳定的。

证明：

选取 Lyapunov 函数为

$$\boldsymbol{V}_1(k)\overset{\text{def}}{=\!=}\boldsymbol{V}(\boldsymbol{x}(k),\boldsymbol{u}(k-1),\sigma(k),r(k))$$
$$=\boldsymbol{x}^{\mathrm{T}}(k)\boldsymbol{P}_{r(k)}(\sigma(k))\boldsymbol{x}(k)+\boldsymbol{u}^{\mathrm{T}}(k-1)\boldsymbol{Q}_{r(k)}(\sigma(k))\boldsymbol{u}(k-1) \tag{6.18}$$

当切换信号 $\sigma(k)=i$ 时，由式 (6.11) 可得

$$\mathcal{E}\{\boldsymbol{x}^{\mathrm{T}}(k+1)\boldsymbol{P}_{r(k+1)}(i)\boldsymbol{x}(k+1)|\boldsymbol{V}_1(k)\}$$
$$=\mathcal{E}\{[\bar{\boldsymbol{A}}_{r(k)}(i)\boldsymbol{x}(k)+\boldsymbol{B}(i)(\boldsymbol{I}-\boldsymbol{\Phi}_{r(k)})\boldsymbol{u}(k-1)+\alpha(k)\boldsymbol{B}(i)\boldsymbol{\Phi}_{r(k)}\boldsymbol{F}(k,i)\boldsymbol{\psi}(\boldsymbol{x}(k),k,i)$$
$$-\boldsymbol{B}(i)\boldsymbol{\Phi}_{r(k)}\boldsymbol{\eta}_s(k)]^{\mathrm{T}}\boldsymbol{P}_{r(k+1)}(i)[\bar{\boldsymbol{A}}_{r(k)}(i)\boldsymbol{x}(k)+\boldsymbol{B}(i)(\boldsymbol{I}-\boldsymbol{\Phi}_{r(k)})\boldsymbol{u}(k-1)$$
$$+\alpha(k)\boldsymbol{B}(i)\boldsymbol{\Phi}_{r(k)}\boldsymbol{F}(k,i)\boldsymbol{\psi}(\boldsymbol{x}(k),k,i)-\boldsymbol{B}(i)\boldsymbol{\Phi}_{r(k)}\boldsymbol{\eta}_s(k)]|\boldsymbol{V}_1(k)\}$$
$$\leqslant \boldsymbol{x}^{\mathrm{T}}(k)\bar{\boldsymbol{A}}^{\mathrm{T}}_{r(k)}(i)\boldsymbol{P}_{r(k+1)}(i)\bar{\boldsymbol{A}}_{r(k)}(i)\boldsymbol{x}(k)+2\boldsymbol{x}^{\mathrm{T}}(k)\bar{\boldsymbol{A}}^{\mathrm{T}}_{r(k)}(i)\boldsymbol{P}_{r(k+1)}(i)\boldsymbol{B}(i)(\boldsymbol{I}-\boldsymbol{\Phi}_{r(k)})\boldsymbol{u}(k-1)$$
$$-2\boldsymbol{x}^{\mathrm{T}}(k)\bar{\boldsymbol{A}}^{\mathrm{T}}_{r(k)}(i)\boldsymbol{P}_{r(k+1)}(i)\boldsymbol{B}(i)\boldsymbol{\Phi}_{r(k)}\boldsymbol{\eta}_s(k)+\boldsymbol{u}^{\mathrm{T}}(k-1)(\boldsymbol{I}-\boldsymbol{\Phi}_{r(k)})^{\mathrm{T}}\boldsymbol{B}^{\mathrm{T}}(i)$$
$$\times\boldsymbol{P}_{r(k+1)}(i)\boldsymbol{B}(i)(\boldsymbol{I}-\boldsymbol{\Phi}_{r(k)})\boldsymbol{u}(k-1)-2\boldsymbol{u}^{\mathrm{T}}(k-1)(\boldsymbol{I}-\boldsymbol{\Phi}_{r(k)})^{\mathrm{T}}\boldsymbol{B}^{\mathrm{T}}(i)$$
$$\times\boldsymbol{P}_{r(k+1)}(i)\boldsymbol{B}(i)\boldsymbol{\Phi}_{r(k)}\boldsymbol{\eta}_s(k)+\boldsymbol{\eta}_s^{\mathrm{T}}(k)\boldsymbol{\Phi}^{\mathrm{T}}_{r(k)}\boldsymbol{B}^{\mathrm{T}}(i)\boldsymbol{P}_{r(k+1)}(i)\boldsymbol{B}(i)\boldsymbol{\Phi}_{r(k)}\boldsymbol{\eta}_s(k)$$
$$+2\bar{\alpha}\boldsymbol{x}^{\mathrm{T}}(k)\bar{\boldsymbol{A}}^{\mathrm{T}}_{r(k)}(i)\boldsymbol{P}_{r(k+1)}(i)\boldsymbol{B}(i)\boldsymbol{\Phi}_{r(k)}\boldsymbol{F}(k,i)\boldsymbol{\psi}(\boldsymbol{x}(k),k,i)$$
$$+2\bar{\alpha}\boldsymbol{u}^{\mathrm{T}}(k-1)(\boldsymbol{I}-\boldsymbol{\Phi}_{r(k)})^{\mathrm{T}}\boldsymbol{B}^{\mathrm{T}}(i)\boldsymbol{P}_{r(k+1)}(i)\boldsymbol{B}(i)\boldsymbol{\Phi}_{r(k)}\boldsymbol{F}(k,i)\boldsymbol{\psi}(\boldsymbol{x}(k),k,i)$$
$$-2\bar{\alpha}\boldsymbol{\eta}_s^{\mathrm{T}}(k)\boldsymbol{\Phi}^{\mathrm{T}}_{r(k)}\boldsymbol{B}^{\mathrm{T}}(i)\boldsymbol{P}_{r(k+1)}(i)\boldsymbol{B}(i)\boldsymbol{\Phi}_{r(k)}\boldsymbol{F}(k,i)\boldsymbol{\psi}(\boldsymbol{x}(k),k,i)$$
$$+\bar{\alpha}\boldsymbol{\psi}^{\mathrm{T}}(\boldsymbol{x}(k),k,i)\boldsymbol{F}^{\mathrm{T}}(k,i)\boldsymbol{\Phi}^{\mathrm{T}}_{r(k)}\boldsymbol{B}^{\mathrm{T}}(i)\boldsymbol{P}_{r(k+1)}(i)\boldsymbol{B}(i)\boldsymbol{\Phi}_{r(k)}\boldsymbol{F}(k,i)\boldsymbol{\psi}(\boldsymbol{x}(k),k,i) \tag{6.19}$$

注意到

$$\boldsymbol{\eta}_s^{\mathrm{T}}(k)\boldsymbol{\eta}_s(k)=\vartheta^2(i)\boldsymbol{x}^{\mathrm{T}}(k)\boldsymbol{x}(k) \tag{6.20}$$

其中，$\vartheta(i)\overset{\text{def}}{=\!=}\|X^{-1}(i)GE(i)\|\|H(i)\|$，并考虑条件 (6.14)，由式 (6.19) 可得

$$
\begin{aligned}
&\mathcal{E}\{\boldsymbol{x}^{\mathrm{T}}(k+1)\boldsymbol{P}_{r(k+1)}(i)\boldsymbol{x}(k+1)|\boldsymbol{V}_1(k)\}\\
\leqslant\ &\boldsymbol{x}^{\mathrm{T}}(k)[3\bar{\boldsymbol{A}}_{r(k)}^{\mathrm{T}}(i)\boldsymbol{P}_{r(k+1)}(i)\bar{\boldsymbol{A}}_{r(k)}(i)+2\delta_{r(k),r(k+1)}(i)\vartheta^2(i)]\boldsymbol{x}(k)\\
&+2\boldsymbol{x}^{\mathrm{T}}(k)\bar{\boldsymbol{A}}_{r(k)}^{\mathrm{T}}(i)\boldsymbol{P}_{r(k+1)}(i)\boldsymbol{B}(i)(\boldsymbol{I}-\boldsymbol{\Phi}_{r(k)})\boldsymbol{u}(k-1)\\
&+(1.5\bar{\alpha}^2+\bar{\alpha})\delta_{r(k),r(k+1)}(i)\iota^2(i)\boldsymbol{\varphi}^2(\boldsymbol{x}(k),k,i)\\
&+3\boldsymbol{u}^{\mathrm{T}}(k-1)(\boldsymbol{I}-\boldsymbol{\Phi}_{r(k)})^{\mathrm{T}}\boldsymbol{B}^{\mathrm{T}}(i)\boldsymbol{P}_{r(k+1)}(i)\boldsymbol{B}(i)(\boldsymbol{I}-\boldsymbol{\Phi}_{r(k)})\boldsymbol{u}(k-1)
\end{aligned}\tag{6.21}
$$

另一方面，由 Lyapunov 函数 (6.18) 中第二项可得

$$
\begin{aligned}
&\mathcal{E}\{\boldsymbol{u}^{\mathrm{T}}(k)\boldsymbol{Q}_{r(k+1)}(i)\boldsymbol{u}(k)|\boldsymbol{V}_1(k)\}\\
=&\mathcal{E}\{[-\boldsymbol{\Phi}_{r(k)}\boldsymbol{K}_{r(k)}(i)\boldsymbol{x}(k)+(\boldsymbol{I}-\boldsymbol{\Phi}_{r(k)})\boldsymbol{u}(k-1)-\boldsymbol{\Phi}_{r(k)}\boldsymbol{\eta}_s(k)\\
&+\alpha(k)\boldsymbol{\Phi}_{r(k)}\boldsymbol{F}(k,i)\boldsymbol{\psi}(\boldsymbol{x}(k),k,i)]^{\mathrm{T}}\boldsymbol{Q}_{r(k+1)}(i)[-\boldsymbol{\Phi}_{r(k)}\boldsymbol{K}_{r(k)}(i)\boldsymbol{x}(k)+(\boldsymbol{I}\\
&-\boldsymbol{\Phi}_{r(k)})\boldsymbol{u}(k-1)-\boldsymbol{\Phi}_{r(k)}\boldsymbol{\eta}_s(k)+\alpha(k)\boldsymbol{\Phi}_{r(k)}\boldsymbol{F}(k,i)\boldsymbol{\psi}(\boldsymbol{x}(k),k,i)]|\boldsymbol{V}_1(k)\}\\
=&\boldsymbol{x}^{\mathrm{T}}(k)\boldsymbol{K}_{r(k)}^{\mathrm{T}}(i)\boldsymbol{\Phi}_{r(k)}^{\mathrm{T}}\boldsymbol{Q}_{r(k+1)}(i)\boldsymbol{\Phi}_{r(k)}\boldsymbol{K}_{r(k)}(i)\boldsymbol{x}(k)-2\boldsymbol{x}^{\mathrm{T}}(k)\boldsymbol{K}_{r(k)}^{\mathrm{T}}(i)\boldsymbol{\Phi}_{r(k)}^{\mathrm{T}}\\
&\times\boldsymbol{Q}_{r(k+1)}(i)(\boldsymbol{I}-\boldsymbol{\Phi}_{r(k)})\boldsymbol{u}(k-1)+2\boldsymbol{x}^{\mathrm{T}}(k)\boldsymbol{K}_{r(k)}^{\mathrm{T}}(i)\boldsymbol{\Phi}_{r(k)}^{\mathrm{T}}\boldsymbol{Q}_{r(k+1)}(i)\boldsymbol{\Phi}_{r(k)}\boldsymbol{\eta}_s(k)\\
&+\boldsymbol{u}^{\mathrm{T}}(k-1)(\boldsymbol{I}-\boldsymbol{\Phi}_{r(k)})^{\mathrm{T}}\boldsymbol{Q}_{r(k+1)}(i)(\boldsymbol{I}-\boldsymbol{\Phi}_{r(k)})\boldsymbol{u}(k-1)-2\boldsymbol{u}^{\mathrm{T}}(k-1)(\boldsymbol{I}-\boldsymbol{\Phi}_{r(k)})^{\mathrm{T}}\\
&\times\boldsymbol{Q}_{r(k+1)}(i)\boldsymbol{\Phi}_{r(k)}\boldsymbol{\eta}_s(k)+\boldsymbol{\eta}_s^{\mathrm{T}}(k)\boldsymbol{\Phi}_{r(k)}^{\mathrm{T}}\boldsymbol{Q}_{r(k+1)}(i)\boldsymbol{\Phi}_{r(k)}\boldsymbol{\eta}_s(k)-2\bar{\alpha}\boldsymbol{x}^{\mathrm{T}}(k)\boldsymbol{K}_{r(k)}^{\mathrm{T}}(i)\boldsymbol{\Phi}_{r(k)}^{\mathrm{T}}\\
&\times\boldsymbol{Q}_{r(k+1)}(i)\boldsymbol{\Phi}_{r(k)}\boldsymbol{F}(k,i)\boldsymbol{\psi}(\boldsymbol{x}(k),k,i)-2\bar{\alpha}\boldsymbol{\eta}_s^{\mathrm{T}}(k)\boldsymbol{\Phi}_{r(k)}^{\mathrm{T}}\boldsymbol{Q}_{r(k+1)}(i)\boldsymbol{\Phi}_{r(k)}\boldsymbol{F}(k,i)\\
&\times\boldsymbol{\psi}(\boldsymbol{x}(k),k,i)+2\bar{\alpha}\boldsymbol{u}^{\mathrm{T}}(k-1)(\boldsymbol{I}-\boldsymbol{\Phi}_{r(k)})^{\mathrm{T}}\boldsymbol{Q}_{r(k+1)}(i)\boldsymbol{\Phi}_{r(k)}\boldsymbol{F}(k,i)\boldsymbol{\psi}(\boldsymbol{x}(k),k,i)\\
&+\bar{\alpha}\boldsymbol{\psi}^{\mathrm{T}}(\boldsymbol{x}(k),k,i)\boldsymbol{F}^{\mathrm{T}}(k,i)\boldsymbol{\Phi}_{r(k)}^{\mathrm{T}}\boldsymbol{Q}_{r(k+1)}(i)\boldsymbol{\Phi}_{r(k)}\boldsymbol{F}(k,i)\boldsymbol{\psi}(\boldsymbol{x}(k),k,i)\\
\leqslant\ &\boldsymbol{x}^{\mathrm{T}}(k)[3\boldsymbol{K}_{r(k)}^{\mathrm{T}}(i)\boldsymbol{\Phi}_{r(k)}^{\mathrm{T}}\boldsymbol{Q}_{r(k+1)}(i)\boldsymbol{\Phi}_{r(k)}\boldsymbol{K}_{r(k)}(i)+2\gamma_{r(k),r(k+1)}(i)\vartheta^2(i)]\boldsymbol{x}(k)\\
&-2\boldsymbol{x}^{\mathrm{T}}(k)\boldsymbol{K}_{r(k)}^{\mathrm{T}}(i)\boldsymbol{\Phi}_{r(k)}^{\mathrm{T}}\boldsymbol{Q}_{r(k+1)}(i)(\boldsymbol{I}-\boldsymbol{\Phi}_{r(k)})\boldsymbol{u}(k-1)+(1.5\bar{\alpha}^2+\bar{\alpha})\gamma_{r(k),r(k+1)}(i)\iota^2(i)\\
&\times\varphi^2(\boldsymbol{x}(k),k,i)+3\boldsymbol{u}^{\mathrm{T}}(k-1)(\boldsymbol{I}-\boldsymbol{\Phi}_{r(k)})^{\mathrm{T}}\boldsymbol{Q}_{r(k+1)}(i)(\boldsymbol{I}-\boldsymbol{\Phi}_{r(k)})\boldsymbol{u}(k-1)
\end{aligned}\tag{6.22}
$$

然后，由式 (6.21) 和式 (6.22) 可得：

$$
\begin{aligned}
&\mathcal{E}\{\boldsymbol{V}_1(k+1)|\boldsymbol{V}_1(k)\}-\beta\boldsymbol{V}_1(k)\\
\leqslant\ &\boldsymbol{x}^{\mathrm{T}}(k)[3\bar{\boldsymbol{A}}_{r(k)}^{\mathrm{T}}(i)\boldsymbol{P}_{r(k+1)}(i)\bar{\boldsymbol{A}}_{r(k)}(i)+2\delta_{r(k),r(k+1)}(i)\vartheta^2(i)\boldsymbol{I}
\end{aligned}
$$

$$+3\boldsymbol{K}_{r(k)}^{\mathrm{T}}(i)\boldsymbol{\Phi}_{r(k)}^{\mathrm{T}}\boldsymbol{Q}_{r(k+1)}(i)\boldsymbol{\Phi}_{r(k)}\boldsymbol{K}_{r(k)}(i)+2\gamma_{r(k),r(k+1)}(i)\vartheta^2(i)\boldsymbol{I}-\beta\boldsymbol{P}_{r(k)}(i)]\boldsymbol{x}(k)$$

$$+2\boldsymbol{x}^{\mathrm{T}}(k)\bar{\boldsymbol{A}}_{r(k)}^{\mathrm{T}}(i)\boldsymbol{P}_{r(k+1)}(i)\boldsymbol{B}(i)(\boldsymbol{I}-\boldsymbol{\Phi}_{r(k)})\boldsymbol{u}(k-1)-2\boldsymbol{x}^{\mathrm{T}}(k)\boldsymbol{K}_{r(k)}^{\mathrm{T}}(i)\boldsymbol{\Phi}_{r(k)}^{\mathrm{T}}$$

$$\times\boldsymbol{Q}_{r(k+1)}(i)(\boldsymbol{I}-\boldsymbol{\Phi}_{r(k)})\boldsymbol{u}(k-1)+\boldsymbol{u}^{\mathrm{T}}(k-1)[3(\boldsymbol{I}-\boldsymbol{\Phi}_{r(k)})^{\mathrm{T}}\boldsymbol{B}^{\mathrm{T}}(i)\boldsymbol{P}_{r(k+1)}(i)\boldsymbol{B}(i)$$

$$\times(\boldsymbol{I}-\boldsymbol{\Phi}_{r(k)})+3(\boldsymbol{I}-\boldsymbol{\Phi}_{r(k)})^{\mathrm{T}}\boldsymbol{Q}_{r(k+1)}(i)(\boldsymbol{I}-\boldsymbol{\Phi}_{r(k)})-\beta\boldsymbol{Q}_{r(k)}(i)]\boldsymbol{u}(k-1)$$

$$+(1.5\bar{\alpha}^2+\bar{\alpha})(\delta_{r(k),r(k+1)}(i)+\gamma_{r(k),r(k+1)}(i))\iota^2(i)\varphi^2(\boldsymbol{x}(k),k,i)$$

$$=\boldsymbol{\zeta}_1^{\mathrm{T}}(k)\mathbb{Q}_1\boldsymbol{\zeta}_1(k)+(1.5\bar{\alpha}^2+\bar{\alpha})(\delta_{r(k),r(k+1)}(i)+\gamma_{r(k),r(k+1)}(i))\iota^2(i)\varphi^2(\boldsymbol{x}(k),k,i) \tag{6.23}$$

其中，$\boldsymbol{\zeta}_1(k)\overset{\text{def}}{=\!=}[\boldsymbol{x}^{\mathrm{T}}(k)\boldsymbol{u}^{\mathrm{T}}(k-1)]^{\mathrm{T}}$。容易证明，条件 (6.13) 成立则可以保证下面不等式成立：

$$\mathcal{E}\{\boldsymbol{V}_1(k+1)|\boldsymbol{V}_1(k)\}\leqslant\beta\boldsymbol{V}_1(k)+\boldsymbol{\chi}(k) \tag{6.24}$$

其中，$\boldsymbol{\chi}(k)=(1.5\bar{\alpha}^2+\bar{\alpha})(\delta_{r(k),r(k+1)}(i)+\gamma_{r(k),r(k+1)}(i))\iota^2(i)\varphi^2(\boldsymbol{x}(k),k,i)$。当时间 $k\in[k_i,k_{i+1})$ 时，第 i 个子系统被激活。因此，对任意 $k\in[k_i,k_{i+1})$，由式 (6.16) 和式 (6.24) 可得：

$$\begin{aligned}
\mathcal{E}\{\boldsymbol{V}_1(k)\}&\leqslant\beta^{k-k_i}\boldsymbol{V}_1(k_i)+\sum_{s=k_i}^{k-1}\beta^{k-s-1}\boldsymbol{\chi}(s)\\
&\leqslant\mu\beta^{k-k_{i-1}}\boldsymbol{V}_1(k_{i-1})+\mu\beta^{k-k_i}\sum_{s=k_{i-1}}^{k_i-1}\beta^{k_i-s-1}\boldsymbol{\chi}(s)+\sum_{s=k_i}^{k-1}\beta^{k-s-1}\boldsymbol{\chi}(s)\\
&\leqslant\mu^2\beta^{k-k_{i-2}}\boldsymbol{V}_1(k_{i-2})+\mu^2\beta^{k-k_{i-1}}\sum_{s=k_{i-2}}^{k_{i-1}-1}\beta^{k_{i-1}-s-1}\boldsymbol{\chi}(s)\\
&\quad+\mu\beta^{k-k_i}\sum_{s=k_{i-1}}^{k_i-1}\beta^{k_i-s-1}\boldsymbol{\chi}(s)+\sum_{s=k_i}^{k-1}\beta^{k-s-1}\boldsymbol{\chi}(s)\\
&\leqslant\cdots\\
&\leqslant\mu^{N_{\sigma(k)}(0,k)}\beta^k\boldsymbol{V}_1(0)+\sum_{s=0}^{k-1}\mu^{N_{\sigma(k)}(s,k)}\beta^{k-s-1}\boldsymbol{\chi}(s)
\end{aligned} \tag{6.25}$$

由 Lyapunov 函数 (6.18)，我们可以得到：

$$\mathcal{E}\{\boldsymbol{V}_1(k)\}\geqslant a\mathcal{E}\{\|\boldsymbol{x}(k)\|^2\} \tag{6.26}$$

$$\boldsymbol{V}_1(0)\leqslant b\|\boldsymbol{x}(0)\|^2 \tag{6.27}$$

其中，$a=\min\limits_{i\in\mathcal{I},\ r(k)\in\mathcal{M}}\{\lambda_{\min}(\boldsymbol{P}_{r(k)}(i))\}$，$b=\max\limits_{i\in\mathcal{I},\ r(k)\in\mathcal{M}}\{\lambda_{\max}(\boldsymbol{P}_{r(k)}(i))\}$。

考虑式 (6.25) ～式 (6.27) 可得

$$
\begin{aligned}
\mathcal{E}\{\|\boldsymbol{x}(k)\|^2\} &\leqslant \frac{b}{a}(\beta\mu^{1/\tau_a})^k\|\boldsymbol{x}(0)\|^2+\frac{1-\beta^k}{a(1-\beta)}\mu^N\sup_{0\leqslant s\leqslant k}\|\boldsymbol{\chi}(s)\| \\
&\leqslant \frac{b}{a}(\beta\mu^{1/\tau_a})^k\|\boldsymbol{x}(0)\|^2+\frac{1}{a(1-\beta)}\mu^N\sup_{0\leqslant s\leqslant k}\|\boldsymbol{\chi}(s)\|
\end{aligned}
\tag{6.28}
$$

此外，上述不等式 (6.28) 可以写成：

$$
\mathcal{E}\{\|\boldsymbol{x}(k)\|\}\leqslant\phi(\|\boldsymbol{x}(0)\|,k)+\gamma(\sup_{0\leqslant s\leqslant k}\|\boldsymbol{\chi}(s)\|)
\tag{6.29}
$$

其中，$\phi(\|\boldsymbol{x}(0)\|,k)=\sqrt{\frac{2b}{a}(\beta\mu^{1/\tau_a})^k}\ \|\boldsymbol{x}(0)\|$，$\gamma(\sup\limits_{0\leqslant s\leqslant k}\|\boldsymbol{\chi}(s)\|)=\sqrt{\frac{2}{a(1-\beta)}\mu^N\sup_{0\leqslant s\leqslant k}\|\boldsymbol{\chi}(s)\|}$。由平均驻留时间条件 $\tau_a>-\frac{\ln\mu}{\ln\beta}$，可得 $0<\beta\mu^{1/\tau_a}<1$。当固定 k 时，函数 $\phi(\cdot,k)$ 是 $\mathcal{K}$ 函数，当固定 $\|\boldsymbol{x}(0)\|$ 时，函数 $\phi(\|\boldsymbol{x}(0)\|,\cdot)$ 递减，当 $k\to 0$ 时，$\phi(\|\boldsymbol{x}(0)\|,k)\to 0$。因此，函数 $\phi(\|\boldsymbol{x}(0)\|,k)$ 是 $\mathcal{KL}$ 类函数。

对所有 $k\geqslant 0$，利用 Chebyshev 不等式可得

$$
Pr\{\|\boldsymbol{x}(k)\|\geqslant\phi(\|\boldsymbol{x}(0)\|,k)+\gamma(\sup_{0\leqslant s\leqslant k}\|\boldsymbol{\chi}(s)\|)\}<\varepsilon
\tag{6.30}
$$

因此，进一步可得

$$
Pr\{\|\boldsymbol{x}(k)\|<\phi(\|\boldsymbol{x}(0)\|,k)+\gamma(\sup_{0\leqslant s\leqslant k}\|\boldsymbol{\chi}(s)\|)\}\geqslant 1-\varepsilon
\tag{6.31}
$$

因此，由定义 6.1 可知，闭环切换系统［式 (6.11)］是依概率输入-状态稳定的。证毕。

注释 6.3　定理 6.1 给出了循环协议和欺骗攻击下切换系统依概率输入-状态稳定的充分条件。欺骗攻击是通过非线性函数的虚假数据注入来实现的，并导致控制系统性能恶化，使得闭环切换

系统状态轨迹只能收敛到原点邻域［式 (6.29)］。特别是，当攻击概率 $\bar{\alpha}=0$ 时，即没有发生攻击时，由式 (6.24) 看出，系统状态以指数衰减率收敛到原点。

6.3.3 可达性分析

应用依赖令牌的 Lyapunov 函数技术，定理 6.2 给出了保证指定滑模面［式 (6.6)］可达性的充分条件。

定理 6.2 给定参数 $0<\beta<1$ 和 $0<\epsilon_i<1$，对任意 $i\in\mathcal{I}$，如果存在矩阵 $\boldsymbol{P}_i>0$，$\boldsymbol{W}_i>0$，$\boldsymbol{U}_i>0$ 和 $\boldsymbol{\xi}_i>0$ 满足条件 (6.14)、(6.15) 和下列不等式条件

$$\mathbb{Q}_2 \stackrel{\text{def}}{=} \begin{bmatrix} \tilde{\mathbb{Q}}_{11} & \mathbb{Q}_{12} \\ * & \mathbb{Q}_{22} \end{bmatrix} < 0 \tag{6.32}$$

$$2\boldsymbol{\Phi}_{r(k)}^{\mathrm{T}}\boldsymbol{X}^{\mathrm{T}}(i)\boldsymbol{W}_{r(k+1)}(i)\boldsymbol{X}(i)\boldsymbol{\Phi}_{r(k)}-\pi_{r(k),r(k+1)}(i)\boldsymbol{I} \leqslant 0 \tag{6.33}$$

其中，

$$\tilde{\mathbb{Q}}_{11}=\mathbb{Q}_{11}+4\bar{\boldsymbol{A}}_{r(k)}^{\mathrm{T}}(i)\boldsymbol{G}^{\mathrm{T}}\boldsymbol{W}_{r(k+1)}(i)\boldsymbol{G}\bar{\boldsymbol{A}}_{r(k)}(i)+4\pi_{r(k),r(k+1)}(i)\vartheta^2(i)\boldsymbol{I}$$

$$\tilde{\mathbb{Q}}_{22}=\mathbb{Q}_{22}+4(\boldsymbol{I}-\boldsymbol{\Phi}_{r(k)})^{\mathrm{T}}\boldsymbol{X}^{\mathrm{T}}(i)\boldsymbol{W}_{r(k+1)}(i)\boldsymbol{X}(i)(\boldsymbol{I}-\boldsymbol{\Phi}_{r(k)})$$

则闭环系统［式 (6.11)］状态轨迹将被驱动到指定滑模面周围区域 Λ 内：

$$\Lambda \stackrel{\text{def}}{=} \{\boldsymbol{s}(k) \| \boldsymbol{s}(k)\| \leqslant \eta^*(k)\} \tag{6.34}$$

其中，$\eta^*(k) \stackrel{\text{def}}{=} \max\limits_{i\in\mathcal{I},\ r(k)\in\mathcal{M}}$

$$\left\{\sqrt{\frac{(5.5\bar{\alpha}^2+\bar{\alpha})\left[\delta_{r(k),r(k+1)}(i)+\gamma_{r(k),r(k+1)}(i)+\pi_{r(k),r(k+1)}(i)\right]}{\lambda_{\min}(\boldsymbol{GB}(i))^{-1}}}\|\iota(i)\varphi(\boldsymbol{x}(k),k,i)\|\right\}.$$

证明：

选取候选 Lyapunov 函数为

$$\begin{aligned}\boldsymbol{V}_2(k) &\stackrel{\text{def}}{=} \boldsymbol{V}(\boldsymbol{x}(k),\boldsymbol{u}(k-1),\boldsymbol{s}(k),\sigma(k),r(k)) \\ &=\boldsymbol{x}^{\mathrm{T}}(k)\boldsymbol{P}_{r(k)}(\sigma(k))\boldsymbol{x}(k)+\boldsymbol{u}^{\mathrm{T}}(k-1)\boldsymbol{Q}_{r(k)}(\sigma(k))\boldsymbol{u}(k-1)+\boldsymbol{s}^{\mathrm{T}}(k)\boldsymbol{W}_{r(k)}(\sigma(k))\boldsymbol{s}(k)\end{aligned} \tag{6.35}$$

当 $\sigma(k)=i$ 时，由式 (6.9) 和式 (6.10)，可得

$$
\begin{aligned}
&\mathcal{E}\{\boldsymbol{s}^{\mathrm{T}}(k+1)\boldsymbol{W}_{r(k+1)}(i)\boldsymbol{s}(k+1)|\boldsymbol{V}_2(k)\}\\
&=\mathcal{E}\{[\bar{\boldsymbol{A}}_{r(k)}(i)\boldsymbol{x}(k)+\boldsymbol{B}(i)(\boldsymbol{I}-\boldsymbol{\Phi}_{r(k)})\boldsymbol{u}(k-1)+\alpha(k)\boldsymbol{B}(i)\boldsymbol{\Phi}_{r(k)}\boldsymbol{F}(k,i)\boldsymbol{\psi}(\boldsymbol{x}(k),k,i)\\
&\quad-\boldsymbol{B}(i)\boldsymbol{\Phi}_{r(k)}\boldsymbol{\eta}_s(k)]^{\mathrm{T}}\boldsymbol{G}^{\mathrm{T}}\boldsymbol{W}_{r(k+1)}(i)\boldsymbol{G}[\bar{\boldsymbol{A}}_{r(k)}(i)\boldsymbol{x}(k)+\boldsymbol{B}(i)(\boldsymbol{I}-\boldsymbol{\Phi}_{r(k)})\boldsymbol{u}(k-1)\\
&\quad+\alpha(k)\boldsymbol{B}(i)\boldsymbol{\Phi}_{r(k)}\boldsymbol{F}(k,i)\boldsymbol{\psi}(\boldsymbol{x}(k),k,i)-\boldsymbol{B}(i)\boldsymbol{\Phi}_{r(k)}\boldsymbol{\eta}_s(k)]|\boldsymbol{V}_2(k)\}\\
&\leqslant \boldsymbol{x}^{\mathrm{T}}(k)\bar{\boldsymbol{A}}_{r(k)}^{\mathrm{T}}(i)\boldsymbol{G}^{\mathrm{T}}\boldsymbol{W}_{r(k+1)}(i)\boldsymbol{G}\bar{\boldsymbol{A}}_{r(k)}(i)\boldsymbol{x}(k)+2\boldsymbol{x}^{\mathrm{T}}(k)\bar{\boldsymbol{A}}_{r(k)}^{\mathrm{T}}(i)\boldsymbol{G}^{\mathrm{T}}\\
&\quad\times\boldsymbol{W}_{r(k+1)}(i)\boldsymbol{X}(i)(\boldsymbol{I}-\boldsymbol{\Phi}_{r(k)})\boldsymbol{u}(k-1)-2\boldsymbol{x}^{\mathrm{T}}(k)\bar{\boldsymbol{A}}_{r(k)}^{\mathrm{T}}(i)\boldsymbol{G}^{\mathrm{T}}\boldsymbol{W}_{r(k+1)}(i)\boldsymbol{X}(i)\boldsymbol{\Phi}_{r(k)}\boldsymbol{\eta}_s(k)\\
&\quad+\boldsymbol{u}^{\mathrm{T}}(k-1)(\boldsymbol{I}-\boldsymbol{\Phi}_{r(k)})^{\mathrm{T}}\boldsymbol{X}^{\mathrm{T}}(i)\boldsymbol{W}_{r(k+1)}(i)\boldsymbol{X}(i)(\boldsymbol{I}-\boldsymbol{\Phi}_{r(k)})\boldsymbol{u}(k-1)-2\boldsymbol{u}^{\mathrm{T}}(k-1)\\
&\quad\times(\boldsymbol{I}-\boldsymbol{\Phi}_{r(k)})^{\mathrm{T}}\boldsymbol{X}^{\mathrm{T}}(i)\boldsymbol{W}_{r(k+1)}(i)\boldsymbol{X}(i)\boldsymbol{\Phi}_{r(k)}\boldsymbol{\eta}_s(k)+\boldsymbol{\eta}_s^{\mathrm{T}}(k)\boldsymbol{\Phi}_{r(k)}^{\mathrm{T}}\boldsymbol{X}^{\mathrm{T}}(i)\boldsymbol{W}_{r(k+1)}(i)\boldsymbol{X}(i)\\
&\quad\times\boldsymbol{\Phi}_{r(k)}\boldsymbol{\eta}_s(k)+2\bar{\alpha}\boldsymbol{x}^{\mathrm{T}}(k)\bar{\boldsymbol{A}}_{r(k)}^{\mathrm{T}}(i)\boldsymbol{G}^{\mathrm{T}}\boldsymbol{W}_{r(k+1)}(i)\boldsymbol{X}(i)\boldsymbol{\Phi}_{r(k)}\boldsymbol{F}(k,i)\boldsymbol{\psi}(\boldsymbol{x}(k),k,i)\\
&\quad+2\bar{\alpha}\boldsymbol{u}^{\mathrm{T}}(k-1)(\boldsymbol{I}-\boldsymbol{\Phi}_{r(k)})^{\mathrm{T}}\boldsymbol{X}^{\mathrm{T}}(i)\boldsymbol{W}_{r(k+1)}(i)\boldsymbol{X}(i)\boldsymbol{\Phi}_{r(k)}\boldsymbol{F}(k,i)\boldsymbol{\psi}(\boldsymbol{x}(k),k,i)\\
&\quad-2\bar{\alpha}\boldsymbol{\eta}_s^{\mathrm{T}}(k)\boldsymbol{\Phi}_{r(k)}^{\mathrm{T}}\boldsymbol{X}^{\mathrm{T}}(i)\boldsymbol{W}_{r(k+1)}(i)\boldsymbol{X}(i)\boldsymbol{\Phi}_{r(k)}\boldsymbol{F}(k,i)\boldsymbol{\psi}(\boldsymbol{x}(k),k,i)\\
&\quad+\bar{\alpha}\boldsymbol{\psi}^{\mathrm{T}}(\boldsymbol{x}(k),k,i)\boldsymbol{F}^{\mathrm{T}}(k,i)\boldsymbol{\Phi}_{r(k)}^{\mathrm{T}}\boldsymbol{X}^{\mathrm{T}}(i)\boldsymbol{W}_{r(k+1)}(i)\boldsymbol{X}(i)\boldsymbol{\Phi}_{r(k)}\boldsymbol{F}(k,i)\boldsymbol{\psi}(\boldsymbol{x}(k),k,i)
\end{aligned}\tag{6.36}
$$

因此，通过式 (6.33)，从式 (6.35) 中得出如下结论：

$$
\begin{aligned}
&\mathcal{E}\{\boldsymbol{V}_2(k+1)|\boldsymbol{V}_2(k)\}-\beta\boldsymbol{V}_2(k)\\
&\leqslant \boldsymbol{x}^{\mathrm{T}}(k)[3\bar{\boldsymbol{A}}_{r(k)}^{\mathrm{T}}(i)\boldsymbol{P}_{r(k+1)}(i)\bar{\boldsymbol{A}}_{r(k)}(i)+2\delta_{r(k),r(k+1)}(i)\vartheta^2(i)\boldsymbol{I}+3\boldsymbol{K}_{r(k)}^{\mathrm{T}}(i)\boldsymbol{\Phi}_{r(k)}^{\mathrm{T}}\\
&\quad\times\boldsymbol{Q}_{r(k+1)}(i)\boldsymbol{\Phi}_{r(k)}\boldsymbol{K}_{r(k)}(i)+2\gamma_{r(k),r(k+1)}(i)\vartheta^2(i)\boldsymbol{I}+3\bar{\boldsymbol{A}}_{r(k)}^{\mathrm{T}}(i)\boldsymbol{G}^{\mathrm{T}}\boldsymbol{W}_{r(k+1)}(i)\boldsymbol{G}\bar{\boldsymbol{A}}_{r(k)}(i)\\
&\quad+2\pi_{r(k),r(k+1)}(i)\vartheta^2(i)\boldsymbol{I}-\beta\boldsymbol{P}_{r(k)}(i)]\boldsymbol{x}(k)+2\boldsymbol{x}^{\mathrm{T}}(k)\bar{\boldsymbol{A}}_{r(k)}^{\mathrm{T}}(i)\boldsymbol{P}_{r(k+1)}(i)\boldsymbol{B}(i)\\
&\quad\times(\boldsymbol{I}-\boldsymbol{\Phi}_{r(k)})\boldsymbol{u}(k-1)-2\boldsymbol{x}^{\mathrm{T}}(k)\boldsymbol{K}_{r(k)}^{\mathrm{T}}(i)\boldsymbol{\Phi}_{r(k)}^{\mathrm{T}}\boldsymbol{Q}_{r(k+1)}(i)(\boldsymbol{I}-\boldsymbol{\Phi}_{r(k)})\boldsymbol{u}(k-1)\\
&\quad+\boldsymbol{u}^{\mathrm{T}}(k-1)[3(\boldsymbol{I}-\boldsymbol{\Phi}_{r(k)})^{\mathrm{T}}\boldsymbol{B}^{\mathrm{T}}(i)\boldsymbol{P}_{r(k+1)}(i)\boldsymbol{B}(i)(\boldsymbol{I}-\boldsymbol{\Phi}_{r(k)})\\
&\quad+3(\boldsymbol{I}-\boldsymbol{\Phi}_{r(k)})^{\mathrm{T}}\boldsymbol{Q}_{r(k+1)}(i)(\boldsymbol{I}-\boldsymbol{\Phi}_{r(k)})+3(\boldsymbol{I}-\boldsymbol{\Phi}_{r(k)})^{\mathrm{T}}\boldsymbol{X}^{\mathrm{T}}(i)\boldsymbol{W}_{r(k+1)}(i)\boldsymbol{X}(i)(\boldsymbol{I}-\boldsymbol{\Phi}_{r(k)})\\
&\quad-\beta\boldsymbol{Q}_{r(k)}(i)]\boldsymbol{u}(k-1)+2\boldsymbol{x}^{\mathrm{T}}(k)\bar{\boldsymbol{A}}_{r(k)}^{\mathrm{T}}(i)\boldsymbol{G}^{\mathrm{T}}\boldsymbol{W}_{r(k+1)}(i)\boldsymbol{X}(i)(\boldsymbol{I}-\boldsymbol{\Phi}_{r(k)})\boldsymbol{u}(k-1)\\
&\quad+(1.5\bar{\alpha}^2+\bar{\alpha})[\delta_{r(k),r(k+1)}(i)+\gamma_{r(k),r(k+1)}(i)+\pi_{r(k),r(k+1)}(i)]\\
&\quad\times\iota^2(i)\varphi^2(\boldsymbol{x}(k),k,i)-\beta\boldsymbol{s}^{\mathrm{T}}(k)(\boldsymbol{G}\boldsymbol{B}(i))^{-1}\boldsymbol{s}(k)
\end{aligned}
$$

$$\leqslant \boldsymbol{\zeta}_1^{\mathrm{T}}(k)\boldsymbol{Q}_2\boldsymbol{\zeta}_1(k)-\{\lambda_{\min}[(\boldsymbol{GB}(i))^{-1}]\|\boldsymbol{s}(k)\|^2-(1.5\bar{\alpha}^2+\bar{\alpha})[\delta_{r(k),r(k+1)}(i)$$

$$+\gamma_{r(k),r(k+1)}(i)+\pi_{r(k),r(k+1)}(i)](\|\iota(i)\varphi(\boldsymbol{x}(k),k,i)\|)^2\} \tag{6.37}$$

当系统状态在区域 Λ 之外时，由条件 (6.32) 可得出以下结论：

$$\mathcal{E}\{\boldsymbol{V}_2(k+1)\}\leqslant \beta \boldsymbol{V}_2(k) \tag{6.38}$$

这意味着 Lyapunov 函数 $\boldsymbol{V}_2(k)$ 在均方意义上单调递减。因此，在均方意义下，状态轨迹将被驱动到滑模面 $\boldsymbol{s}(k)=0$ 邻域 Λ。证毕。

注释 6.4 由定理 6.2 可以证得，闭环切换系统 [式 (6.11)] 状态轨迹被驱动到指定滑模面 [式 (6.6)] 邻域 Λ。应用 Schur 引理，可知定理 6.2 中条件 (6.32) 成立就可以保证定理 6.1 中条件 (6.13) 成立。因此，条件 (6.14)、(6.15) 和条件 (6.32)、(6.33) 成立可以保证闭环切换系统 [式 (6.11)] 的可达性以及依概率输入-状态稳定。

注释 6.5 应用滑模控制方法研究切换系统在 RR 协议下的依概率输入-状态稳定性是一项具有挑战性的任务。事实上，由于补偿策略 [式 (6.4)] 中矩阵 $\boldsymbol{\Phi}_{r(k)}$ 不可逆，所以，本章没有应用传统等效控制律方法。此外，为了降低保守性，分析 RR 协议和欺骗攻击造成的影响，设计了依令牌的滑模控制器。同时，受欺骗攻击影响，引入依概率输入-状态稳定概念，并构建依令牌的多 Lyapunov 函数，对闭环切换系统的稳定性进行分析。

6.3.4 求解算法

由注释 6.4 可知，如果条件 (6.14)、(6.15) 和条件 (6.32)、(6.33) 成立，则可以保证切换系统的可达性和依概率输入-状态稳定。然而，这些不等式条件是非线性的，不容易求解。为此，我们进一步给出使得定理 6.1 和 6.2 中条件同时成立的可求解 LMI。

定理 6.3 给定参数 $\mu>0$ 和 $0<\beta<1$，考虑闭环切换系统［式 (6.11)］。假设存在矩阵 $\mathcal{L}_s(i)\in\mathbb{R}^{m\times n}$，$\mathcal{P}_s(i)>0$，$\boldsymbol{Q}_s(i)>0$ 和参数 $\vec{\delta}_{s,s+1}(i)>0$，$\vec{\gamma}_{s,s+1}(i)>0$，$\vec{\pi}_{s,s+1}(i)>0$，$\varepsilon_s(i)>0$，对任意 $i\in\mathcal{I}, s\in\{1,\cdots,m-1\}$ 满足下列 LMI 条件，

$$\begin{bmatrix} \vec{\mathbb{Q}}_{11,s} & \vec{\mathbb{Q}}_{12,s} & \vec{\mathbb{Q}}_{13,s} \\ * & \vec{\mathbb{Q}}_{22,s,s+1} & \vec{\mathbb{Q}}_{23,s} \\ * & * & -\mathrm{diag}\{\varepsilon_s(i)\boldsymbol{I},\varepsilon_s(i)\boldsymbol{I}\} \end{bmatrix}<0 \tag{6.39}$$

$$\begin{bmatrix} -\vec{\delta}_{s,s+1}(i)\boldsymbol{I} & \sqrt{2}\vec{\delta}_{s,s+1}(i)\boldsymbol{\Phi}_s^{\mathrm{T}}\boldsymbol{B}^{\mathrm{T}}(i) \\ * & -\mathcal{P}_{s+1}(i) \end{bmatrix}<0 \tag{6.40}$$

$$\begin{bmatrix} -\vec{\gamma}_{s,s+1}(i)\boldsymbol{I} & \sqrt{2}\vec{\gamma}_{s,s+1}(i)\boldsymbol{\Phi}_s^{\mathrm{T}} \\ * & -\boldsymbol{Q}_{s+1}(i) \end{bmatrix}<0 \tag{6.41}$$

$$\begin{bmatrix} -\vec{\pi}_{s,s+1}(i)\boldsymbol{I} & \sqrt{2}\vec{\pi}_{s,s+1}(i)\boldsymbol{\Phi}_s^{\mathrm{T}}\boldsymbol{X}^{\mathrm{T}}(i) \\ * & -\boldsymbol{W}_{s+1}(i) \end{bmatrix}<0 \tag{6.42}$$

$$\mathcal{P}_s(j)\leqslant\mu\mathcal{P}_{s+1}(i),\quad \boldsymbol{Q}_s(j)\leqslant\mu\boldsymbol{Q}_{s+1}(i) \tag{6.43}$$

以及对 $s=m$ 满足 LMI 条件：

$$\begin{bmatrix} \vec{\mathbb{Q}}_{11,m} & \vec{\mathbb{Q}}_{12,m} & \vec{\mathbb{Q}}_{13,m} \\ * & \vec{\mathbb{Q}}_{22,m,1} & \vec{\mathbb{Q}}_{23,m} \\ * & * & -\mathrm{diag}\{\varepsilon_m(i)\boldsymbol{I},\varepsilon_m(i)\boldsymbol{I}\} \end{bmatrix}<0 \tag{6.44}$$

$$\begin{bmatrix} -\vec{\delta}_{m,1}(i)\boldsymbol{I} & \sqrt{2}\vec{\delta}_{m,1}(i)\boldsymbol{\Phi}_m^{\mathrm{T}}\boldsymbol{B}^{\mathrm{T}}(i) \\ * & -\mathcal{P}_1(i) \end{bmatrix}<0 \tag{6.45}$$

$$\begin{bmatrix} -\vec{\gamma}_{m,1}(i)\boldsymbol{I} & \sqrt{2}\vec{\gamma}_{m,1}(i)\boldsymbol{\Phi}_m^{\mathrm{T}} \\ * & -\boldsymbol{Q}_1(i) \end{bmatrix}<0 \tag{6.46}$$

$$\begin{bmatrix} -\vec{\pi}_{m,1}(i)\boldsymbol{I} & \sqrt{2}\vec{\pi}_{m,1}\boldsymbol{\Phi}_m^{\mathrm{T}}\boldsymbol{X}^{\mathrm{T}}(i) \\ * & -\boldsymbol{W}_1(i) \end{bmatrix}<0 \tag{6.47}$$

其中，

$$\vec{\mathbb{Q}}_{11,s}=\begin{bmatrix} -\beta\mathcal{P}_s(i) & 0 \\ 0 & -\beta\boldsymbol{Q}_s(i) \end{bmatrix}$$

$$\vec{\mathbb{Q}}_{12,s}=\begin{bmatrix}\vec{\mathbb{Q}}_{12,s}^1 & \vec{\mathbb{Q}}_{12,s}^2\end{bmatrix}$$

$$\vec{\mathbb{Q}}_{12,s}^1=\begin{bmatrix}\vec{\boldsymbol{A}}_s(i) & \sqrt{2}\vec{\boldsymbol{A}}_s(i) & 0 \\ \boldsymbol{Q}_s(i)(\boldsymbol{I}-\boldsymbol{\Phi}_s)^{\mathrm{T}}\boldsymbol{B}^{\mathrm{T}}(i) & 0 & \sqrt{2}\boldsymbol{Q}_s(i)(\boldsymbol{I}-\boldsymbol{\Phi}_s)^{\mathrm{T}}\boldsymbol{B}^{\mathrm{T}}(i)\end{bmatrix.$$

$$\begin{matrix}\boldsymbol{\mathcal{L}}_s(i)\boldsymbol{\Phi}_s^{\mathrm{T}} & \sqrt{2}\boldsymbol{\mathcal{L}}_s(i)\boldsymbol{\Phi}_s^{\mathrm{T}} & 0 \\ -\boldsymbol{Q}_s(i)(\boldsymbol{I}-\boldsymbol{\Phi}_s)^{T} & 0 & \sqrt{2}\boldsymbol{Q}_s(i)(\boldsymbol{I}-\boldsymbol{\Phi}_s)^{\mathrm{T}}\end{matrix}\Bigg]$$

$$\vec{\mathbb{Q}}_{12,s}^2=\begin{bmatrix}2\vec{\boldsymbol{A}}_s(i)\boldsymbol{G}^{\mathrm{T}} & 0 & \sqrt{2}\vartheta(i)\boldsymbol{I} & \sqrt{2}\vartheta(i)\boldsymbol{I} & \sqrt{2}\vartheta(i)\boldsymbol{I} \\ 0 & 2\boldsymbol{Q}_s(i)(\boldsymbol{I}-\boldsymbol{\Phi}_s)^{\mathrm{T}}\boldsymbol{X}^{\mathrm{T}}(i) & 0 & 0 & 0\end{bmatrix}$$

$$\vec{\mathbb{Q}}_{23,s}=\begin{bmatrix}0 & 0 & 0 & 0 & 0 & 0 & 0 & 0 \\ \varepsilon_s(i)\boldsymbol{E}^{\mathrm{T}}(i) & \sqrt{2}\varepsilon_s(i)\boldsymbol{E}^{\mathrm{T}}(i) & 0 & 0 & 0 & 0 & 2\varepsilon_s(i)\boldsymbol{E}^{\mathrm{T}}(i)\boldsymbol{G}^{\mathrm{T}} & 0\end{bmatrix.$$

$$\begin{matrix}0 & 0 & 0 \\ 0 & 0 & 0\end{matrix}\Bigg]^{\mathrm{T}}$$

$$\vec{\mathbb{Q}}_{13,s}=\begin{bmatrix}\boldsymbol{\mathcal{P}}_s(i)\boldsymbol{H}^{\mathrm{T}}(i) & 0 \\ 0 & 0\end{bmatrix}$$

$$\vec{\mathbb{Q}}_{22,s,s+1}=-\mathrm{diag}\{\boldsymbol{\mathcal{P}}_{s+1}(i),\boldsymbol{\mathcal{P}}_{s+1}(i),\boldsymbol{\mathcal{P}}_{s+1}(i),\boldsymbol{Q}_{s+1}(i),\boldsymbol{Q}_{s+1}(i),\boldsymbol{Q}_{s+1}(i),$$

$$\boldsymbol{\mathcal{W}}_{s+1}(i),\boldsymbol{\mathcal{W}}_{s+1}(i),\vec{\delta}_{s,s+1}(i)\boldsymbol{I},\vec{\gamma}_{s,s+1}(i)\boldsymbol{I},\vec{\pi}_{s,s+1}(i)\boldsymbol{I}\},$$

$$\vec{\mathbb{Q}}_{22,m,1}=-\mathrm{diag}\{\boldsymbol{\mathcal{P}}_1(i),\boldsymbol{\mathcal{P}}_1(i),\boldsymbol{\mathcal{P}}_1(i),\boldsymbol{Q}_1(i),\boldsymbol{Q}_1(i),\boldsymbol{Q}_1(i),\boldsymbol{\mathcal{W}}_1(i),\boldsymbol{\mathcal{W}}_1(i),$$

$$\vec{\delta}_{m,1}(i)\boldsymbol{I},\vec{\gamma}_{m,1}(i)\boldsymbol{I},\vec{\pi}_{m,1}(i)\boldsymbol{I}\},$$

$$\vec{\boldsymbol{A}}_s(i)=\boldsymbol{\mathcal{P}}_s(i)\boldsymbol{A}^{\mathrm{T}}(i)-\boldsymbol{\mathcal{L}}_s(i)\boldsymbol{\Phi}_s^{\mathrm{T}}\boldsymbol{B}^{\mathrm{T}}(i)$$

同时，平均驻留时间满足下面条件

$$\tau_a>\tau_a^*=-\frac{\ln\mu}{\ln\beta} \tag{6.48}$$

则闭环切换系统［式 (6.11)］的可达性和指数稳定性得到保证，另外，控制增益为 $\boldsymbol{K}_s(i)=\boldsymbol{\mathcal{L}}_s^{\mathrm{T}}(i)\boldsymbol{\mathcal{P}}_s^{-1}(i)$。

利用 Schur 引理对定理 6.1 和 6.2 中条件 (6.14)、(6.15) 和条件 (6.32)、

(6.33) 进行一些矩阵变换，我们就可以得到定理 6.3 中的 LMI 条件，因此在这里省略了具体证明过程。需要注意的是，由于 RR 协议调度特殊性带来的困难，定理 6.3 针对 RR 调度信号分了两种情况，即 $s\in\{1,\cdots,m-1\}$ 和 $s=m$，并给出了保证切换系统可达性和指数稳定性的充分条件。

6.4 仿真实例

考虑具有两个子系统的切换系统［式 (6.1)］，系统参数如下。

子系统 1：

$$\boldsymbol{A}_1=\begin{bmatrix}0.5 & -0.9\\ 0.5 & -0.6\end{bmatrix},\boldsymbol{B}_1=\begin{bmatrix}2 & -1\\ -2 & 3\end{bmatrix},\boldsymbol{E}_1=\begin{bmatrix}0.2\\ 0.2\end{bmatrix}$$

$$\boldsymbol{H}_1=\begin{bmatrix}0.1 & 0.1\end{bmatrix},\boldsymbol{M}_1(k)=\cos k$$

子系统 2：

$$\boldsymbol{A}_2=\begin{bmatrix}-0.2 & 0.5\\ -0.5 & 0.8\end{bmatrix},\boldsymbol{B}_2=\begin{bmatrix}1 & 2\\ 1 & -4\end{bmatrix},\boldsymbol{E}_2=\begin{bmatrix}0.2\\ 0.4\end{bmatrix}$$

$$\boldsymbol{H}_2=\begin{bmatrix}-0.2 & 0.2\end{bmatrix},\boldsymbol{M}_2(k)=\sin k$$

另外，随机发生欺骗攻击的参数如下：

$$\boldsymbol{F}(k,1)=\begin{bmatrix}0.25\cos k\\ 0.25\sin k\end{bmatrix},\boldsymbol{F}(k,2)=\begin{bmatrix}0.25\sin k\\ 0.25\cos k\end{bmatrix}$$

$$\psi(\boldsymbol{x}(k),k,1)=0.5\sqrt{x_1^2+x_2^2+0.1}\cos k,\ \psi(\boldsymbol{x}(k),k,2)=0.5\sqrt{x_1^2+x_2^2+0.1}\sin k$$

并且，概率为 $\bar{\alpha}=0.3$。为滑模函数 (6.6) 选取合适参数 $\omega_1=\omega_2=1/2$，我们可以得到滑模矩阵 $\boldsymbol{G}=\omega_1\boldsymbol{B}_1+\omega_2\boldsymbol{B}_2$。定理 6.3 中参数选为 $\mu=6$，$\beta=0.7$。另外，为分析循环协议调度的影响，我们分别针对通道中无循环协议和有循环协议两种情况设计滑模控制律。

情况 1（无循环协议）：如果底层通信网络不使用循环协议调度，即

式 (6.5) 中一些矩阵可以写为 $\boldsymbol{\Phi}_1=\boldsymbol{\Phi}_2=\boldsymbol{I}$，则实际执行器信号式 (6.5) 变为 $\boldsymbol{u}(k)=\boldsymbol{v}(k)+\alpha(k)\boldsymbol{F}(k,i)\boldsymbol{\psi}(\boldsymbol{x}(k),k,i)$，同时也反映出滑模控制律不依赖访问令牌。然后，设计既不依赖补偿输入信号 $\boldsymbol{u}(k-1)$ 也不依赖令牌 $r(k)$ 的 Lyapunov 函数 $V_1(k)=\boldsymbol{x}^{\mathrm{T}}(k)\boldsymbol{P}(\sigma(k))\boldsymbol{x}(k)$。在无循环协议情况下，可以得到式 (6.10) 滑模控制律 $\boldsymbol{v}(k)$ 中控制器增益 $\boldsymbol{K}_i(i=1,2)$ 如下：

$$\boldsymbol{K}_1=\begin{bmatrix}0.3736 & -0.5668\\ 0.3697 & -0.5119\end{bmatrix},\quad \boldsymbol{K}_2=\begin{bmatrix}-0.2635 & 0.5251\\ 0.0523 & -0.0552\end{bmatrix}$$

情况 2（有循环协议）：在通信通道中使用循环协议，则执行器信号［式 (6.5)］中更新矩阵为 $\boldsymbol{\Phi}_1=\mathrm{diag}\{1,0\}$，$\boldsymbol{\Phi}_2=\mathrm{diag}\{0,1\}$。然后，通过求解定理 6.3 中 LMI 条件，我们可以得到式 (6.10) 中滑模控制律 $\boldsymbol{v}(k)$ 的控制器增益 $\boldsymbol{K}_j(i)(i,j=1,2)$ 如下：

$$\boldsymbol{K}_1(1)=\begin{bmatrix}-0.0017 & -0.0015\\ 0 & 0\end{bmatrix},\ \boldsymbol{K}_2(1)=\begin{bmatrix}0 & 0\\ 0.0120 & -0.0019\end{bmatrix}$$

$$\boldsymbol{K}_1(2)=\begin{bmatrix}-0.0009 & 0.0017\\ 0 & 0\end{bmatrix},\ \boldsymbol{K}_2(2)=\begin{bmatrix}0 & 0\\ 0.0097 & -0.0101\end{bmatrix}$$

选取初始条件 $\boldsymbol{x}(0)=[-1\quad 5]$ 进行仿真。图 6.2 和图 6.3 分别描述了平均驻留时间为 $\tau_a=5$ 的切换信号 $\sigma(k)$ 和服从 Bernoulli 序列并取值 0 或 1 的随机变量 $\alpha(k)$。图 6.3 中圆点表示随机变量 $\alpha(k)$ 服从 Bernoulli 分布，取值 0 或 1。概率为 $Pr\{\alpha(k)=1\}=\mathcal{E}\{\alpha(k)\}=\bar{\alpha}$，$Pr\{\alpha(k)=0\}=1-\mathcal{E}\{\alpha(k)\}=1-\bar{\alpha}$，并且 $\bar{\alpha}$ 选为0.3。如果 $\alpha(k)=1$，则意味着控制信号 $\boldsymbol{v}(k)$ 被攻击者成功攻击。图 6.4 和图 6.5 分别描述了两种情况下闭环切换系统状态轨迹。通过比较图 6.4 和图 6.5 可以发现，为了减轻网络传输拥塞，循环协议机制也牺牲了切换系统某些性能。图 6.6 ～图 6.9 分别描述了滑模变量 $\boldsymbol{s}(k)$ 和实际执行器信号 $\boldsymbol{u}(k)$ 的响应。图 6.9 反映了所提补偿策略［式 (6.4)］的效果，即在循环协议下，只有一个执行器可以在传输时刻 k 处获得新的控制信息，而其他执行器节点只能利用之前所得信息。因此，通过与情况 1 中图 6.8 相比较，表明了循环协议机制能有效地减轻通信负担。

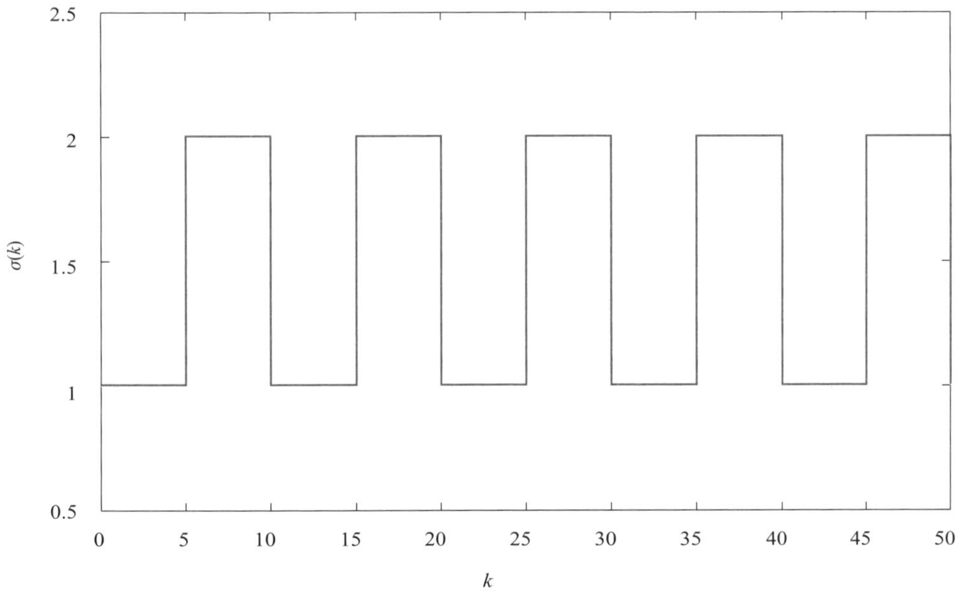

图 6.2　具有平均驻留时间的切换信号

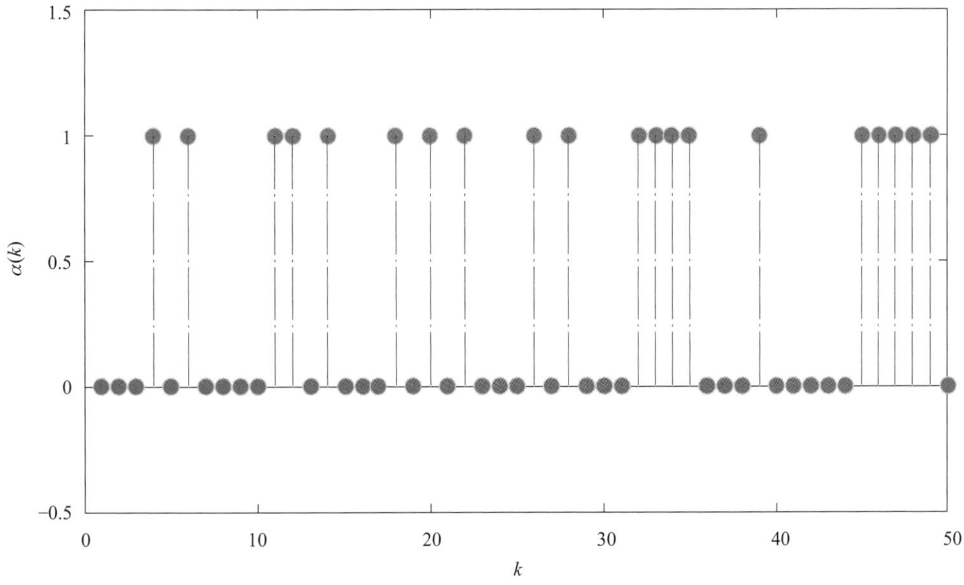

图 6.3　欺骗攻击的分布

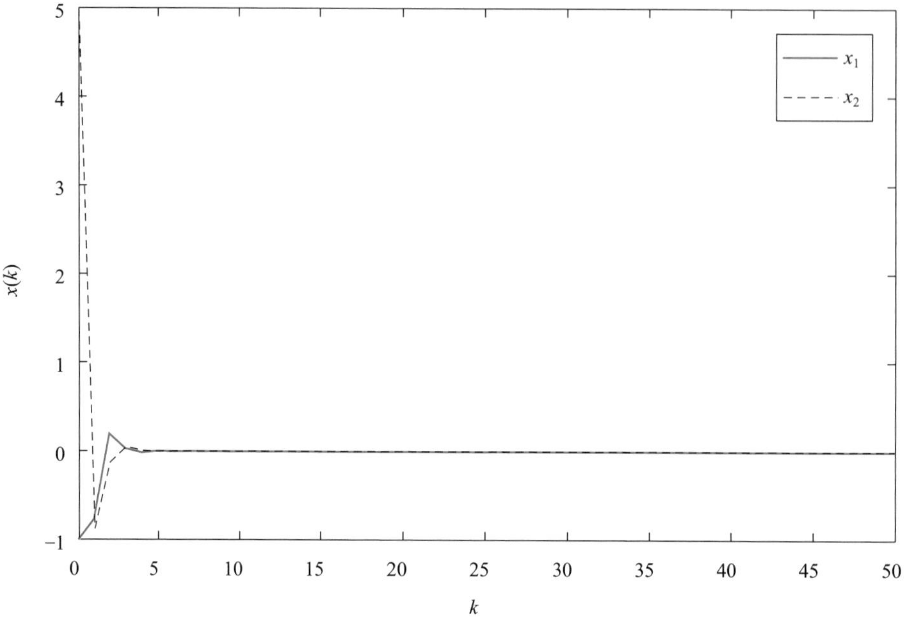

图 6.4　情况 1 中的状态响应

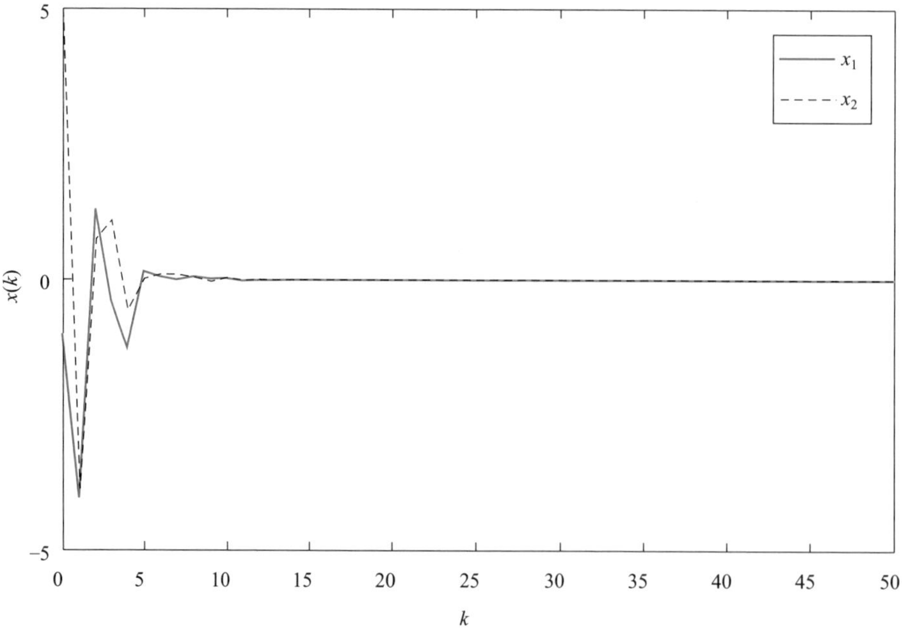

图 6.5　情况 2 中的状态响应

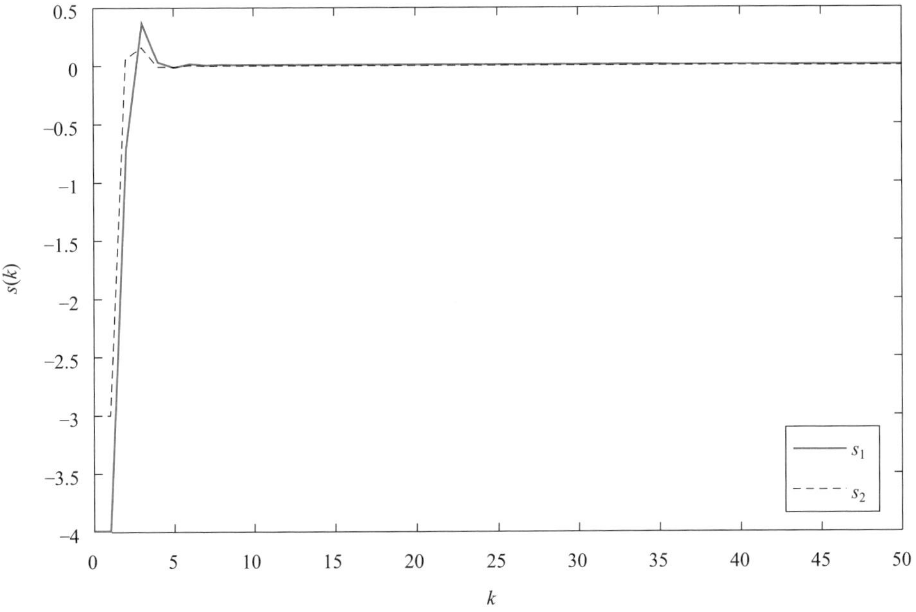

图 6.6 情况 1 中的滑模变量 $\boldsymbol{s}(k)$

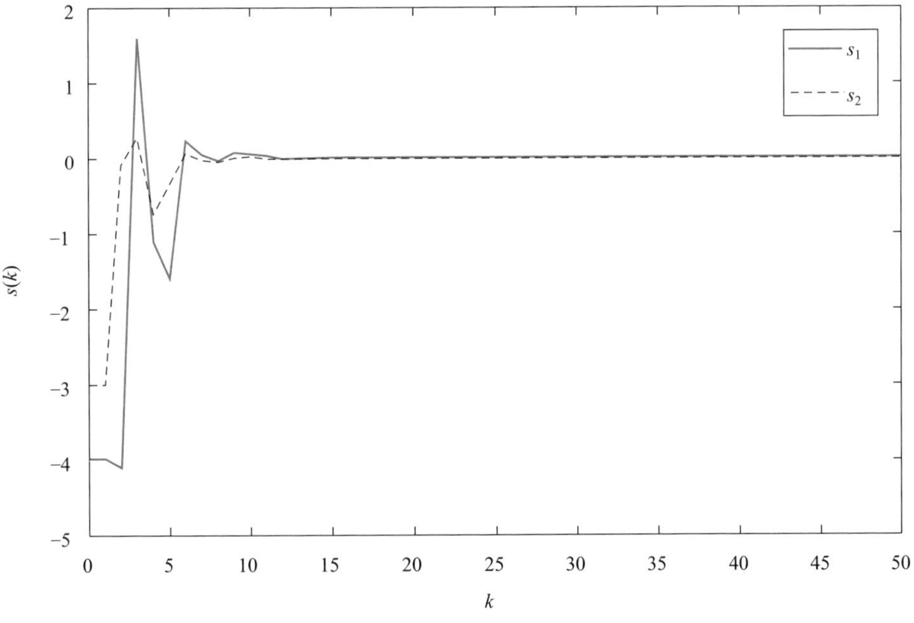

图 6.7 情况 2 中的滑模变量 $\boldsymbol{s}(k)$

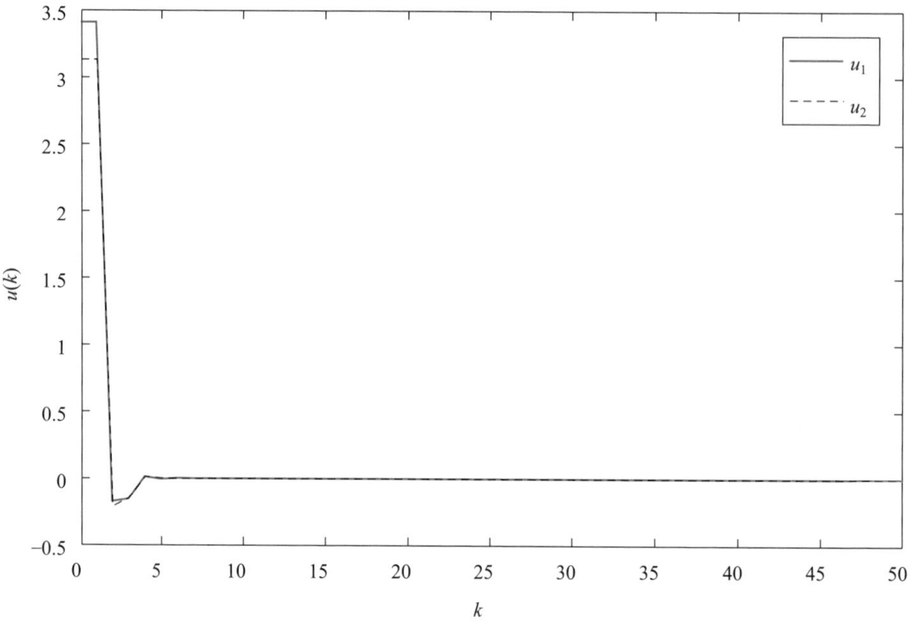

图 6.8　情况 1 中的实际执行器信号 $\boldsymbol{u}(k)$

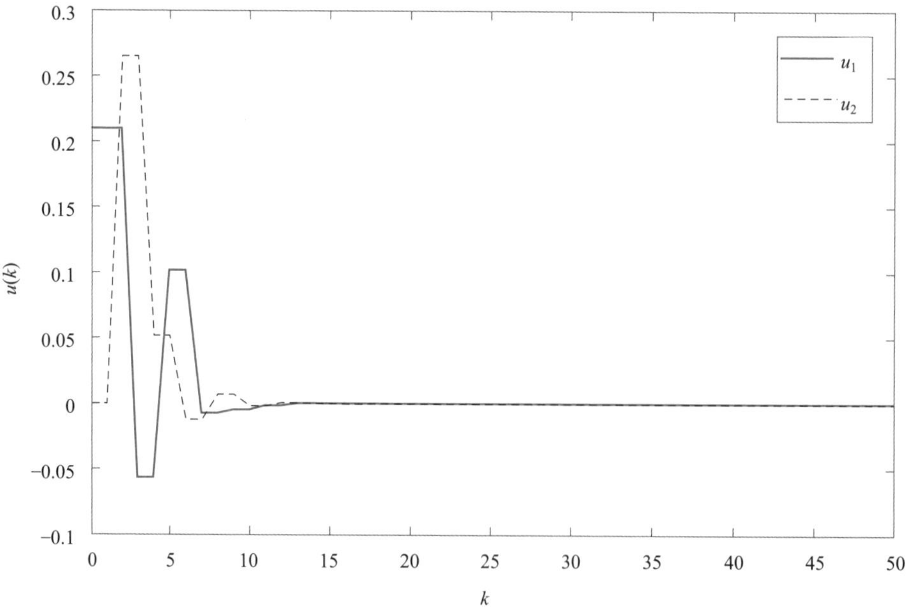

图 6.9　情况 2 中的实际执行器信号 $\boldsymbol{u}(k)$

6.5 本章小结

本章研究了当 RR 协议调度和欺骗攻击发生在控制器到执行器信道时，切换系统滑模控制的问题。基于补偿策略，设计依赖令牌的滑模控制律来保证切换系统的可达性。应用依赖令牌 Lyapunov 函数方法给出切换系统依概率输入-状态稳定的充分条件。本章考虑了欺骗攻击对滑模控制问题的影响，下一章将会研究 DoS 攻击下切换系统滑模控制问题。

参考文献

Christmann D, et al, 2014. Realization of Try-Once-Discard in wireless multihop networks. IEEE Transactions on Industrial Informatics, 10(1):17-26.

Ding D R, et al, 2017. Distributed recursive filtering for stochastic systems under uniform quantizations and deception attacks through sensor networks.Automatica, 78: 231-240.

Hu L, et al, 2018. State estimation under false data injection attacks:Security analysis and system protection. Automatica, 87: 176-183.

Huang X, et al, 2018. Reliable control policy of cyber-physical systems against a class of frequency-constrained sensor and actuator attacks. IEEE Transactions on Cybernetics,48(12): 3432-3439.

Li B, et al, 2019. Input-to-state stabilization in probability for nonlinear stochastic systems under quantization effects and communication protocols. IEEE Transactions on Cybernetics, 49(9): 3242-3254.

Song J, et al, 2019. On H_∞ sliding mode control under stochastic communication protocol. IEEE Transactions on Automatic Control, 64(5): 2174-2181.

Wan X B, et al, 2018. Finite-time H_∞ state estimation for discrete time-delayed genetic regulatory networks under stochastic communication protocols. IEEE Transactions on Circuits and Systems I: Regular Papers,65(10): 3481-3491.

Wang Y Q, et al, 2018. State estimation for discrete time-delayed genetic regulatory networks with stochastic noises under the round-robin protocols. IEEE Transactions on Nanobioscience, 17(2): 145-154.

Ye D, et al, 2019. Distributed event-triggered consensus for nonlinear multi-agent systems subject to cyber attacks. Information Sciences, 473: 178-189.

Digital Wave
Advanced Technology of
Industrial Internet

Resilient Control for Cyber-Physical Systems: Design and Analysis

信息物理系统安全控制设计与分析

第7章

随机 DoS 攻击下的切换系统滑模安全控制

7.1 概述

第 6 章研究欺骗攻击下切换系统滑模控制问题，而欺骗攻击主要是篡改网络组件之间的传输数据包，导致虚假反馈信息。与欺骗攻击不同，本章考虑的 DoS 攻击通过干扰通信通道导致测量数据不可传输（De P C, 2015；Lu A Y, 2018；Befekadu G K, 2015）。另外，在网络环境中，如何利用有限网络带宽更有效地传输信号是一个非常值得探讨的问题。事件触发机制能够根据事件触发条件降低信号传输频率而减少冗余传输，同时保证了系统的期望性能（Zou Y Y, 2017；Dimarogonas D V, 2012；Song J, 2020；Xiao X Q, 2017；Wang Y J, 2018；Sun Y C, 2018；Dolk V S, 2017；Su X J, 2018）。因此，在事件触发机制下，为实现网络控制系统的安全控制，将会面对一些挑战：如何分析 DoS 攻击与事件触发机制之间的相互关系？应用滑模控制技术，如何处理由 DoS 攻击导致的影响？针对事件触发机制和网络攻击，如何设计合适的滑模面和滑模控制律？

面对上述挑战，本章将利用事件触发机制，建立切换系统 DoS 攻击下滑模控制方案。DoS 攻击服从 Bernoulli 分布过程，通过分析 DoS 攻击与事件触发机制之间的关系，提出了一种为控制器提供可用输出信号的估计方法。然后，应用事件触发机制和 DoS 攻击统计信息相结合的方法设计出一种动态输出反馈滑模控制，以保证不确定切换系统的均方指数稳定性，从而有效地减弱网络攻击对系统性能的影响。此外，还应用平均驻留时间分析技术和 Lyapunov 理论给出切换系统均方指数稳定的充分条件。最后，通过仿真实例说明了所提出方法的有效性。

7.2 问题描述

考虑离散时间不确定切换系统如下：

$$\begin{cases} \boldsymbol{x}(k+1) = (\boldsymbol{A}_{\sigma(k)} + \Delta\boldsymbol{A}_{\sigma(k)})\boldsymbol{x}(k) + \boldsymbol{B}_{\sigma(k)}(\boldsymbol{u}(k) + \boldsymbol{f}_{\sigma(k)}(\boldsymbol{x}(k))), \\ \boldsymbol{y}(k) = \boldsymbol{C}_{\sigma(k)}\boldsymbol{x}(k), \end{cases} \tag{7.1}$$

其中，$\boldsymbol{x}(k)\in\mathbb{R}^n$ 是状态向量；$\boldsymbol{u}(k)\in\mathbb{R}^m$ 是控制输入；$\boldsymbol{y}(k)\in\mathbb{R}^q$ 是测量输出；未知非线性函数 $\boldsymbol{f}_{\sigma(k)}(\boldsymbol{x}(k))\in\mathbb{R}^m$ 满足 $\|\boldsymbol{f}_{\sigma(k)}(\boldsymbol{x}(k))\| \leqslant d_{\sigma(k)}\|\boldsymbol{x}(k)\|$，其中，$d_{\sigma(k)}>0$ 是已知常数。$\{\boldsymbol{A}_{\sigma(k)},\boldsymbol{B}_{\sigma(k)},\boldsymbol{C}_{\sigma(k)}:\sigma(k)\in\mathcal{I}\}$ 是一组依赖整数集 $\mathcal{I}=\{1,2,\cdots,N\}$ 的已知矩阵，切换信号 $\sigma(k):\mathbb{R}^+\to\mathcal{I}$ 的切换序列为 $0<k_1<k_2<\cdots<k_i<k_{i+1}<\cdots$，并且，当 $k\in[k_i,k_{i+1})$ 时，第 $\sigma(k_i)$ 个子系统被激活。

当切换信号 $\sigma(k)=i,i\in\mathcal{I}$ 时，$\boldsymbol{A}_{\sigma(k)}\overset{\text{def}}{=\!=}\boldsymbol{A}_i$，$\boldsymbol{B}_{\sigma(k)}\overset{\text{def}}{=\!=}\boldsymbol{B}_i$，$\boldsymbol{C}_{\sigma(k)}\overset{\text{def}}{=\!=}\boldsymbol{C}_i$ 为已知常数矩阵，可容许不确定参数 $\Delta\boldsymbol{A}_{\sigma(k)}\overset{\text{def}}{=\!=}\Delta\boldsymbol{A}_i$ 满足 $\Delta\boldsymbol{A}_i=\boldsymbol{E}_i\boldsymbol{M}_i(k)\boldsymbol{H}_i$，其中，$\boldsymbol{H}_i$ 和 $\boldsymbol{E}_i$ 是已知常数矩阵，$\boldsymbol{M}_i(k)$ 是一个满足 $\boldsymbol{M}_i^{\mathrm{T}}(k)\boldsymbol{M}_i(k)\leqslant\boldsymbol{I}$ 的未知时变矩阵。矩阵 $\boldsymbol{B}_i$ 是列满秩的，即 $\mathrm{rank}(\boldsymbol{B}_i)=m$。

因此，当切换信号 $\sigma(k)=i$ 时，系统［式 (7.1)］可以写为：

$$\begin{cases} \boldsymbol{x}(k+1) = \bar{\boldsymbol{A}}_i\boldsymbol{x}(k) + \boldsymbol{B}_i(\boldsymbol{u}(k) + \boldsymbol{f}_i(\boldsymbol{x}(k))) \\ \boldsymbol{y}(k) = \boldsymbol{C}_i\boldsymbol{x}(k) \end{cases} \tag{7.2}$$

其中 $\bar{\boldsymbol{A}}_i=(\boldsymbol{A}_i+\Delta\boldsymbol{A}_i)$。

定义 7.1 当 $\boldsymbol{u}(k)=0$ 时，如果离散时间切换系统［式 (7.1)］解 $\boldsymbol{x}(k)$ 满足下面关系，

$$\mathcal{E}\{\|\boldsymbol{x}(k)\|^2\} \leqslant \eta\rho^{-(k-k0)}\|\boldsymbol{x}(k_0)\|^2, \qquad \forall k \geqslant k_0 \tag{7.3}$$

其中，$\eta>0$ 和 $\rho\geqslant 1$ 分别是衰减系数和衰减率，则称切换系统［式 (7.1)］为信号 $\sigma(k)$ 下均方指数稳定。

攻击者可以随机发动 DoS 攻击来破坏系统输出信号，假设攻击模型为：

$$Pr\{\alpha=0\}=1-\bar{\alpha},\ Pr\{\alpha=1\}=\bar{\alpha} \tag{7.4}$$

其中，随机变量 α 是取值 0 或 1 的 Bernoulli 序列，并且 $\bar{\alpha}\in[0,1)$ 是已知常数。

为节省通信资源，将引入事件触发通信机制，当满足某一触发条

件时，测量信号才会被传输。图 7.1 给出了被 DoS 攻击的事件触发切换系统滑模控制结构图。通过分析 DoS 攻击与事件触发机制之间的相互关系，综合考虑事件触发机制和 DoS 攻击信息，设计动态输出反馈滑模控制律，给出了保证滑模动态系统可达性和均方指数稳定性的充分条件。

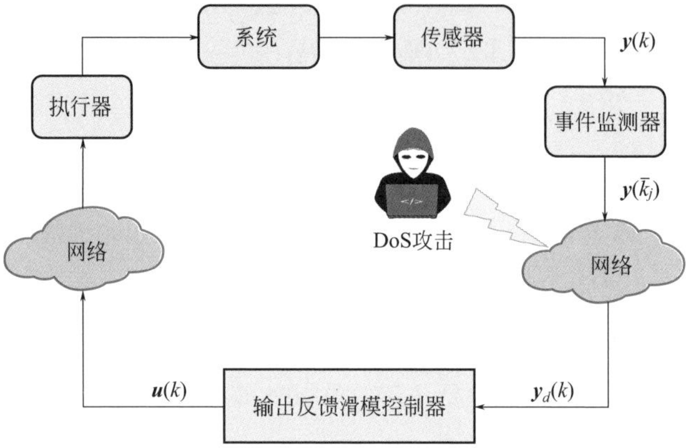

图 7.1　被 DoS 攻击的事件触发控制系统

可以通过以下事件触发条件判断测量信号是否要传输：

$$\boldsymbol{\psi}(k)=\boldsymbol{e}_y^{\mathrm{T}}(k)\boldsymbol{U}_i\boldsymbol{e}_y(k)-\epsilon_i\boldsymbol{y}^{\mathrm{T}}(\bar{k}_j)\boldsymbol{U}_i\boldsymbol{y}(\bar{k}_j)\geqslant 0 \tag{7.5}$$

其中，$\boldsymbol{e}_y(k)=\boldsymbol{y}(k)-\boldsymbol{y}(\bar{k}_j)$，并且 $\boldsymbol{y}(k)$ 和 $\boldsymbol{y}(\bar{k}_j)$ 分别是系统当前测量输出和最新触发时刻 $\bar{k}_j$ 的传输信息。设计的矩阵 $\boldsymbol{U}_i>0$ 是依赖模态的事件触发参数，ϵ_i 是已知参数，其中，$0<\epsilon_i<1$。

注释 7.1　在时间 $[k_i,k_{i+1})$ 上运行第 $\sigma(k_i)$ 个子系统，假设在 $[k_i,k_{i+1})$ 中有 m 个事件发生，也就是，$[k_i,k_{i+1})=[k_i,\bar{k}_{j+1})\cup[\bar{k}_{j+1},\bar{k}_{j+2})\cup\cdots\cup[\bar{k}_{j+m},k_{i+1})$。如果当前数据满足事件触发条件 (7.5)，则当前时刻测量输出信号可以传到控制器，而在 $[\bar{k}_j,\bar{k}_{j+1})$ 上不发送测量输出信号，因此，触发时刻的集合是采样时刻的子集。另外，在事件触发期间发生的 DoS 攻击是无效的，所以，可以通过使用事件触发控制策略来增加 DoS 攻击的可容忍度。

如 7.2 节所述，攻击者基于随机模型［式 (7.4)］破坏从传感器到控制器信道上传输的测量信号。这意味着即使满足触发条件 (7.5)，控制器也有可能无法接收任何测量输出信号。因此，为了应对 DoS 攻击带来的影响，当 $k\in[\bar{k}_j,\bar{k}_{j+1})$ 时，控制器可以应用以下估计方法：

$$\boldsymbol{y}_d(k)=(1-\alpha)\boldsymbol{y}(\bar{k}_j)+\alpha\boldsymbol{y}_d(k-1) \tag{7.6}$$

也就是说，当 DoS 攻击不成功时，控制器接收的输出信号为 $\boldsymbol{y}(\bar{k}_j)$，否则，为 $\boldsymbol{y}_d(k-1)$。

7.3 主要结果

7.3.1 动态输出反馈滑模控制器设计

由于系统的状态不可测，通过估计模型［式 (7.6)］设计以下动态输出反馈滑模控制律：

$$\begin{cases}\boldsymbol{x}_c(k+1)=\boldsymbol{A}_i\boldsymbol{x}_c(k)+\boldsymbol{B}_i\boldsymbol{u}(k)+\boldsymbol{L}_i(\boldsymbol{y}_d(k)-\boldsymbol{C}_i\boldsymbol{x}_c(k))\\ \boldsymbol{u}(k)=-\dfrac{1}{1-\bar{\alpha}}(\boldsymbol{G}_i\boldsymbol{B}_i)^{-1}[\boldsymbol{G}_i\boldsymbol{A}_i\boldsymbol{x}_c(k)+(1-\bar{\alpha})\boldsymbol{G}_i\boldsymbol{L}_i(\boldsymbol{y}_d(k)-\boldsymbol{C}_i\boldsymbol{x}_c(k))]\\ \qquad -d_i\|\boldsymbol{x}_c(k)\|\operatorname{sgn}(\boldsymbol{s}(k))\end{cases} \tag{7.7}$$

其中，滑模函数 $\boldsymbol{s}(k)$ 为：

$$\boldsymbol{s}(k)=(1-\bar{\alpha})\boldsymbol{G}_i\boldsymbol{x}_c(k)+\bar{\alpha}\boldsymbol{G}_i\boldsymbol{A}_i\boldsymbol{x}_c(k-1) \tag{7.8}$$

其中，$\boldsymbol{L}_i$ 和 $\boldsymbol{G}_i$ 是待设计矩阵。此外，矩阵 $\boldsymbol{G}_i$ 应确保 $\boldsymbol{G}_i\boldsymbol{B}_i$ 的非奇异性。滑模函数 (7.8) 不仅依赖于 DoS 攻击概率 $\bar{\alpha}$，而且还依赖估计值 $\boldsymbol{x}_c(k-1)$，从而可以有效地补偿 DoS 攻击带来的影响。

通过攻击概率 $\bar{\alpha}$ 和估计输出信号 $\boldsymbol{y}_d(k)$，在滑模控制器［式 (7.7)］和滑模函数 (7.8) 中考虑 DoS 攻击模型［式 (7.4)］带来的影响。此外，根据估计策略［式 (7.6)］，当攻击持续不断并成功发生时，$\boldsymbol{y}_d(k)$ 可以使用过去发送的输出信号，即，$\boldsymbol{y}(\bar{k}_{j-1})$ 或者 $\boldsymbol{y}(\bar{k}_{j-2}),\cdots$。这意味着，当不同的

子系统在这些触发时刻 $\bar{k}_{j-1},\bar{k}_{j-2},\cdots$被激活时，$i$ 子系统的控制器可以利用来自其他子系统的输出信号。也就是说，通过估计信号 $\boldsymbol{y}_d(k)$，在设计控制器［式 (7.7)］时可能会发生类似异步的现象。然而，在事件触发机制［式 (7.5)］下，所设计的滑模控制器［式 (7.7)］可以保证 DoS 攻击下滑模动态系统的可达性和均方指数稳定性。

7.3.2 可达性分析

下面将证明滑模控制器［式 (7.7)］在均方意义下可以将不确定切换系统［式 (7.2)］状态轨迹驱动到指定滑模面 $\boldsymbol{s}(k)=0$ 邻域内。

通过动态输出反馈滑模控制器［式 (7.7)］，我们得到以下闭环切换系统

$$\begin{cases}\boldsymbol{x}_c(k+1)=\left[\boldsymbol{I}-\dfrac{1}{1-\bar{\alpha}}\boldsymbol{B}_i(\boldsymbol{G}_i\boldsymbol{B}_i)^{-1}\boldsymbol{G}_i\right]\boldsymbol{A}_i\boldsymbol{x}_c(k)+[\boldsymbol{I}-\boldsymbol{B}_i(\boldsymbol{G}_i\boldsymbol{B}_i)^{-1}\boldsymbol{G}_i] \\ \qquad\qquad \times\boldsymbol{L}_i(\boldsymbol{y}_d(k)-\boldsymbol{C}_i\boldsymbol{x}_c(k))-d_i\boldsymbol{B}_i\|\boldsymbol{x}_c(k)\|\operatorname{sgn}(\boldsymbol{s}(k)) \\ \boldsymbol{e}(k+1)=\bar{\boldsymbol{A}}_i\boldsymbol{e}(k)+\Delta\boldsymbol{A}_i\boldsymbol{x}_c(k)+\boldsymbol{B}_i\boldsymbol{f}_i(\boldsymbol{x}(k))-\boldsymbol{L}_i\left(\boldsymbol{y}_d(k)-\boldsymbol{C}_i\boldsymbol{x}_c(k)\right) \\ \boldsymbol{y}_d(k)=(1-\alpha)\boldsymbol{y}(\bar{k}_j)+\alpha\boldsymbol{y}_d\left(k-1\right)\end{cases} \tag{7.9}$$

其中，$\boldsymbol{e}(k)\overset{\text{def}}{=}\boldsymbol{x}(k)-\boldsymbol{x}_c(k)$。

定理 7.1 给定参数 $0<\beta<1$ 和 $0<\epsilon_i<1$，如果对任意 $i\in\boldsymbol{I}$，存在矩阵 $\boldsymbol{P}_i>0$，$\boldsymbol{W}_i>0$，$\boldsymbol{U}_i>0$ 和参数 $\xi_i>0$ 满足下列不等式条件

$$\begin{bmatrix}\boldsymbol{\Theta}_{11} & \boldsymbol{\Theta}_{12} & \boldsymbol{\Theta}_{13} & 0 & \boldsymbol{L}_{1i} \\ * & \boldsymbol{\Theta}_{22} & \boldsymbol{\Theta}_{23} & 0 & \boldsymbol{L}_{2i} \\ * & * & \boldsymbol{\Theta}_{33} & 0 & \boldsymbol{L}_{3i} \\ * & * & * & \boldsymbol{\Theta}_{44} & \boldsymbol{L}_{4i} \\ * & * & * & * & \boldsymbol{P}\end{bmatrix}<0 \tag{7.10}$$

$$\boldsymbol{B}_i^{\mathrm{T}}\boldsymbol{P}_i\boldsymbol{B}_i<\xi_i\boldsymbol{I} \tag{7.11}$$

其中，

$$\boldsymbol{\Theta}_{11}=3\boldsymbol{A}_i^{\mathrm{T}}\boldsymbol{P}_i\boldsymbol{A}_i+\frac{3(2\bar{\alpha}-1)}{\alpha_1^2}\boldsymbol{A}_i^{\mathrm{T}}\boldsymbol{G}_i^{\mathrm{T}}(\boldsymbol{G}_i\boldsymbol{B}_i)^{-1}\boldsymbol{G}_i\boldsymbol{A}_i+\alpha_2\Delta\boldsymbol{A}_i^{\mathrm{T}}\boldsymbol{P}_i\Delta\boldsymbol{A}_i-\beta\boldsymbol{P}_i$$

$$+\bar{\alpha}\alpha_2(\boldsymbol{L}_i\boldsymbol{C}_i)^{\mathrm{T}}\boldsymbol{P}_i\boldsymbol{L}_i\boldsymbol{C}_i+\alpha_1\boldsymbol{C}_i^{\mathrm{T}}\boldsymbol{W}_i\boldsymbol{C}_i+\epsilon_i\boldsymbol{C}_i^{\mathrm{T}}\boldsymbol{U}_i\boldsymbol{C}_i+7\xi_i d_i^2\boldsymbol{I}$$

$$\boldsymbol{\Theta}_{22}=(2-\bar{\alpha})\bar{\boldsymbol{A}}_i^{\mathrm{T}}\boldsymbol{P}_i\bar{\boldsymbol{A}}_i+\alpha_1^2(\boldsymbol{L}_i\boldsymbol{C}_i)^{\mathrm{T}}\boldsymbol{P}_i\boldsymbol{L}_i\boldsymbol{C}_i+\alpha_1\boldsymbol{C}_i^{\mathrm{T}}\boldsymbol{W}_i\boldsymbol{C}_i-\beta\boldsymbol{P}_i+\epsilon_i\boldsymbol{C}_i^{\mathrm{T}}\boldsymbol{U}_i\boldsymbol{C}_i+7\xi_i d_i^2\boldsymbol{I}$$

$$\boldsymbol{\Theta}_{12}=\epsilon_i\boldsymbol{C}_i^{\mathrm{T}}\boldsymbol{U}_i\boldsymbol{C}_i+\alpha_1\boldsymbol{C}_i^{\mathrm{T}}\boldsymbol{W}_i\boldsymbol{C}_i+7\xi_i d_i^2\boldsymbol{I},\quad \boldsymbol{\Theta}_{13}=-\epsilon_i\boldsymbol{C}_i^{\mathrm{T}}\boldsymbol{U}_i-\alpha_1\boldsymbol{C}_i^{\mathrm{T}}\boldsymbol{W}_i$$

$$\boldsymbol{\Theta}_{23}=-\epsilon_i\boldsymbol{C}_i^{\mathrm{T}}\boldsymbol{U}_i-\alpha_1\boldsymbol{C}_i^{\mathrm{T}}\boldsymbol{W}_i$$

$$\boldsymbol{\Theta}_{33}=\alpha_1\boldsymbol{W}_i+\epsilon_i\boldsymbol{U}_i-\boldsymbol{U}_i,\ \boldsymbol{\Theta}_{44}=2\bar{\alpha}^2\boldsymbol{L}_i^{\mathrm{T}}\boldsymbol{P}_i\boldsymbol{L}_i+\bar{\alpha}\boldsymbol{W}_i-\beta\boldsymbol{W}_i$$

$$\boldsymbol{L}_{1i}=\begin{bmatrix}\Delta\boldsymbol{A}_i^{\mathrm{T}}\boldsymbol{P}_i & \Delta\boldsymbol{A}_i^{\mathrm{T}}\boldsymbol{P}_i & \sqrt{\bar{\alpha}}\boldsymbol{C}_i^{\mathrm{T}}\boldsymbol{L}_i^{\mathrm{T}}\boldsymbol{P}_i & 0 & \sqrt{3\bar{\alpha}}\boldsymbol{C}_i^{\mathrm{T}}\boldsymbol{L}_i^{\mathrm{T}}\boldsymbol{P}_i & 0\end{bmatrix}$$

$$\boldsymbol{L}_{2i}=\begin{bmatrix}\bar{\boldsymbol{A}}_i^{\mathrm{T}}\boldsymbol{P}_i & -\alpha_1\boldsymbol{C}_i^{\mathrm{T}}\boldsymbol{L}_i^{\mathrm{T}}\boldsymbol{P}_i & \sqrt{\bar{\alpha}}\bar{\boldsymbol{A}}_i^{\mathrm{T}}\boldsymbol{P}_i & -\sqrt{\alpha_1}\boldsymbol{C}_i^{\mathrm{T}}\boldsymbol{L}_i^{\mathrm{T}}\boldsymbol{P}_i & 0 & \sqrt{3\alpha_1}\boldsymbol{C}_i^{\mathrm{T}}\boldsymbol{L}_i^{\mathrm{T}}\boldsymbol{P}_i\end{bmatrix}$$

$$\boldsymbol{L}_{3i}=\begin{bmatrix}\alpha_1\boldsymbol{L}_i^{\mathrm{T}}\boldsymbol{P}_i & 0 & 0 & \sqrt{\alpha_1}\boldsymbol{L}_i^{\mathrm{T}}\boldsymbol{P}_i & 0 & -\sqrt{3\alpha_1}\boldsymbol{L}_i^{\mathrm{T}}\boldsymbol{P}_i\end{bmatrix}$$

$$\boldsymbol{L}_{4i}=\begin{bmatrix}0 & 0 & -\sqrt{\bar{\alpha}}\boldsymbol{L}_i^{\mathrm{T}}\boldsymbol{P}_i & 0 & -\sqrt{3\bar{\alpha}}\boldsymbol{L}_i^{\mathrm{T}}\boldsymbol{P}_i & 0\end{bmatrix}$$

$$\boldsymbol{P}=-\mathrm{diag}\{\boldsymbol{P}_i,\boldsymbol{P}_i,\boldsymbol{P}_i,\boldsymbol{P}_i,\boldsymbol{P}_i,\boldsymbol{P}_i\}$$

并且，$\alpha_1\overset{\text{def}}{=\!=}1-\bar{\alpha}$，$\alpha_2\overset{\text{def}}{=\!=}1+\bar{\alpha}$，则闭环切换系统［式 (7.9)］状态轨迹将被驱动到指定滑模面［式 (7.8)］周围滑动区域 Λ：

$$\Lambda\overset{\text{def}}{=\!=}\{\boldsymbol{s}(k)|\|\boldsymbol{s}(k)\|\leqslant\eta^*(k)\}\tag{7.12}$$

其中，$\eta^*(k)\overset{\text{def}}{=\!=}\max_{i\in\mathcal{I}}\left\{\sqrt{\dfrac{d_i^2\left(\alpha_1^2\lambda_{\max}(\boldsymbol{B}_i^{\mathrm{T}}\boldsymbol{G}_i^{\mathrm{T}}\boldsymbol{G}_i\boldsymbol{B}_i)+3\lambda_{\max}(\boldsymbol{G}_i\boldsymbol{B}_i)\right)\|\boldsymbol{x}_c(k)\|^2}{\beta}}\right\}$。

另外，滑模矩阵 $\boldsymbol{G}_i$ 设计为 $\boldsymbol{G}_i=\boldsymbol{B}_i^{\mathrm{T}}\boldsymbol{P}_i$。

证明：

选择 Lyapunov 函数为

$$\boldsymbol{V}_1(k)=\boldsymbol{x}_c^{\mathrm{T}}(k)\boldsymbol{P}_{\sigma(k)}\boldsymbol{x}_c(k)+\boldsymbol{e}^{\mathrm{T}}(k)\boldsymbol{P}_{\sigma(k)}\boldsymbol{e}(k)+\boldsymbol{y}_d^{\mathrm{T}}(k-1)\boldsymbol{W}_{\sigma(k)}\boldsymbol{y}_d(k-1)+\boldsymbol{s}^{\mathrm{T}}(k)\boldsymbol{s}(k)\tag{7.13}$$

当切换信号 $\sigma(k)=i(i\in\mathcal{I})$ 时，我们有

$$\mathcal{E}\{\boldsymbol{V}_1(k+1)|\boldsymbol{\zeta}_1(k)\}-\beta\boldsymbol{V}_1(k)$$

$$=\mathcal{E}\{\boldsymbol{x}_c^{\mathrm{T}}(k+1)\boldsymbol{P}_i\boldsymbol{x}_c(k+1)+\boldsymbol{e}^{\mathrm{T}}(k+1)\boldsymbol{P}_i\boldsymbol{e}(k+1)+\boldsymbol{y}_d(k)\boldsymbol{W}_i\boldsymbol{y}_d(k)$$

$$+\boldsymbol{s}^{\mathrm{T}}(k+1)\boldsymbol{s}(k+1)|\boldsymbol{\zeta}_1(k)\}-\beta\boldsymbol{x}_c^{\mathrm{T}}(k)\boldsymbol{P}_i\boldsymbol{x}_c(k)-\beta\boldsymbol{e}^{\mathrm{T}}(k)\boldsymbol{P}_i\boldsymbol{e}(k)$$

$$-\beta\boldsymbol{y}_d^{\mathrm{T}}(k-1)\boldsymbol{W}_i\boldsymbol{y}_d(k-1)-\beta\boldsymbol{s}^{\mathrm{T}}(k)\boldsymbol{s}(k) \tag{7.14}$$

其中，$\boldsymbol{\zeta}_1(k)=[\boldsymbol{x}_c^{\mathrm{T}}(k)\boldsymbol{e}^{\mathrm{T}}(k)\boldsymbol{y}_d^{\mathrm{T}}(k-1)\boldsymbol{s}^{\mathrm{T}}(k)]^{\mathrm{T}}$。

对式 (7.6) 进一步表示为：

$$\begin{aligned}\boldsymbol{y}_d(k)&=(1-\alpha)(\boldsymbol{y}(k)-\boldsymbol{e}_y(k))+\alpha\boldsymbol{y}_d(k-1)\\&=(1-\alpha)(\boldsymbol{C}_i\boldsymbol{e}(k)+\boldsymbol{C}_i\boldsymbol{x}_c(k))-(1-\alpha)\boldsymbol{e}_y(k)+\alpha\boldsymbol{y}_d(k-1)\end{aligned} \tag{7.15}$$

将式 (7.15) 代入式 (7.9) 中，同时考虑 $\mathcal{E}\{\alpha\}=\bar{\alpha}$，$\mathcal{E}\{(1-\alpha)^2\}=1-\bar{\alpha}$，因此，式 (7.14) 中第一项可得：

$$\begin{aligned}&\mathcal{E}\{\boldsymbol{x}_c^{\mathrm{T}}(k+1)\boldsymbol{P}_i\boldsymbol{x}_c(k+1)|\boldsymbol{\zeta}_1(k)\}\\&\leqslant 3\boldsymbol{x}_c^{\mathrm{T}}(k)\boldsymbol{A}_i^{\mathrm{T}}\left[\boldsymbol{I}-\frac{1}{\alpha_1}\boldsymbol{B}_i(\boldsymbol{G}_i\boldsymbol{B}_i)^{-1}\boldsymbol{G}_i\right]^{\mathrm{T}}\boldsymbol{P}_i\left[\boldsymbol{I}-\frac{1}{\alpha_1}\boldsymbol{B}_i(\boldsymbol{G}_i\boldsymbol{B}_i)^{-1}\boldsymbol{G}_i\right]\boldsymbol{A}_i\boldsymbol{x}_c(k)\\&\quad+\mathcal{E}\{3(\boldsymbol{y}_d(k)-\boldsymbol{C}_i\boldsymbol{x}_c(k))^{\mathrm{T}}\boldsymbol{L}_i^{\mathrm{T}}[\boldsymbol{I}-\boldsymbol{B}_i(\boldsymbol{G}_i\boldsymbol{B}_i)^{-1}\boldsymbol{G}_i]^{\mathrm{T}}\boldsymbol{P}_i[\boldsymbol{I}-\boldsymbol{B}_i(\boldsymbol{G}_i\boldsymbol{B}_i)^{-1}\boldsymbol{G}_i]\boldsymbol{L}_i\\&\quad\times(\boldsymbol{y}_d(k)-\boldsymbol{C}_i\boldsymbol{x}_c(k))|\boldsymbol{\zeta}_1(k)\}+3\boldsymbol{\eta}_s^{\mathrm{T}}(k)\boldsymbol{B}_i^{\mathrm{T}}\boldsymbol{P}_i\boldsymbol{B}_i\boldsymbol{\eta}_s(k)\\&\leqslant 3\boldsymbol{x}_c^{\mathrm{T}}(k)\boldsymbol{A}_i^{\mathrm{T}}\boldsymbol{P}_i\boldsymbol{A}_i\boldsymbol{x}_c(k)+\frac{3(2\bar{\alpha}-1)}{\alpha_1^2}\boldsymbol{x}_c^{\mathrm{T}}(k)\boldsymbol{A}_i^{\mathrm{T}}\boldsymbol{G}_i^{\mathrm{T}}(\boldsymbol{G}_i\boldsymbol{B}_i)^{-1}\boldsymbol{G}_i\boldsymbol{A}_i\boldsymbol{x}_c(k)\\&\quad+3\bar{\alpha}(\boldsymbol{L}_i\boldsymbol{C}_i\boldsymbol{x}_c(k)-\boldsymbol{L}_i\boldsymbol{y}_d(k-1))^{\mathrm{T}}\boldsymbol{P}_i(\boldsymbol{L}_i\boldsymbol{C}_i\boldsymbol{x}_c(k)-\boldsymbol{L}_i\boldsymbol{y}_d(k-1))\\&\quad+3\alpha_1(\boldsymbol{L}_i\boldsymbol{C}_i\boldsymbol{e}(k)-\boldsymbol{L}_i\boldsymbol{e}_y(k))^{\mathrm{T}}\boldsymbol{P}_i(\boldsymbol{L}_i\boldsymbol{C}_i\boldsymbol{e}(k)-\boldsymbol{L}_i\boldsymbol{e}_y(k))+3\boldsymbol{\eta}_s^{\mathrm{T}}(k)\boldsymbol{B}_i^{\mathrm{T}}\boldsymbol{P}_i\boldsymbol{B}_i\boldsymbol{\eta}_s(k)\end{aligned} \tag{7.16}$$

其中，$\boldsymbol{\eta}_s(k)\overset{\mathrm{def}}{=\!=}-d_i\|\boldsymbol{x}_c(k)\|\mathrm{sgn}(\boldsymbol{s}(k))$。

由关系式 (7.15)，式 (7.14) 中第二项可以写为：

$$\begin{aligned}&\mathcal{E}\{\boldsymbol{e}^{\mathrm{T}}(k+1)\boldsymbol{P}_i\boldsymbol{e}(k+1)|\boldsymbol{\zeta}_1(k)\}\\&=(\boldsymbol{e}^{\mathrm{T}}(k)\bar{\boldsymbol{A}}_i^{\mathrm{T}}\boldsymbol{P}_i\bar{\boldsymbol{A}}_i\boldsymbol{e}(k)+2\boldsymbol{e}^{\mathrm{T}}(k)\bar{\boldsymbol{A}}_i^{\mathrm{T}}\boldsymbol{P}_i\Delta\boldsymbol{A}_i\boldsymbol{x}_c(k)\\&\quad+2\alpha_1\boldsymbol{e}^{\mathrm{T}}(k)\bar{\boldsymbol{A}}_i^{\mathrm{T}}\boldsymbol{P}_i\boldsymbol{L}_i\boldsymbol{e}_y(k)+\boldsymbol{x}_c^{\mathrm{T}}(k)\Delta\boldsymbol{A}_i^{\mathrm{T}}\boldsymbol{P}_i\Delta\boldsymbol{A}_i\boldsymbol{x}_c(k)+2\alpha_1\boldsymbol{x}_c^{\mathrm{T}}(k)\Delta\boldsymbol{A}_i^{\mathrm{T}}\boldsymbol{P}_i\\&\quad\times\boldsymbol{L}_i\boldsymbol{e}_y(k)+2\alpha_1\boldsymbol{e}_y^{\mathrm{T}}(k)\boldsymbol{L}_i^{\mathrm{T}}\boldsymbol{P}_i\boldsymbol{B}_i\boldsymbol{f}_i(\boldsymbol{x}(k)))+[-2\alpha_1\boldsymbol{e}^{\mathrm{T}}(k)(\boldsymbol{L}_i\boldsymbol{C}_i)^{\mathrm{T}}\boldsymbol{P}_i\bar{\boldsymbol{A}}_i\boldsymbol{e}(k)\\&\quad-2\alpha_1\boldsymbol{e}^{\mathrm{T}}(k)(\boldsymbol{L}_i\boldsymbol{C}_i)^{\mathrm{T}}\boldsymbol{P}_i\Delta\boldsymbol{A}_i\boldsymbol{x}_c(k)+2\boldsymbol{x}_c^{\mathrm{T}}(k)\Delta\boldsymbol{A}_i^{\mathrm{T}}\boldsymbol{P}_i\boldsymbol{B}_i\boldsymbol{f}_i(\boldsymbol{x}(k))]\\&\quad+[2\bar{\alpha}\boldsymbol{e}^{\mathrm{T}}(k)\bar{\boldsymbol{A}}_i^{\mathrm{T}}\boldsymbol{P}_i\boldsymbol{L}_i\boldsymbol{C}_i\boldsymbol{x}_c(k)+2\bar{\alpha}\boldsymbol{x}_c^{\mathrm{T}}(k)\Delta\boldsymbol{A}_i^{\mathrm{T}}\boldsymbol{P}_i\boldsymbol{L}_i\boldsymbol{C}_i\boldsymbol{x}_c(k)\\&\quad-2\bar{\alpha}\boldsymbol{x}_c^{\mathrm{T}}(k)(\boldsymbol{L}_i\boldsymbol{C}_i)^{\mathrm{T}}\boldsymbol{P}_i\boldsymbol{L}_i\boldsymbol{y}_d(k-1)-2\bar{\alpha}\boldsymbol{e}^{\mathrm{T}}(k)\bar{\boldsymbol{A}}_i^{\mathrm{T}}\boldsymbol{P}_i\boldsymbol{L}_i\boldsymbol{y}_d(k-1)\end{aligned}$$

$$+\bar{\alpha}\boldsymbol{y}_d^{\mathrm{T}}(k-1)\boldsymbol{L}_i^{\mathrm{T}}\boldsymbol{P}_i\boldsymbol{L}_i\boldsymbol{y}_d(k-1)]+[\alpha_1(\boldsymbol{L}_i\boldsymbol{C}_i\boldsymbol{e}(k)-\boldsymbol{L}_i\boldsymbol{e}_y(k))^{\mathrm{T}}\boldsymbol{P}_i(\boldsymbol{L}_i\boldsymbol{C}_i\boldsymbol{e}(k)$$

$$-\boldsymbol{L}_i\boldsymbol{e}_y(k))]+(\bar{\alpha}\boldsymbol{x}_c^{\mathrm{T}}(k)(\boldsymbol{L}_i\boldsymbol{C}_i)^{\mathrm{T}}\boldsymbol{P}_i\boldsymbol{L}_i\boldsymbol{C}_i\boldsymbol{x}_c(k)+2\boldsymbol{e}^{\mathrm{T}}(k)\bar{\boldsymbol{A}}_i^{\mathrm{T}}\boldsymbol{P}_i\boldsymbol{B}_i\boldsymbol{f}_i(\boldsymbol{x}(k))$$

$$-2\alpha_1\boldsymbol{e}^{\mathrm{T}}(k)(\boldsymbol{L}_i\boldsymbol{C}_i)^{\mathrm{T}}\boldsymbol{P}_i\boldsymbol{B}_i\boldsymbol{f}_i(\boldsymbol{x}(k))+2\bar{\alpha}\boldsymbol{x}_c^{\mathrm{T}}(k)(\boldsymbol{L}_i\boldsymbol{C}_i)^{\mathrm{T}}\boldsymbol{P}_i\boldsymbol{B}_i\boldsymbol{f}_i(\boldsymbol{x}(k)))$$

$$-2\bar{\alpha}\boldsymbol{x}_c^{\mathrm{T}}(k)\Delta\boldsymbol{A}_i^{\mathrm{T}}\boldsymbol{P}_i\boldsymbol{L}_i\boldsymbol{y}_d(k-1)-2\bar{\alpha}\boldsymbol{y}_d^{\mathrm{T}}(k-1)\boldsymbol{L}_i^{\mathrm{T}}\boldsymbol{P}_i\boldsymbol{B}_i\boldsymbol{f}_i(\boldsymbol{x}(k))$$

$$+\boldsymbol{f}_i^{\mathrm{T}}(\boldsymbol{x}(k))\boldsymbol{B}_i^{\mathrm{T}}\boldsymbol{P}_i\boldsymbol{B}_i\boldsymbol{f}_i(\boldsymbol{x}(k)) \tag{7.17}$$

另外，有下列关系式成立

$$2\alpha_1\boldsymbol{e}_y^{\mathrm{T}}(k)\boldsymbol{L}_i^{\mathrm{T}}\boldsymbol{P}_i\boldsymbol{B}_i\boldsymbol{f}_i(\boldsymbol{x}(k))\leqslant\alpha_1^2\boldsymbol{e}_y^{\mathrm{T}}(k)\boldsymbol{L}_i^{\mathrm{T}}\boldsymbol{P}_i\boldsymbol{L}_i\boldsymbol{e}_y(k)+\boldsymbol{f}_i^{\mathrm{T}}(\boldsymbol{x}(k))\boldsymbol{B}_i^{\mathrm{T}}\boldsymbol{P}_i\boldsymbol{B}_i\boldsymbol{f}_i(\boldsymbol{x}(k)) \tag{7.18}$$

$$-2\alpha_1\boldsymbol{e}^{\mathrm{T}}(k)(\boldsymbol{L}_i\boldsymbol{C}_i)^{\mathrm{T}}\boldsymbol{P}_i\bar{\boldsymbol{A}}_i\boldsymbol{e}(k)\leqslant\alpha_1^2\boldsymbol{e}^{\mathrm{T}}(k)(\boldsymbol{L}_i\boldsymbol{C}_i)^{\mathrm{T}}\boldsymbol{P}_i\boldsymbol{L}_i\boldsymbol{C}_i\boldsymbol{e}(k)+\boldsymbol{e}^{\mathrm{T}}(k)\bar{\boldsymbol{A}}_i^{\mathrm{T}}\boldsymbol{P}_i\bar{\boldsymbol{A}}_i\boldsymbol{e}(k) \tag{7.19}$$

$$2\boldsymbol{x}_c^{\mathrm{T}}(k)\Delta\boldsymbol{A}_i^{\mathrm{T}}\boldsymbol{P}_i\boldsymbol{B}_i\boldsymbol{f}_i(\boldsymbol{x}(k))\leqslant\boldsymbol{x}_c^{\mathrm{T}}(k)\Delta\boldsymbol{A}_i^{\mathrm{T}}\boldsymbol{P}_i\Delta\boldsymbol{A}_i\boldsymbol{x}_c(k)+\boldsymbol{f}_i^{\mathrm{T}}(\boldsymbol{x}(k))\boldsymbol{B}_i^{\mathrm{T}}\boldsymbol{P}_i\boldsymbol{B}_i\boldsymbol{f}_i(\boldsymbol{x}(k)) \tag{7.20}$$

$$2\bar{\alpha}\boldsymbol{x}_c^{\mathrm{T}}(k)\Delta\boldsymbol{A}_i^{\mathrm{T}}\boldsymbol{P}_i\boldsymbol{L}_i\boldsymbol{C}_i\boldsymbol{x}_c(k)\leqslant\bar{\alpha}\boldsymbol{x}_c^{\mathrm{T}}(k)(\boldsymbol{L}_i\boldsymbol{C}_i)^{\mathrm{T}}\boldsymbol{P}_i\boldsymbol{L}_i\boldsymbol{C}_i\boldsymbol{x}_c(k)+\bar{\alpha}\boldsymbol{x}_c^{\mathrm{T}}(k)\Delta\boldsymbol{A}_i^{\mathrm{T}}\boldsymbol{P}_i\Delta\boldsymbol{A}_i\boldsymbol{x}_c(k) \tag{7.21}$$

因此，考虑式 (7.18) ～式 (7.21) 和表达式 $\alpha_1\boldsymbol{e}^{\mathrm{T}}(k)\bar{\boldsymbol{A}}_i^{\mathrm{T}}\boldsymbol{P}_i(\boldsymbol{A}_i+\Delta\boldsymbol{A}_i)\boldsymbol{e}(k)$，由式 (7.17) 可得到：

$$\mathcal{E}\{\boldsymbol{e}^{\mathrm{T}}(k+1)\boldsymbol{P}_i\boldsymbol{e}(k+1)|\zeta_1(k)\}$$

$$\leqslant(\bar{\boldsymbol{A}}_i\boldsymbol{e}(k)+\Delta\boldsymbol{A}_i\boldsymbol{x}_c(k)+\alpha_1\boldsymbol{L}_i\boldsymbol{e}_y(k))^{\mathrm{T}}\boldsymbol{P}_i[(\boldsymbol{A}_i+\Delta\boldsymbol{A}_i)\boldsymbol{e}(k)+\Delta\boldsymbol{A}_i\boldsymbol{x}_c(k)$$

$$+\alpha_1\boldsymbol{L}_i\boldsymbol{e}_y(k)]+(\alpha_1\boldsymbol{L}_i\boldsymbol{C}_i\boldsymbol{e}(k)-\Delta\boldsymbol{A}_i\boldsymbol{x}_c(k))^{\mathrm{T}}\boldsymbol{P}_i(\alpha_1\boldsymbol{L}_i\boldsymbol{C}_i\boldsymbol{e}(k)-\Delta\boldsymbol{A}_i\boldsymbol{x}_c(k))$$

$$+\bar{\alpha}(\boldsymbol{L}_i\boldsymbol{C}_i\boldsymbol{x}_c(k)+\bar{\boldsymbol{A}}_i\boldsymbol{e}(k)-\boldsymbol{L}_i\boldsymbol{y}_d(k-1))^{\mathrm{T}}\boldsymbol{P}_i(\boldsymbol{L}_i\boldsymbol{C}_i\boldsymbol{x}_c(k)+\bar{\boldsymbol{A}}_i$$

$$\times\boldsymbol{e}(k)-\boldsymbol{L}_i\boldsymbol{y}_d(k-1))+\alpha_1(\boldsymbol{L}_i\boldsymbol{C}_i\boldsymbol{e}(k)-\boldsymbol{L}_i\boldsymbol{e}_y(k))^{\mathrm{T}}\boldsymbol{P}_i(\boldsymbol{L}_i\boldsymbol{C}_i\boldsymbol{e}(k)-\boldsymbol{L}_i\boldsymbol{e}_y(k))$$

$$+[(2-\bar{\alpha})\boldsymbol{e}^{\mathrm{T}}(k)\bar{\boldsymbol{A}}_i^{\mathrm{T}}\boldsymbol{P}_i(\boldsymbol{A}_i+\Delta\boldsymbol{A}_i)\boldsymbol{e}(k)+\alpha_2\boldsymbol{x}_c^{\mathrm{T}}(k)\Delta\boldsymbol{A}_i^{\mathrm{T}}\boldsymbol{P}_i\Delta\boldsymbol{A}_i\boldsymbol{x}_c(k)$$

$$+(\bar{\alpha}+\bar{\alpha}^2)\boldsymbol{x}_c^{\mathrm{T}}(k)(\boldsymbol{L}_i\boldsymbol{C}_i)^{\mathrm{T}}\boldsymbol{P}_i\boldsymbol{L}_i\boldsymbol{C}_i\boldsymbol{x}_c(k)+\alpha_1^2\boldsymbol{e}^{\mathrm{T}}(k)(\boldsymbol{L}_i\boldsymbol{C}_i)^{\mathrm{T}}\boldsymbol{P}_i\boldsymbol{L}_i\boldsymbol{C}_i\boldsymbol{e}(k)$$

$$+2\bar{\alpha}^2\boldsymbol{y}_d^{\mathrm{T}}(k-1)\boldsymbol{L}_i^{\mathrm{T}}\boldsymbol{P}_i\boldsymbol{L}_i\boldsymbol{y}_d(k-1)+7\boldsymbol{f}_i^{\mathrm{T}}(\boldsymbol{x}(k))\boldsymbol{B}_i^{\mathrm{T}}\boldsymbol{P}_i\boldsymbol{B}_i\boldsymbol{f}_i(\boldsymbol{x}(k))] \tag{7.22}$$

另外，式 (7.14) 第三项可以写成：

$$\mathcal{E}\{\boldsymbol{y}_d(k)\boldsymbol{W}_i\boldsymbol{y}_d(k)|\boldsymbol{\zeta}_1(k)\}$$

$$=\mathcal{E}\{[(1-\alpha)\boldsymbol{C}_i\boldsymbol{e}(k)+(1-\alpha)\boldsymbol{C}_i\boldsymbol{x}_c(k)-(1-\alpha)\boldsymbol{e}_y(k)+\alpha\boldsymbol{y}_d(k-1)]^{\mathrm{T}}\boldsymbol{W}_i$$

$$\times[(1-\alpha)\boldsymbol{C}_i\boldsymbol{e}(k)+(1-\alpha)\boldsymbol{C}_i\boldsymbol{x}_c(k)-(1-\alpha)\boldsymbol{e}_y(k)+\alpha\boldsymbol{y}_d(k-1)]|\boldsymbol{\zeta}1(k)\}$$

$$=\alpha_1\boldsymbol{e}^{\mathrm{T}}(k)\boldsymbol{C}_i^{\mathrm{T}}\boldsymbol{W}_i\boldsymbol{C}_i\boldsymbol{e}(k)+2\alpha_1\boldsymbol{e}^{\mathrm{T}}(k)\boldsymbol{C}_i^{\mathrm{T}}\boldsymbol{W}_i\boldsymbol{C}_i\boldsymbol{x}_c(k)-2\alpha_1\boldsymbol{e}^{\mathrm{T}}(k)\boldsymbol{C}_i^{\mathrm{T}}\boldsymbol{W}_i\boldsymbol{e}_y(k)$$

$$+\alpha_1\boldsymbol{x}_c^{\mathrm{T}}(k)\boldsymbol{C}_i^{\mathrm{T}}\boldsymbol{W}_i\boldsymbol{C}_i\boldsymbol{x}_c(k)-2\alpha_1\boldsymbol{x}_c^{\mathrm{T}}(k)\boldsymbol{C}_i^{\mathrm{T}}\boldsymbol{W}_i\boldsymbol{e}_y(k)+\alpha_1\boldsymbol{e}_y^{\mathrm{T}}(k)\boldsymbol{W}_i\boldsymbol{e}_y(k)$$

$$+\bar{\alpha}\boldsymbol{y}_d^{\mathrm{T}}(k-1)\boldsymbol{W}_i\boldsymbol{y}_d(k-1). \tag{7.23}$$

由式 (7.7) 和式 (7.8)，可得：

$$\boldsymbol{s}(k+1)=-(1-\bar{\alpha})d_i\boldsymbol{G}_i\boldsymbol{B}_i\|\boldsymbol{x}_c(k)\|\mathrm{sgn}(\boldsymbol{s}(k)) \tag{7.24}$$

因此，由式 (7.16) 和式 (7.22) ～式 (7.24)，式 (7.14) 可得：

$$\mathcal{E}\{\boldsymbol{V}_1(k+1)|\boldsymbol{\zeta}_1(k)\}-\beta\boldsymbol{V}_1(k)$$

$$\leqslant \boldsymbol{x}_c^{\mathrm{T}}(k)\left[3\boldsymbol{A}_i^{\mathrm{T}}\boldsymbol{P}_i\boldsymbol{A}_i+\frac{3(2\bar{\alpha}-1)}{\alpha_1^2}\boldsymbol{A}_i^{\mathrm{T}}\boldsymbol{G}_i^{\mathrm{T}}(\boldsymbol{G}_i\boldsymbol{B}_i)^{-1}\boldsymbol{G}_i\boldsymbol{A}_i+\alpha_2\Delta\boldsymbol{A}_i^{\mathrm{T}}\boldsymbol{P}_i\Delta\boldsymbol{A}_i\right.$$

$$\left.+(\bar{\alpha}+\bar{\alpha}^2)(\boldsymbol{L}_i\boldsymbol{C}_i)^{\mathrm{T}}\boldsymbol{P}_i\boldsymbol{L}_i\boldsymbol{C}_i+\alpha_1\boldsymbol{C}_i^{\mathrm{T}}\boldsymbol{W}_i\boldsymbol{C}_i-\beta\boldsymbol{P}_i\right]\boldsymbol{x}_c(k)+\boldsymbol{e}^{\mathrm{T}}(k)[(2-\bar{\alpha})(\boldsymbol{A}_i$$

$$+\Delta\boldsymbol{A}_i)^{\mathrm{T}}\boldsymbol{P}_i\bar{\boldsymbol{A}}_i+\alpha_1^2(\boldsymbol{L}_i\boldsymbol{C}_i)^{\mathrm{T}}\boldsymbol{P}_i\boldsymbol{L}_i\boldsymbol{C}_i+\alpha_1\boldsymbol{C}_i^{\mathrm{T}}\boldsymbol{W}_i\boldsymbol{C}_i-\beta\boldsymbol{P}_i]\boldsymbol{e}(k)$$

$$+\boldsymbol{y}_d^{\mathrm{T}}(k-1)(2\bar{\alpha}^2\boldsymbol{L}_i^{\mathrm{T}}\boldsymbol{P}_i\boldsymbol{L}_i+\bar{\alpha}\boldsymbol{W}_i-\beta\boldsymbol{W}_i)\boldsymbol{y}_d(k-1)+\alpha_1\boldsymbol{e}_y^{\mathrm{T}}(k)\boldsymbol{W}_i\boldsymbol{e}_y(k)$$

$$+7\boldsymbol{f}_i^{\mathrm{T}}(\boldsymbol{x}(k))\boldsymbol{B}_i^{\mathrm{T}}\boldsymbol{P}_i\boldsymbol{B}_i\boldsymbol{f}_i(\boldsymbol{x}(k))+2\alpha_1\boldsymbol{e}^{\mathrm{T}}(k)\boldsymbol{C}_i^{\mathrm{T}}\boldsymbol{W}_i\boldsymbol{C}_i\boldsymbol{x}_c(k)-2\alpha_1\boldsymbol{e}^{\mathrm{T}}(k)\boldsymbol{C}_i^{\mathrm{T}}\boldsymbol{W}_i\boldsymbol{e}_y(k)$$

$$-2\alpha_1\boldsymbol{x}_c^{\mathrm{T}}(k)\boldsymbol{C}_i^{\mathrm{T}}\boldsymbol{W}_i\boldsymbol{e}_y(k)+3\bar{\alpha}(\boldsymbol{L}_i\boldsymbol{C}_i\boldsymbol{x}_c(k)-\boldsymbol{L}_i\boldsymbol{y}_d(k-1))^{\mathrm{T}}\boldsymbol{P}_i(\boldsymbol{L}_i\boldsymbol{C}_i\boldsymbol{x}_c(k)$$

$$-\boldsymbol{L}_i\boldsymbol{y}_d(k-1))+3\alpha_1(\boldsymbol{L}_i\boldsymbol{C}_i\boldsymbol{e}(k)-\boldsymbol{L}_i\boldsymbol{e}_y(k))^{\mathrm{T}}\boldsymbol{P}_i(\boldsymbol{L}_i\boldsymbol{C}_i\boldsymbol{e}(k)-\boldsymbol{L}_i\boldsymbol{e}_y(k))$$

$$+(\bar{\boldsymbol{A}}_i\boldsymbol{e}(k)+\Delta\boldsymbol{A}_i\boldsymbol{x}_c(k)+\alpha_1\boldsymbol{L}_i\boldsymbol{e}_y(k))^{\mathrm{T}}\boldsymbol{P}_i[(\boldsymbol{A}_i+\Delta\boldsymbol{A}_i)\boldsymbol{e}(k)+\Delta\boldsymbol{A}_i\boldsymbol{x}_c(k)$$

$$+\alpha_1\boldsymbol{L}_i\boldsymbol{e}_y(k)]+(\alpha_1\boldsymbol{L}_i\boldsymbol{C}_i\boldsymbol{e}(k)-\Delta\boldsymbol{A}_i\boldsymbol{x}_c(k))^{\mathrm{T}}\boldsymbol{P}_i(\alpha_1\boldsymbol{L}_i\boldsymbol{C}_i\boldsymbol{e}(k)-\Delta\boldsymbol{A}_i\boldsymbol{x}_c(k))$$

$$+\bar{\alpha}(\boldsymbol{L}_i\boldsymbol{C}_i\boldsymbol{x}_c(k)+\bar{\boldsymbol{A}}_i\boldsymbol{e}(k)-\boldsymbol{L}_i\boldsymbol{y}_d(k-1))^{\mathrm{T}}\boldsymbol{P}_i[\boldsymbol{L}_i\boldsymbol{C}_i\boldsymbol{x}_c(k)+(\boldsymbol{A}_i$$

$$+\Delta\boldsymbol{A}_i)\boldsymbol{e}(k)-\boldsymbol{L}_i\boldsymbol{y}_d(k-1)]+\alpha_1(\boldsymbol{L}_i\boldsymbol{C}_i\boldsymbol{e}(k)-\boldsymbol{L}_i\boldsymbol{e}_y(k))^{\mathrm{T}}\boldsymbol{P}_i(\boldsymbol{L}_i\boldsymbol{C}_i\boldsymbol{e}(k)-\boldsymbol{L}_i\boldsymbol{e}_y(k))$$

$$+3\boldsymbol{\eta}_s^{\mathrm{T}}(k)\boldsymbol{B}_i^{\mathrm{T}}\boldsymbol{P}_i\boldsymbol{B}_i\boldsymbol{\eta}_s(k)+\alpha_1^2\boldsymbol{\eta}_s^{\mathrm{T}}(k)\boldsymbol{B}_i^{\mathrm{T}}\boldsymbol{G}_i^{\mathrm{T}}\boldsymbol{G}_i\boldsymbol{B}_i\boldsymbol{\eta}_s(k)-\beta\boldsymbol{s}^{\mathrm{T}}(k)\boldsymbol{s}(k) \tag{7.25}$$

由事件触发机制可知，只有在触发时刻，系统才会满足触发条件，而在触发间隔内，系统并不满足触发条件。因此，考虑到事件触发条件(7.5)，可得到以下关系：

$$
\begin{aligned}
&\mathcal{E}\{\boldsymbol{V}_1(k+1)|\boldsymbol{\zeta}_1(k)\}-\beta\boldsymbol{V}_1(k)\\
\leqslant\ &\mathcal{E}\{\boldsymbol{V}_1(k+1)|\boldsymbol{\zeta}_1(k)\}-\beta\boldsymbol{V}_1(k)-\boldsymbol{e}_y^{\mathrm{T}}(k)\boldsymbol{U}_i\boldsymbol{e}_y(k)+\epsilon_i\boldsymbol{y}^{\mathrm{T}}(\bar{k}_j)\boldsymbol{U}_i\boldsymbol{y}(\bar{k}_j)\\
=\ &\mathcal{E}\{\boldsymbol{V}_1(k+1)|\boldsymbol{\zeta}_1(k)\}-\beta\boldsymbol{V}_1(k)+\epsilon_i\boldsymbol{x}_c^{\mathrm{T}}(k)\boldsymbol{C}_i^{\mathrm{T}}\boldsymbol{U}_i\boldsymbol{C}_i\boldsymbol{x}_c(k)\\
&+2\epsilon_i\boldsymbol{x}_c^{\mathrm{T}}(k)\boldsymbol{C}_i^{\mathrm{T}}\boldsymbol{U}_i\boldsymbol{C}_i\boldsymbol{e}(k)-2\epsilon_i\boldsymbol{x}_c^{\mathrm{T}}(k)\boldsymbol{C}_i^{\mathrm{T}}\boldsymbol{U}_i\boldsymbol{e}_y(k)+\epsilon_i\boldsymbol{e}^{\mathrm{T}}(k)\boldsymbol{C}_i^{\mathrm{T}}\boldsymbol{U}_i\boldsymbol{C}_i\boldsymbol{e}(k)\\
&-2\epsilon_i\boldsymbol{e}^{\mathrm{T}}(k)\boldsymbol{C}_i^{\mathrm{T}}\boldsymbol{U}_i\boldsymbol{e}_y(k)+(\epsilon_i-1)\boldsymbol{e}_y^{\mathrm{T}}(k)\boldsymbol{U}_i\boldsymbol{e}_y(k)
\end{aligned}\tag{7.26}
$$

由关系式 $\|\boldsymbol{f}_i(\boldsymbol{x}(k))\|\leqslant d_i\|\boldsymbol{x}(k)\|$ 和条件 (7.11)，可得

$$
\boldsymbol{f}_i^{\mathrm{T}}(\boldsymbol{x}(k))\boldsymbol{B}_i^{\mathrm{T}}\boldsymbol{P}_i\boldsymbol{B}_i\boldsymbol{f}_i(\boldsymbol{x}(k))\leqslant\xi_i d_i^2(\boldsymbol{x}_c^{\mathrm{T}}(k)\boldsymbol{x}_c(k)+2\boldsymbol{x}_c^{\mathrm{T}}(k)\boldsymbol{e}(k)+\boldsymbol{e}^{\mathrm{T}}(k)\boldsymbol{e}(k))\tag{7.27}
$$

因此，由式 (7.25) ～式 (7.27)，可得

$$
\begin{aligned}
&\mathcal{E}\{\boldsymbol{V}_1(k+1)|\boldsymbol{\zeta}_1(k)\}-\beta\boldsymbol{V}_1(k)\\
\leqslant\ &\boldsymbol{\zeta}_2^{\mathrm{T}}(k)(\boldsymbol{Q}_1-\boldsymbol{Q}_2\boldsymbol{P}^{-1}\boldsymbol{Q}_2^{\mathrm{T}})\boldsymbol{\zeta}_2(k)-[\beta\|\boldsymbol{s}(k)\|^2-d_i^2(\alpha_1^2\lambda_{\max}(\boldsymbol{B}_i^{\mathrm{T}}\boldsymbol{G}_i^{\mathrm{T}}\boldsymbol{G}_i\boldsymbol{B}_i)\\
&+3\lambda_{\max}(\boldsymbol{B}_{\mathrm{i}}^{T}\boldsymbol{P}_i\boldsymbol{B}_i))\|\boldsymbol{x}_c(k)\|^2]
\end{aligned}\tag{7.28}
$$

其中，

$$
\boldsymbol{\zeta}_2(k)=\begin{bmatrix}\boldsymbol{x}_c(k)\\ \boldsymbol{e}(k)\\ \boldsymbol{e}_y(k)\\ \boldsymbol{y}_d(k-1)\end{bmatrix},\quad \mathbb{Q}_1=\begin{bmatrix}\mathbb{Q}_{11} & \mathbb{Q}_{12} & \mathbb{Q}_{13} & 0\\ * & \mathbb{Q}_{22} & \mathbb{Q}_{23} & 0\\ * & * & \mathbb{Q}_{33} & 0\\ * & * & * & \mathbb{Q}_{44}\end{bmatrix}
$$

$$
\mathbb{Q}_2=\left[\begin{matrix}\Delta\boldsymbol{A}_i^{\mathrm{T}}\boldsymbol{P}_i & \Delta\boldsymbol{A}_i^{\mathrm{T}}\boldsymbol{P}_i & \sqrt{\bar{\alpha}}\boldsymbol{C}_i^{\mathrm{T}}\boldsymbol{L}_i^{\mathrm{T}}\boldsymbol{P}_i\\ \bar{\boldsymbol{A}}_i^{\mathrm{T}}\boldsymbol{P}_i & -\alpha_1\boldsymbol{C}_i^{\mathrm{T}}\boldsymbol{L}_i^{\mathrm{T}}\boldsymbol{P}_i & \sqrt{\bar{\alpha}}\bar{\boldsymbol{A}}_i^{\mathrm{T}}\boldsymbol{P}_i\\ \alpha_1\boldsymbol{L}_i^{\mathrm{T}}\boldsymbol{P}_i & 0 & 0\\ 0 & 0 & -\sqrt{\bar{\alpha}}\boldsymbol{L}_i^{\mathrm{T}}\boldsymbol{P}_i\end{matrix}\right.
$$

$$
\left.\begin{matrix}0 & \sqrt{3\bar{\alpha}}\boldsymbol{C}_i^{\mathrm{T}}\boldsymbol{L}_i^{\mathrm{T}}\boldsymbol{P}_i & 0\\ -\sqrt{\alpha_1}\boldsymbol{C}_i^{\mathrm{T}}\boldsymbol{L}_i^{\mathrm{T}}\boldsymbol{P}_i & 0 & \sqrt{3\alpha_1}\boldsymbol{C}_i^{\mathrm{T}}\boldsymbol{L}_i^{\mathrm{T}}\boldsymbol{P}_i\\ \sqrt{\alpha_1}\boldsymbol{L}_i^{\mathrm{T}}\boldsymbol{P}_i & 0 & -\sqrt{3\alpha_1}\boldsymbol{L}_i^{\mathrm{T}}\boldsymbol{P}_i\\ 0 & -\sqrt{3\bar{\alpha}}\boldsymbol{L}_i^{\mathrm{T}}\boldsymbol{P}_i & 0\end{matrix}\right]
$$

$$\boldsymbol{P}=-\operatorname{diag}\left\{\boldsymbol{P}_i,\boldsymbol{P}_i,\boldsymbol{P}_i,\boldsymbol{P}_i,\boldsymbol{P}_i,\boldsymbol{P}_i\right\}$$

以及

$$\boldsymbol{Q}_{11}=3\boldsymbol{A}_i^{\mathrm{T}}\boldsymbol{P}_i\boldsymbol{A}_i+\frac{3(2\bar{\alpha}-1)}{\alpha_1^2}\boldsymbol{A}_i^{\mathrm{T}}\boldsymbol{G}_i^{\mathrm{T}}(\boldsymbol{G}_i\boldsymbol{B}_i)^{-1}\boldsymbol{G}_i\boldsymbol{A}_i+\alpha_2\Delta\boldsymbol{A}_i^{\mathrm{T}}\boldsymbol{P}_i\Delta\boldsymbol{A}_i-\beta\boldsymbol{P}_i$$
$$+(\bar{\alpha}+\bar{\alpha}^2)(\boldsymbol{L}_i\boldsymbol{C}_i)^{\mathrm{T}}\boldsymbol{P}_i\boldsymbol{L}_i\boldsymbol{C}_i+\alpha_1\boldsymbol{C}_i^{\mathrm{T}}\boldsymbol{W}_i\boldsymbol{C}_i+\epsilon_i\boldsymbol{C}_i^{\mathrm{T}}\boldsymbol{U}_i\boldsymbol{C}_i+7\xi_i d_i^2\boldsymbol{I}$$

$$\boldsymbol{Q}_{22}=(2-\bar{\alpha})\bar{\boldsymbol{A}}_i^{\mathrm{T}}\boldsymbol{P}_i\bar{\boldsymbol{A}}_i+\alpha_1^2(\boldsymbol{L}_i\boldsymbol{C}_i)^{\mathrm{T}}\boldsymbol{P}_i\boldsymbol{L}_i\boldsymbol{C}_i$$
$$+\alpha_1\boldsymbol{C}_i^{\mathrm{T}}\boldsymbol{W}_i\boldsymbol{C}_i-\beta\boldsymbol{P}_i+\epsilon_i\boldsymbol{C}_i^{\mathrm{T}}\boldsymbol{U}_i\boldsymbol{C}_i+7\xi_i d_i^2\boldsymbol{I}$$

$$\boldsymbol{Q}_{12}=\epsilon_i\boldsymbol{C}_i^{\mathrm{T}}\boldsymbol{U}_i\boldsymbol{C}_i+\alpha_1\boldsymbol{C}_i^{\mathrm{T}}\boldsymbol{W}_i\boldsymbol{C}_i+7\xi_i d_i^2\boldsymbol{I},\quad \boldsymbol{Q}_{13}=-\epsilon_i\boldsymbol{C}_i^{\mathrm{T}}\boldsymbol{U}_i-\alpha_1\boldsymbol{C}_i^{\mathrm{T}}\boldsymbol{W}_i$$

$$\boldsymbol{Q}_{23}=-\epsilon_i\boldsymbol{C}_i^{\mathrm{T}}\boldsymbol{U}_i-\alpha_1\boldsymbol{C}_i^{\mathrm{T}}\boldsymbol{W}_i,\quad \boldsymbol{Q}_{33}=\alpha_1\boldsymbol{W}_i+\epsilon_i\boldsymbol{U}_i-\boldsymbol{U}_i$$

$$\boldsymbol{Q}_{44}=2\bar{\alpha}^2\boldsymbol{L}_{\mathrm{i}}^{\mathrm{T}}\boldsymbol{P}_i\boldsymbol{L}_i+\bar{\alpha}\boldsymbol{W}_i-\beta\boldsymbol{W}_i$$

应用 Schur 引理，可证得条件 (7.10) 成立可以保证不等式 $\mathbb{Q}_1-\mathbb{Q}_2\mathbb{P}^{-1}\mathbb{Q}_2^{\mathrm{T}}<0$ 成立。这意味着当系统状态在滑动区域 Λ 之外时，即

$$\|\boldsymbol{s}(k)\|>\sqrt{\frac{d_i^2\left[\alpha_1^2\lambda_{\max}(\boldsymbol{B}_i^{\mathrm{T}}\boldsymbol{G}_i^{\mathrm{T}}\boldsymbol{G}_i\boldsymbol{B}_i)+3\lambda_{\max}(\boldsymbol{G}_i\boldsymbol{B}_i)\right]\|\boldsymbol{x}_c(k)\|^2}{\beta}} \tag{7.29}$$

由式 (7.28)，可得

$$\mathcal{E}\{\boldsymbol{V}_1(k+1)|\boldsymbol{\zeta}_3(k)\}\leqslant\beta\boldsymbol{V}_1(k) \tag{7.30}$$

对式 (7.30) 两边取数学期望，则有

$$\mathcal{E}\{\boldsymbol{V}_1(k+1)\}\leqslant\beta\mathcal{E}\{\boldsymbol{V}_1(k)\} \tag{7.31}$$

因此，Lyapunov 函数 $\boldsymbol{V}_1(k)$ 在均方意义上严格单调递减。进而证得，系统状态轨迹将被驱动到滑模面 $\boldsymbol{s}(k)=0$ 的邻域 Λ。证毕。

7.3.3 滑模动态分析

根据滑模控制理论，理想滑模面满足 $\boldsymbol{s}(k+1)=\boldsymbol{s}(k)=0$。由式 (7.7) 得：

$$\boldsymbol{s}(k+1)=\boldsymbol{G}_i\boldsymbol{A}_i\boldsymbol{x}_c(k)+(1-\bar{\alpha})\boldsymbol{G}_i\boldsymbol{B}_i\boldsymbol{u}(k)+(1-\bar{\alpha})\boldsymbol{G}_i\boldsymbol{L}_i(\boldsymbol{y}_d(k)-\boldsymbol{C}_i\boldsymbol{x}_c(k)) \tag{7.32}$$

由式 (7.32)，进而可得等效控制律

$$\boldsymbol{u}_{eq}(k)=-\frac{1}{1-\bar{\alpha}}(\boldsymbol{G}_i\boldsymbol{B}_i)^{-1}[\boldsymbol{G}_i\boldsymbol{A}_i\boldsymbol{x}_c(k)+(1-\bar{\alpha})\boldsymbol{G}_i\boldsymbol{L}_i(\boldsymbol{y}_d(k)-\boldsymbol{C}_i\boldsymbol{x}_c(k))] \tag{7.33}$$

那么，在滑模面 $\boldsymbol{s}(k)=0$ 上的理想滑模动态方程为：

$$\boldsymbol{x}_c(k+1)=\left[\boldsymbol{I}-\frac{1}{1-\bar{\alpha}}\boldsymbol{B}_i(\boldsymbol{G}_i\boldsymbol{B}_i)^{-1}\boldsymbol{G}_i\right]\boldsymbol{A}_i\boldsymbol{x}_c(k)+[\boldsymbol{I}-\boldsymbol{B}_i(\boldsymbol{G}_i\boldsymbol{B}_i)^{-1}\boldsymbol{G}_i]\boldsymbol{L}_i(\boldsymbol{y}_d(k)-\boldsymbol{C}_i\boldsymbol{x}_c(k)) \tag{7.34}$$

下面将给出滑模动态系统均方指数稳定性的充分条件。

定理 7.2 给定参数 $\mu>0$，$0<\beta<1$ 和 $0<\epsilon_i<1$，如果对任意 $i\in\boldsymbol{I}$，存在矩阵 $\boldsymbol{P}_i>0$，$\boldsymbol{W}_i>0$，$\boldsymbol{U}_i>0$ 和参数 $\xi_i>0$ 满足条件 (7.11) 和下列不等式条件：

$$\begin{bmatrix} \tilde{\boldsymbol{\Theta}}_{11} & \boldsymbol{\Theta}_{12} & \boldsymbol{\Theta}_{13} & 0 & \tilde{\boldsymbol{L}}_{1i} \\ * & \boldsymbol{\Theta}_{22} & \boldsymbol{\Theta}_{23} & 0 & \tilde{\boldsymbol{L}}_{2i} \\ * & * & \boldsymbol{\Theta}_{33} & 0 & \tilde{\boldsymbol{L}}_{3i} \\ * & * & * & \boldsymbol{\Theta}_{44} & \tilde{\boldsymbol{L}}_{4i} \\ * & * & * & * & \boldsymbol{P} \end{bmatrix}<0 \tag{7.35}$$

$$\boldsymbol{P}_i\leqslant\mu\boldsymbol{P}_j,\quad \boldsymbol{W}_i\leqslant\mu\boldsymbol{W}_j \tag{7.36}$$

其中，

$$\tilde{\boldsymbol{\Theta}}_{11}=2\boldsymbol{A}_i^{\mathrm{T}}\boldsymbol{P}_i\boldsymbol{A}_i+\frac{2(2\bar{\alpha}-1)}{\alpha_1^2}\boldsymbol{A}_i^{\mathrm{T}}\boldsymbol{G}_i^{\mathrm{T}}(\boldsymbol{G}_i\boldsymbol{B}_i)^{-1}\boldsymbol{G}_i\boldsymbol{A}_i+\alpha_2\Delta\boldsymbol{A}_i^{\mathrm{T}}\boldsymbol{P}_i\Delta\boldsymbol{A}_i$$
$$+(\bar{\alpha}+\bar{\alpha}^2)(\boldsymbol{L}_i\boldsymbol{C}_i)^{\mathrm{T}}\boldsymbol{P}_i\boldsymbol{L}_i\boldsymbol{C}_i+\alpha_1\boldsymbol{C}_i^{\mathrm{T}}\boldsymbol{W}_i\boldsymbol{C}_i-\beta\boldsymbol{P}_i+\epsilon_i\boldsymbol{C}_i^{\mathrm{T}}\boldsymbol{U}_i\boldsymbol{C}_i+7\xi_i d_i^2\boldsymbol{I}$$

$$\tilde{\boldsymbol{L}}_{1i}=\begin{bmatrix}\Delta\boldsymbol{A}_i^{\mathrm{T}}\boldsymbol{P}_i & \Delta\boldsymbol{A}_i^{\mathrm{T}}\boldsymbol{P}_i & \sqrt{\bar{\alpha}}\boldsymbol{C}_i^{\mathrm{T}}\boldsymbol{L}_i^{\mathrm{T}}\boldsymbol{P}_i & 0 & \sqrt{2\bar{\alpha}}\boldsymbol{C}_i^{\mathrm{T}}\boldsymbol{L}_i^{\mathrm{T}}\boldsymbol{P}_i & 0\end{bmatrix}$$

$$\tilde{\boldsymbol{L}}_{2i}=\begin{bmatrix}\bar{\boldsymbol{A}}_i^{\mathrm{T}}\boldsymbol{P}_i & -\alpha_1\boldsymbol{C}_i^{\mathrm{T}}\boldsymbol{L}_i^{\mathrm{T}}\boldsymbol{P}_i & \sqrt{\bar{\alpha}}\bar{\boldsymbol{A}}_i^{\mathrm{T}}\boldsymbol{P}_i & -\sqrt{\alpha_1}\boldsymbol{C}_i^{\mathrm{T}}\boldsymbol{L}_i^{\mathrm{T}}\boldsymbol{P}_i & 0 & \sqrt{2\alpha_1}\boldsymbol{C}_i^{\mathrm{T}}\boldsymbol{L}_i^{\mathrm{T}}\boldsymbol{P}_i\end{bmatrix}$$

$$\tilde{\boldsymbol{L}}_{3i}=\begin{bmatrix}\alpha_1\boldsymbol{L}_i^{\mathrm{T}}\boldsymbol{P}_i & 0 & 0 & \sqrt{\alpha_1}\boldsymbol{L}_i^{\mathrm{T}}\boldsymbol{P}_i & 0 & -\sqrt{2\alpha_1}\boldsymbol{L}_i^{\mathrm{T}}\boldsymbol{P}_i\end{bmatrix}$$

$$\tilde{\boldsymbol{L}}_{4i}=\begin{bmatrix}0 & 0 & -\sqrt{\bar{\alpha}}\boldsymbol{L}_i^{\mathrm{T}}\boldsymbol{P}_i & 0 & -\sqrt{2\bar{\alpha}}\boldsymbol{L}_i^{\mathrm{T}}\boldsymbol{P}_i & 0\end{bmatrix}$$

并且 $\boldsymbol{G}_i=\boldsymbol{B}_i^{\mathrm{T}}\boldsymbol{P}_i$，平均驻留时间满足下面条件

$$\tau_a>\tau_a^*=-\frac{\ln\mu}{\ln\beta} \tag{7.37}$$

则滑模动态系统［式 (7.34)］均方指数稳定。

证明：

选取候选 Lyapunov 函数为：

$$\boldsymbol{V}_2(k)=\boldsymbol{x}_c^{\mathrm{T}}(k)\boldsymbol{P}_{\sigma(k)}\boldsymbol{x}_c(k)+\boldsymbol{e}^{\mathrm{T}}(k)\boldsymbol{P}_{\sigma(k)}\boldsymbol{e}(k)+\boldsymbol{y}_d^{\mathrm{T}}(k-1)\boldsymbol{W}_{\sigma(k)}\boldsymbol{y}_d(k-1) \tag{7.38}$$

其中，$\boldsymbol{\zeta}_3(k)\overset{\text{def}}{=\!=}[\boldsymbol{x}_c^{\mathrm{T}}(k)\boldsymbol{e}^{\mathrm{T}}(k)\boldsymbol{y}_d^{\mathrm{T}}(k-1)]^{\mathrm{T}}$。

当切换信号 $\sigma(k)=i(i\in\mathcal{I})$ 时，则有

$$\begin{aligned}&\mathcal{E}\{\boldsymbol{V}_2(k+1)|\zeta_3(k)\}-\beta\boldsymbol{V}_2(k)\\&=\mathcal{E}\{\boldsymbol{x}_c^{\mathrm{T}}(k+1)\boldsymbol{P}_i\boldsymbol{x}_c(k+1)+\boldsymbol{e}^{\mathrm{T}}(k+1)\boldsymbol{P}_i\boldsymbol{e}(k+1)+\boldsymbol{y}_d(k)\boldsymbol{W}_i\boldsymbol{y}_d(k)|\zeta_3(k)\}\\&\quad-\beta\boldsymbol{x}_c^{\mathrm{T}}(k)\boldsymbol{P}_i\boldsymbol{x}_c(k)-\beta\boldsymbol{e}^{\mathrm{T}}(k)\boldsymbol{P}_i\boldsymbol{e}(k)-\beta\boldsymbol{y}_d^{\mathrm{T}}(k-1)\boldsymbol{W}_i\boldsymbol{y}_d(k-1)\end{aligned} \tag{7.39}$$

类似定理 7.1 中式 (7.14) ～式 (7.28) 推导，我们可以得到

$$\mathcal{E}\{\boldsymbol{V}_2(k+1)|\zeta_3(k)\}-\beta\boldsymbol{V}_2(k)\leqslant\zeta_2^{\mathrm{T}}(k)(\tilde{\boldsymbol{Q}}_1-\tilde{\boldsymbol{Q}}_2\boldsymbol{P}^{-1}\tilde{\boldsymbol{Q}}_2^{\mathrm{T}})\zeta_2(k) \tag{7.40}$$

其中，

$$\tilde{\mathbb{Q}}_1=\begin{bmatrix}\tilde{\mathbb{Q}}_{11} & \epsilon_i\boldsymbol{C}_i^{\mathrm{T}}\boldsymbol{U}_i\boldsymbol{C}_i+\alpha_1\boldsymbol{C}_i^{\mathrm{T}}\boldsymbol{W}_i\boldsymbol{C}_i+7\xi_i d_i^2\boldsymbol{I} & -\epsilon_i\boldsymbol{C}_i^{\mathrm{T}}\boldsymbol{U}_i-\alpha_1\boldsymbol{C}_i^{\mathrm{T}}\boldsymbol{W}_i & 0\\ * & \mathbb{Q}_{22} & -\epsilon_i\boldsymbol{C}_i^{\mathrm{T}}\boldsymbol{U}_i-\alpha_1\boldsymbol{C}_i^{\mathrm{T}}\boldsymbol{W}_i & 0\\ * & * & \mathbb{Q}_{33} & 0\\ * & * & * & \mathbb{Q}_{44}\end{bmatrix},$$

$$\tilde{\mathbb{Q}}_2=\begin{bmatrix}\Delta\boldsymbol{A}_i^{\mathrm{T}}\boldsymbol{P}_i & \Delta\boldsymbol{A}_i^{\mathrm{T}}\boldsymbol{P}_i & \sqrt{\bar{\alpha}}\boldsymbol{C}_i^{\mathrm{T}}\boldsymbol{L}_i^{\mathrm{T}}\boldsymbol{P}_i & 0 & \sqrt{2\bar{\alpha}}\boldsymbol{C}_i^{\mathrm{T}}\boldsymbol{L}_i^{\mathrm{T}}\boldsymbol{P}_i & 0\\ \bar{\boldsymbol{A}}_i^{\mathrm{T}}\boldsymbol{P}_i & -\alpha_1\boldsymbol{C}_i^{\mathrm{T}}\boldsymbol{L}_i^{\mathrm{T}}\boldsymbol{P}_i & \sqrt{\bar{\alpha}}\bar{\boldsymbol{A}}_i^{\mathrm{T}}\boldsymbol{P}_i & -\sqrt{\alpha_1}\boldsymbol{C}_i^{\mathrm{T}}\boldsymbol{L}_i^{\mathrm{T}}\boldsymbol{P}_i & 0 & \sqrt{2\alpha_1}\boldsymbol{C}_i^{\mathrm{T}}\boldsymbol{L}_i^{\mathrm{T}}\boldsymbol{P}_i\\ \alpha_1\boldsymbol{L}_i^{\mathrm{T}}\boldsymbol{P}_i & 0 & 0 & \sqrt{\alpha_1}\boldsymbol{L}_i^{\mathrm{T}}\boldsymbol{P}_i & 0 & -\sqrt{2\alpha_1}\boldsymbol{L}_i^{\mathrm{T}}\boldsymbol{P}_i\\ 0 & 0 & -\sqrt{\bar{\alpha}}\boldsymbol{L}_i^{\mathrm{T}}\boldsymbol{P}_i & 0 & -\sqrt{2\bar{\alpha}}\boldsymbol{L}_i^{\mathrm{T}}\boldsymbol{P}_i & 0\end{bmatrix},$$

并且有

$$\tilde{\mathbb{Q}}_{11}=2\boldsymbol{A}_i^{\mathrm{T}}\boldsymbol{P}_i\boldsymbol{A}_i+\frac{2(2\bar{\alpha}-1)}{\alpha_1^2}\boldsymbol{A}_i^{\mathrm{T}}\boldsymbol{G}_i^{\mathrm{T}}(\boldsymbol{G}_i\boldsymbol{B}_i)^{-1}\boldsymbol{G}_i\boldsymbol{A}_i+\alpha_2\Delta\boldsymbol{A}_i^{\mathrm{T}}\boldsymbol{P}_i\Delta\boldsymbol{A}_i$$

应用 Schur 引理，由条件 (7.35) 成立容易得到 $\tilde{\mathbb{Q}}_1-\tilde{\mathbb{Q}}_2\mathbb{P}^{-1}\tilde{\mathbb{Q}}_2^{\mathrm{T}}<0$ 成立，然后，由式 (7.40) 可得

$$\mathcal{E}\{\boldsymbol{V}_2(k+1)\}-\beta\mathcal{E}\{\boldsymbol{V}_2(k)\}\leqslant 0 \tag{7.41}$$

当 $k\in[k_i,k_{i+1})$ 时，第 i 个子系统被激活，因此，从式 (7.41) 和式 (7.36) 中得到如下不等式：

$$\begin{aligned}\mathcal{E}\{\boldsymbol{V}_2(k)\}&\leqslant\beta^{k-k_i}\mathcal{E}\{\boldsymbol{V}_2(k_i,\sigma(k_i))\}\\&\leqslant\beta^{k-k_i}\mu\mathcal{E}\{\boldsymbol{V}_2(k_i,\sigma(k_{i-1}))\}\end{aligned} \tag{7.42}$$

对式 (7.42) 应用迭代方法可得

$$\begin{aligned}\mathcal{E}\{\boldsymbol{V}_2(k)\}&\leqslant\beta^{k-k_0}\mu^{N_i(k_0,k)}\mathcal{E}\{\boldsymbol{V}_2(k_0)\}\\&\leqslant(\beta\mu^{1/\tau_a})^{k-k_0}\mathcal{E}\{\boldsymbol{V}_2(k_0)\}\end{aligned} \tag{7.43}$$

另外，由式 (7.38) 可得

$$\mathcal{E}\{\boldsymbol{V}_2(k)\}\geqslant a\mathcal{E}\{\|\zeta_3(k)\|^2\} \tag{7.44}$$

$$\mathcal{E}\{\boldsymbol{V}_2(k_0)\}\leqslant b\|\zeta_3(k_0)\|^2 \tag{7.45}$$

其中，$a=\min_{i\in I}\{\lambda_{\min}(\boldsymbol{P}_i),\lambda_{\min}(\boldsymbol{W}_i)\}$，$b=\max_{i\in I}\{\lambda_{\max}(\boldsymbol{P}_i),\lambda_{\max}(\boldsymbol{W}_i)\}$。
将式 (7.43) ～式 (7.45) 进行整合可得

$$\mathcal{E}\{\|\zeta_3(k)\|^2\}\leqslant\frac{b}{a}(\beta\mu^{1/\tau_a})^{k-k_0}\|\zeta_3(k_0)\|^2 \tag{7.46}$$

由于 $\tau_a>-\dfrac{\ln\mu}{\ln\beta}$，则 $0<\beta\mu^{1/\tau_a}<1$，因此，根据定义 7.1，由表达式 (7.46) 可得滑模动态系统［式 (7.34)］是指数稳定的，并且，衰减率 ρ 为 $\rho=1/(\beta\mu^{1/\tau_a})$。
证毕。

注释 7.2　由定理 7.1 可知，动态输出反馈滑模控制律［式 (7.7)］可以将闭环系统［式 (7.9)］状态轨迹驱动到指定滑模面的滑动区域 Λ。应用 Schur 引理，容易证得定理 7.1 中条件 (7.10) 成立可以保证定理 7.2 中条件 (7.35) 成立。因此，条件 (7.10)、(7.11) 和条件 (7.36)、(7.37) 同时成立保证了滑模动态系统可达性和均方指数稳定。

7.3.4 求解算法

注释 7.2 指出条件 (7.10)、(7.11) 和条件 (7.36)、(7.37) 保证了指定滑模面可达性和系统均方指数稳定性。然而，条件 (7.10) 是非线性的，不易求解。因此，下面定理 7.3 进一步建立了基于 LMI 的充分条件，并且保证定理 7.1 和 7.2 中条件 (7.10)、(7.11) 和 (7.35) ～ (7.37) 同时成立。

定理 7.3 考虑切换系统［式 (7.2)］，设计滑模函数 (7.8) 和输出反馈控制器［式 (7.7)］。给定参数 $\mu>0$，$0<\beta<1$ 和 $0<\epsilon_i<1$，如果对任意的 $i\in\mathcal{I}$，存在矩阵 $\boldsymbol{P}_i>0$，$\boldsymbol{W}_i>0$，$\boldsymbol{U}_i>0$，$\boldsymbol{\mathcal{L}}_i$ 和参数 ξ_i、γ_i 满足下列 LMI 条件

$$\begin{bmatrix} \vec{\boldsymbol{\Omega}}_i & \vec{\boldsymbol{\Gamma}}_i & 0 \\ * & \vec{\boldsymbol{P}}_i & \vec{\boldsymbol{L}}_i \\ * & * & -\mathrm{diag}\{\gamma_i\boldsymbol{I},\gamma_i\boldsymbol{I}\} \end{bmatrix}<0 \tag{7.47}$$

$$\begin{bmatrix} -\xi_i\boldsymbol{I} & \boldsymbol{B}_i^{\mathrm{T}}\boldsymbol{P}_i \\ * & -\boldsymbol{P}_i \end{bmatrix}<0 \tag{7.48}$$

$$\boldsymbol{P}_i\leqslant\mu\boldsymbol{P}_j,\ \boldsymbol{W}_i\leqslant\mu\boldsymbol{W}_j \tag{7.49}$$

其中，

$$\vec{\boldsymbol{\Gamma}}_i=\begin{bmatrix} \boldsymbol{\Gamma}_i^{11} & \boldsymbol{\Gamma}_i^{12} \\ \boldsymbol{\Gamma}_i^{21} & \boldsymbol{\Gamma}_i^{22} \end{bmatrix},\quad \vec{\boldsymbol{\Omega}}_i=\begin{bmatrix} \boldsymbol{\Omega}_{11} & \boldsymbol{\Omega}_{12} & \boldsymbol{\Omega}_{13} & 0 \\ * & \boldsymbol{\Omega}_{22} & \boldsymbol{\Omega}_{23} & 0 \\ * & * & \boldsymbol{\Omega}_{33} & 0 \\ * & * & * & \boldsymbol{\Omega}_{44} \end{bmatrix},$$

$$\boldsymbol{\Omega}_{11}=-\beta\boldsymbol{P}_i+\epsilon_i\boldsymbol{C}_i^{\mathrm{T}}\boldsymbol{U}_i\boldsymbol{C}_i+7\xi_i d_i^2\boldsymbol{I}+\gamma_i\boldsymbol{H}_i^{\mathrm{T}}\boldsymbol{H}_i,$$

$$\boldsymbol{\Omega}_{22}=-\beta\boldsymbol{P}_i+\epsilon_i\boldsymbol{C}_i^{\mathrm{T}}\boldsymbol{U}_i\boldsymbol{C}_i+7\xi_i d_i^2\boldsymbol{I}+\gamma_i\boldsymbol{H}_i^{\mathrm{T}}\boldsymbol{H}_i,$$

$$\boldsymbol{\Omega}_{12}=\epsilon_i\boldsymbol{C}_i^{\mathrm{T}}\boldsymbol{U}_i\boldsymbol{C}_i+\alpha_1\boldsymbol{C}_i^{\mathrm{T}}\boldsymbol{W}_i\boldsymbol{C}_i+7\xi_i d_i^2\boldsymbol{I},$$

$$\boldsymbol{\Omega}_{33}=\alpha_1\boldsymbol{W}_i+(\epsilon_i-1)\boldsymbol{U}_i,\quad \boldsymbol{\Omega}_{13}=-\epsilon_i\boldsymbol{C}_i^{\mathrm{T}}\boldsymbol{U}_i-\alpha_1\boldsymbol{C}_i^{\mathrm{T}}\boldsymbol{W}_i,$$

$$\boldsymbol{\Omega}_{23}=-\epsilon_i\boldsymbol{C}_i^{\mathrm{T}}\boldsymbol{U}_i-\alpha_1\boldsymbol{C}_i^{\mathrm{T}}\boldsymbol{W}_i,\quad \boldsymbol{\Omega}_{44}=(\bar{\alpha}-\beta)\boldsymbol{W}_i,$$

$$\boldsymbol{\Gamma}_i^{11}=\begin{bmatrix} 0 & 0 & \sqrt{\bar{\alpha}}\boldsymbol{C}_i^{\mathrm{T}}\boldsymbol{\mathcal{L}}_i & 0 & \sqrt{3\bar{\alpha}}\boldsymbol{C}_i^{\mathrm{T}}\boldsymbol{\mathcal{L}}_i & 0 & \sqrt{3}\boldsymbol{A}_i^{\mathrm{T}}\boldsymbol{P}_i & 0 \\ \boldsymbol{A}_i^{\mathrm{T}}\boldsymbol{P}_i & -\alpha_1\boldsymbol{C}_i^{\mathrm{T}}\boldsymbol{\mathcal{L}}_i & \sqrt{\bar{\alpha}}\boldsymbol{A}_i^{\mathrm{T}}\boldsymbol{P}_i & -\sqrt{\alpha_1}\boldsymbol{C}_i^{\mathrm{T}}\boldsymbol{\mathcal{L}}_i & 0 & \sqrt{3\alpha_1}\boldsymbol{C}_i^{\mathrm{T}}\boldsymbol{\mathcal{L}}_i & 0 & 0 \end{bmatrix},$$

$$\boldsymbol{\Gamma}_i^{21}=\begin{bmatrix} \alpha_1\boldsymbol{\mathcal{L}}_i & 0 & 0 & \sqrt{\alpha_1}\boldsymbol{\mathcal{L}}_i & 0 & -\sqrt{3\alpha_1}\boldsymbol{\mathcal{L}}_i & 0 & 0 \\ 0 & 0 & \sqrt{\bar{\alpha}}\boldsymbol{\mathcal{L}}_i & 0 & -\sqrt{3\bar{\alpha}}\boldsymbol{\mathcal{L}}_i & 0 & 0 & 0 \end{bmatrix},$$

$$\boldsymbol{\Gamma}_i^{12}=\begin{bmatrix} 0 & \dfrac{\sqrt{3(2\bar{\alpha}-1)}}{\alpha_1}\boldsymbol{A}_i^{\mathrm{T}}\boldsymbol{G}_i^{\mathrm{T}} & \sqrt{\bar{\alpha}+\bar{\alpha}^2}\boldsymbol{C}_i^{\mathrm{T}}\boldsymbol{\mathcal{L}}_i & \sqrt{\alpha_1}\boldsymbol{C}_i^{\mathrm{T}}\boldsymbol{W}_i & 0 & 0 & 0 \\ \sqrt{2-\bar{\alpha}}\boldsymbol{A}_i^{\mathrm{T}}\boldsymbol{P}_i & 0 & 0 & 0 & \alpha_1\boldsymbol{C}_i^{\mathrm{T}}\boldsymbol{\mathcal{L}}_i & \sqrt{\alpha_1}\boldsymbol{C}_i^{\mathrm{T}}\boldsymbol{W}_i & 0 \end{bmatrix},$$

$$\boldsymbol{\Gamma}_i^{22}=\begin{bmatrix} 0 & 0 & 0 & 0 & 0 & 0 & 0 \\ 0 & 0 & 0 & 0 & 0 & 0 & \sqrt{2\bar{\alpha}}\boldsymbol{\mathcal{L}}_i \end{bmatrix},$$

$$\vec{\boldsymbol{L}}_i=\begin{bmatrix} \boldsymbol{E}_i^{\mathrm{T}}\boldsymbol{P}_i & \boldsymbol{E}_i^{\mathrm{T}}\boldsymbol{P}_i & 0 & 0 & 0 & 0 & 0 & \sqrt{\alpha_2}\boldsymbol{E}_i^{\mathrm{T}}\boldsymbol{P}_i & 0 \\ \boldsymbol{E}_i^{\mathrm{T}}\boldsymbol{P}_i & 0 & \sqrt{\bar{\alpha}}\boldsymbol{E}_i^{\mathrm{T}}\boldsymbol{P}_i & 0 & 0 & 0 & 0 & 0 & \sqrt{2-\bar{\alpha}}\boldsymbol{E}_i^{\mathrm{T}}\boldsymbol{P}_i \end{bmatrix}^{\mathrm{T}},$$

$$\vec{\boldsymbol{P}}_i=-\mathrm{diag}\left\{\boldsymbol{P}_i,\boldsymbol{P}_i,\boldsymbol{P}_i,\boldsymbol{P}_i,\boldsymbol{P}_i,\boldsymbol{P}_i,\boldsymbol{P}_i,\boldsymbol{P}_i,\boldsymbol{P}_i,\boldsymbol{G}_i\boldsymbol{B}_i,\boldsymbol{P}_i,\boldsymbol{W}_i,\boldsymbol{P}_i,\boldsymbol{W}_i,\boldsymbol{P}_i\right\},$$

同时，平均驻留时间满足下面条件

$$\tau_a>\tau_a^*=-\frac{\ln\mu}{\ln\beta} \tag{7.50}$$

则保证了指定滑模面可达性和滑模动态系统［式(7.34)］均方指数稳定。滑模矩阵 $\boldsymbol{G}_i$ 和观测器增益 $\boldsymbol{L}_i$ 分别为 $\boldsymbol{G}_i=\boldsymbol{B}_i^{\mathrm{T}}\boldsymbol{P}_i$ 和 $\boldsymbol{L}_i=\boldsymbol{P}_i^{-1}\mathcal{L}_i^{\mathrm{T}}$。

证明:

将式(7.10)、式(7.11)和式(7.36)、式(7.37)与条件(7.47)～(7.50)比较，我们只需要证明 LMI 条件 (7.47) 成立就能保证条件 (7.10) 成立。

实际上，应用 Schur 引理，矩阵不等式 (7.10) 等价于以下不等式：

$$\mathbb{Q}_3=\begin{bmatrix}\boldsymbol{\Omega}_{11} & \boldsymbol{\Omega}_{12} & \boldsymbol{\Omega}_{13} & 0 & \boldsymbol{\Upsilon}_{1i}\\ * & \boldsymbol{\Omega}_{22} & \boldsymbol{\Omega}_{23} & 0 & \boldsymbol{\Upsilon}_{2i}\\ * & * & \boldsymbol{\Omega}_{33} & 0 & \boldsymbol{\Upsilon}_{3i}\\ * & * & * & \boldsymbol{\Omega}_{44} & \boldsymbol{\Upsilon}_{4i}\\ * & * & * & * & \boldsymbol{\Upsilon}_{5i}\end{bmatrix}<0 \tag{7.51}$$

其中，

$\boldsymbol{\Omega}_{11}=-\beta\boldsymbol{P}_i+\epsilon_i\boldsymbol{C}_i^{\mathrm{T}}\boldsymbol{U}_i\boldsymbol{C}_i+7\xi_i d_i^2\boldsymbol{I}$,

$\boldsymbol{\Omega}_{22}=-\beta\boldsymbol{P}_i+\epsilon_i\boldsymbol{C}_i^{\mathrm{T}}\boldsymbol{U}_i\boldsymbol{C}_i+7\xi_i d_i^2\boldsymbol{I}$,

$\boldsymbol{\Omega}_{12}=\epsilon_i\boldsymbol{C}_i^{\mathrm{T}}\boldsymbol{U}_i\boldsymbol{C}_i+\alpha_1\boldsymbol{C}_i^{\mathrm{T}}\boldsymbol{W}_i\boldsymbol{C}_i+7\xi_i d_i^2\boldsymbol{I}$,

$\boldsymbol{\Omega}_{13}=-\epsilon_i\boldsymbol{C}_i^{\mathrm{T}}\boldsymbol{U}_i-\alpha_1\boldsymbol{C}_i^{\mathrm{T}}\boldsymbol{W}_i$, $\boldsymbol{\Omega}_{23}=-\epsilon_i\boldsymbol{C}_i^{\mathrm{T}}\boldsymbol{U}_i-\alpha_1\boldsymbol{C}_i^{\mathrm{T}}\boldsymbol{W}_i$,

$\boldsymbol{\Omega}_{33}=\alpha_1\boldsymbol{W}_i+(\epsilon_i-1)\boldsymbol{U}_i$, $\boldsymbol{\Omega}_{44}=(\bar{\alpha}-\beta)\boldsymbol{W}_i$

$$\boldsymbol{\Upsilon}_{1i}=[\Delta\boldsymbol{A}_i^{\mathrm{T}}\boldsymbol{P}_i \quad \Delta\boldsymbol{A}_i^{\mathrm{T}}\boldsymbol{P}_i \quad \sqrt{\bar{\alpha}}\,\boldsymbol{C}_i^{\mathrm{T}}\boldsymbol{L}_i^{\mathrm{T}}\boldsymbol{P}_i \quad 0 \quad \sqrt{3\bar{\alpha}}\,\boldsymbol{C}_i^{\mathrm{T}}\boldsymbol{L}_i^{\mathrm{T}}\boldsymbol{P}_i \quad 0 \quad \sqrt{3}\,\boldsymbol{A}_i^{\mathrm{T}}\boldsymbol{P}_i$$
$$\sqrt{\alpha_2}\,\Delta\boldsymbol{A}_i^{\mathrm{T}}\boldsymbol{P}_i \quad 0 \quad \frac{\sqrt{3(2\bar{\alpha}-1)}}{\alpha_1}\boldsymbol{A}_i^{\mathrm{T}}\boldsymbol{G}_i^{\mathrm{T}} \quad \sqrt{\bar{\alpha}+\bar{\alpha}^2}\,\boldsymbol{C}_i^{\mathrm{T}}\boldsymbol{L}_i^{\mathrm{T}}\boldsymbol{P}_i$$
$$\sqrt{\alpha_1}\,\boldsymbol{C}_i^{\mathrm{T}}\boldsymbol{W}_i \quad 0 \quad 0 \quad 0],$$

$$\boldsymbol{\Upsilon}_{2i}=[\bar{\boldsymbol{A}}_i^{\mathrm{T}}\boldsymbol{P}_i \quad -\alpha_1\boldsymbol{C}_i^{\mathrm{T}}\boldsymbol{L}_i^{\mathrm{T}}\boldsymbol{P}_i \quad \sqrt{\bar{\alpha}}\,\bar{\boldsymbol{A}}_i^{\mathrm{T}}\boldsymbol{P}_i \quad \sqrt{\alpha_1}\,\boldsymbol{C}_i^{\mathrm{T}}\boldsymbol{L}_i^{\mathrm{T}}\boldsymbol{P}_i \quad 0 \quad \sqrt{3\alpha_1}\,\boldsymbol{C}_i^{\mathrm{T}}\boldsymbol{L}_i^{\mathrm{T}}\boldsymbol{P}_i$$
$$0 \quad 0 \quad \sqrt{2-\bar{\alpha}}\,\bar{\boldsymbol{A}}_i^{\mathrm{T}}\boldsymbol{P}_i \quad 0 \quad 0 \quad 0 \quad \alpha_1\boldsymbol{C}_i^{\mathrm{T}}\boldsymbol{L}_i^{\mathrm{T}}\boldsymbol{P}_i \quad \sqrt{\alpha_1}\,\boldsymbol{C}_i^{\mathrm{T}}\boldsymbol{W}_i \quad 0],$$

$$\boldsymbol{\Upsilon}_{3i}=[\alpha_1\boldsymbol{L}_i^{\mathrm{T}}\boldsymbol{P}_i \quad 0 \quad 0 \quad \sqrt{\alpha_1}\,\boldsymbol{L}_i^{\mathrm{T}}\boldsymbol{P}_i \quad 0 \quad -\sqrt{3\alpha_1}\,\boldsymbol{L}_i^{\mathrm{T}}\boldsymbol{P}_i \quad 0 \quad 0 \quad 0 \quad 0 \quad 0$$
$$0 \quad 0 \quad 0 \quad 0],$$

$$\boldsymbol{\Upsilon}_{4i}=[0 \quad 0 \quad -\sqrt{\bar{\alpha}}\,\boldsymbol{L}_i^{\mathrm{T}}\boldsymbol{P}_i \quad 0 \quad -\sqrt{3\bar{\alpha}}\,\boldsymbol{L}_i^{\mathrm{T}}\boldsymbol{P}_i \quad 0 \quad 0 \quad 0 \quad 0 \quad 0 \quad 0$$
$$0 \quad 0 \quad 0 \quad \sqrt{2\bar{\alpha}}\,\boldsymbol{L}_i^{\mathrm{T}}\boldsymbol{P}_i],$$

$\boldsymbol{\Upsilon}_{5i}=-\mathrm{diag}\{\boldsymbol{P}_i, \boldsymbol{P}_i, \boldsymbol{P}_i, \boldsymbol{P}_i, \boldsymbol{P}_i, \boldsymbol{P}_i, \boldsymbol{P}_i, \boldsymbol{P}_i, \boldsymbol{P}_i, \boldsymbol{G}_i\boldsymbol{B}_i, \boldsymbol{P}_i, \boldsymbol{W}_i, \boldsymbol{P}_i, \boldsymbol{W}_i, \boldsymbol{P}_i\}$.

此外，还可以得到：

$$\boldsymbol{Q}_3=\begin{bmatrix}\boldsymbol{\Omega}_{11} & \boldsymbol{\Omega}_{12} & \boldsymbol{\Omega}_{13} & 0 & \tilde{\boldsymbol{\varUpsilon}}_{1i}\\ * & \boldsymbol{\Omega}_{22} & \boldsymbol{\Omega}_{23} & 0 & \tilde{\boldsymbol{\varUpsilon}}_{2i}\\ * & * & \boldsymbol{\Omega}_{33} & 0 & \tilde{\boldsymbol{\varUpsilon}}_{3i}\\ * & * & * & \boldsymbol{\Omega}_{44} & \tilde{\boldsymbol{\varUpsilon}}_{4i}\\ * & * & * & * & \tilde{\boldsymbol{\varUpsilon}}_{5i}\end{bmatrix}+\boldsymbol{\mathcal{H}}_i^{\mathrm{T}}\boldsymbol{M}_i^{\mathrm{T}}(k)\boldsymbol{\mathcal{E}}_i+\boldsymbol{\mathcal{E}}_i^{\mathrm{T}}\boldsymbol{M}_i(k)\boldsymbol{\mathcal{H}}_i$$

$$\leqslant\begin{bmatrix}\boldsymbol{\Omega}_{11} & \boldsymbol{\Omega}_{12} & \boldsymbol{\Omega}_{13} & 0 & \tilde{\boldsymbol{\varUpsilon}}_{1i}\\ * & \boldsymbol{\Omega}_{22} & \boldsymbol{\Omega}_{23} & 0 & \tilde{\boldsymbol{\varUpsilon}}_{2i}\\ * & * & \boldsymbol{\Omega}_{33} & 0 & \tilde{\boldsymbol{\varUpsilon}}_{3i}\\ * & * & * & \boldsymbol{\Omega}_{44} & \tilde{\boldsymbol{\varUpsilon}}_{4i}\\ * & * & * & * & \tilde{\boldsymbol{\varUpsilon}}_{5i}\end{bmatrix}+\gamma_i\boldsymbol{\mathcal{H}}_i^{\mathrm{T}}\boldsymbol{\mathcal{H}}_i+\gamma_i^{-1}\boldsymbol{\mathcal{E}}_i^{\mathrm{T}}\boldsymbol{\mathcal{E}}_i \tag{7.52}$$

其中，

$$\begin{aligned}\boldsymbol{\varUpsilon}_{1i}=[&0\quad 0\quad \sqrt{\bar{\alpha}}\,\boldsymbol{C}_i^{\mathrm{T}}\boldsymbol{L}_i^{\mathrm{T}}\boldsymbol{P}_i\quad 0\quad \sqrt{3\bar{\alpha}}\,\boldsymbol{C}_i^{\mathrm{T}}\boldsymbol{L}_i^{\mathrm{T}}\boldsymbol{P}_i\quad 0\quad \sqrt{3}\boldsymbol{A}_i^{\mathrm{T}}\boldsymbol{P}_i\quad 0\quad 0\\ &\frac{\sqrt{3(2\bar{\alpha}-1)}}{\alpha_1}\boldsymbol{A}_i^{\mathrm{T}}\boldsymbol{G}_i^{\mathrm{T}}\quad \sqrt{\bar{\alpha}+\bar{\alpha}^2}\,\boldsymbol{C}_i^{\mathrm{T}}\boldsymbol{L}_i^{\mathrm{T}}\boldsymbol{P}_i\quad \sqrt{\alpha_1}\,\boldsymbol{C}_i^{\mathrm{T}}\boldsymbol{W}_i\quad 0\quad 0\quad 0],\\ \boldsymbol{\varUpsilon}_{2i}=[&\boldsymbol{A}_i^{\mathrm{T}}\boldsymbol{P}_i\quad -\alpha_1\boldsymbol{C}_i^{\mathrm{T}}\boldsymbol{L}_i^{\mathrm{T}}\boldsymbol{P}_i\quad \sqrt{\bar{\alpha}}\,\boldsymbol{A}_i^{\mathrm{T}}\boldsymbol{P}_i\quad \sqrt{\alpha_1}\,\boldsymbol{C}_i^{\mathrm{T}}\boldsymbol{L}_i^{\mathrm{T}}\boldsymbol{P}_i\quad 0\quad \sqrt{3\alpha_1}\,\boldsymbol{C}_i^{\mathrm{T}}\boldsymbol{L}_i^{\mathrm{T}}\boldsymbol{P}_i\\ &0\quad 0\quad \sqrt{2-\bar{\alpha}}\,\boldsymbol{A}_i^{\mathrm{T}}\boldsymbol{P}_i\quad 0\quad 0\quad 0\quad \alpha_1\boldsymbol{C}_i^{\mathrm{T}}\boldsymbol{L}_i^{\mathrm{T}}\boldsymbol{P}_i\quad \sqrt{\alpha_1}\,\boldsymbol{C}_i^{\mathrm{T}}\boldsymbol{W}_i\quad 0],\end{aligned}$$

$$\boldsymbol{\mathcal{H}}_i=\begin{bmatrix}\boldsymbol{H}_i & 0 & 0 & 0 & 0 & 0 & 0 & 0 & 0 & 0 & 0 & 0 & 0 & 0 & 0 & 0 & 0 & 0 & 0\\ 0 & \boldsymbol{H}_i & 0 & 0 & 0 & 0 & 0 & 0 & 0 & 0 & 0 & 0 & 0 & 0 & 0 & 0 & 0 & 0 & 0\end{bmatrix},$$

$$\boldsymbol{\mathcal{E}}_i=\begin{bmatrix}0 & 0 & 0 & 0 & \boldsymbol{E}_i^{\mathrm{T}}\boldsymbol{P}_i & \boldsymbol{E}_i^{\mathrm{T}}\boldsymbol{P}_i & 0 & 0 & 0 & 0 & 0 & \sqrt{\alpha_2}\boldsymbol{E}_i^{\mathrm{T}}\boldsymbol{P}_i & 0 & 0 & 0 & 0 & 0 & 0 & 0\\ 0 & 0 & 0 & 0 & \boldsymbol{E}_i^{\mathrm{T}}\boldsymbol{P}_i & 0 & \sqrt{\bar{\alpha}}\boldsymbol{E}_i^{\mathrm{T}}\boldsymbol{P}_i & 0 & 0 & 0 & 0 & 0 & \sqrt{2-\bar{\alpha}}\boldsymbol{E}_i^{\mathrm{T}}\boldsymbol{P}_i & 0 & 0 & 0 & 0 & 0 & 0\end{bmatrix}.$$

设 $\boldsymbol{\mathcal{L}}_i=\boldsymbol{L}_i^{\mathrm{T}}\boldsymbol{P}_i$，应用 Schur 引理可以证得条件 (7.47) 与条件 (7.10) 是等价的。因此，充分条件 (7.47) ～ (7.50) 可以保证指定滑模面可达性和滑模动态系统［式 (7.34)］均方指数稳定。证毕。

7.4 仿真实例

考虑具有两个子系统的切换系统［式 (7.1)］，系统参数如下。

子系统 1：

$$\boldsymbol{A}_1=\begin{bmatrix}0.3 & -0.4\\ -0.1 & -0.2\end{bmatrix}, \boldsymbol{B}_1=\begin{bmatrix}-0.1\\ -0.12\end{bmatrix}, \boldsymbol{E}_1=\begin{bmatrix}0.1\\ 0.2\end{bmatrix}, \boldsymbol{H}_1=\begin{bmatrix}0.2 & 0.1\end{bmatrix}$$

$$\boldsymbol{C}_1=[-2 \quad -4], M_1(k)=\cos(0.3k), f_1(k)=0.5\sqrt{\boldsymbol{x}_1^2(k)+\boldsymbol{x}_2^2(k)}$$

子系统 2：

$$\boldsymbol{A}_2=\begin{bmatrix}0.1 & -0.3\\ -0.1 & -0.2\end{bmatrix}, \boldsymbol{B}_2=\begin{bmatrix}-0.4\\ 0.2\end{bmatrix}, \boldsymbol{E}_2=\begin{bmatrix}0.3\\ -0.5\end{bmatrix}, \boldsymbol{H}_2=\begin{bmatrix}0.1 & 0.2\end{bmatrix}$$

$$\boldsymbol{C}_2=[1 \quad -2], M_2(k)=\sin(2k), f_2(k)=0.3\sqrt{x_1^2(k)+x_2^2(k)}$$

对上面的系统，我们的目标是构造滑模控制律 $u(k)$，使得切换系统在事件触发机制和 DoS 攻击下是指数稳定的。给定参数 $\mu=1.5$，$\beta=0.6$，$\bar{\alpha}=0.4$，$\epsilon_1=0.4$，$\epsilon_2=0.5$，求解定理 7.3 中 LMI 条件，可以得到下列可行解：

$$\boldsymbol{P}_1=\begin{bmatrix}98.7045 & -16.4264\\ -16.4264 & 205.3899\end{bmatrix}, \quad \boldsymbol{P}_2=\begin{bmatrix}117.7294 & 19.4416\\ 19.4416 & 210.7370\end{bmatrix},$$

$$\boldsymbol{L}_1=\begin{bmatrix}-0.0013 & 0.2693\end{bmatrix}, \quad \boldsymbol{L}_2=\begin{bmatrix}0.0601 & 0.2121\end{bmatrix}.$$

由式 (7.37) 可知切换信号 $\sigma(k)$ 平均驻留时间是 $\tau_a^*=1.1368$。初始状态设为 $\boldsymbol{x}(0)=[3 \quad -1]^{\mathrm{T}}$ 和 $\boldsymbol{x}_c(0)=[1 \quad -2]^{\mathrm{T}}$ 进行仿真，图 7.2 表示平均驻留时间为 $\tau_a=1.5$ 的切换信号。从图 7.3 可以看出，尽管存在 DoS 攻击，闭环切换系统状态轨迹仍能迅速收敛到零。基于定理 7.2 中表达式 (7.46)，图 7.4 描述了 $\|\boldsymbol{x}(k)\|^2$ 和相应指数界的轨迹，其清楚地显示了闭环切换系统［式 (7.9)］在事件触发机制下是指数稳定的。图 7.5 表示传输信息触发时刻和触发间隔，从图 7.5 中可以看出，事件触发机制可以减少控制任务执行次数。显然，触发时刻的集合是采样时刻的子集。当 $k\in[1.5,3)$ 时，由图 7.2 可知当前系统是第 2 个子系统。在事件触发机制下，触发时刻 $k=1.6$ 测量输出值 $y(k)$ 是上一个触发时刻 $k=1.2$ 传输的信息。另外，图 7.6、图 7.7 分别描述事件触发滑模控制输入信号 $u(k)$ 和滑模变量 $s(k)$。

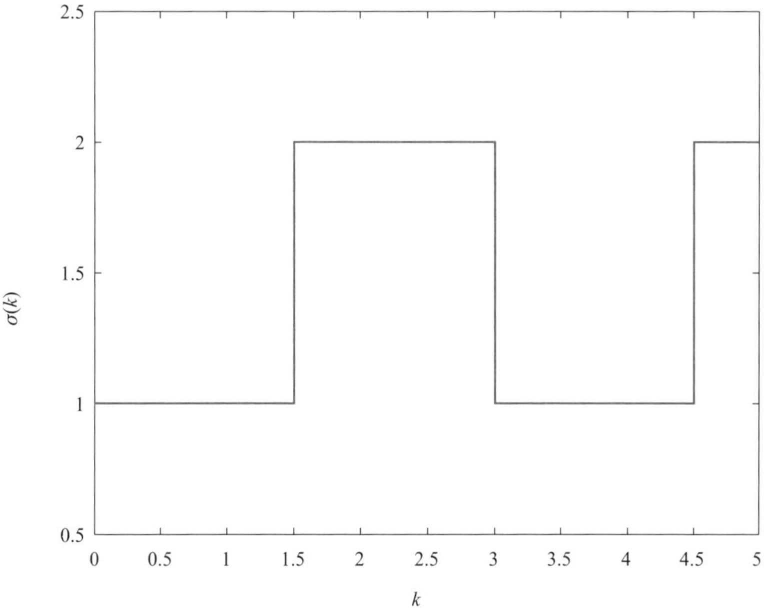

图 7.2　具有平均驻留时间的切换信号

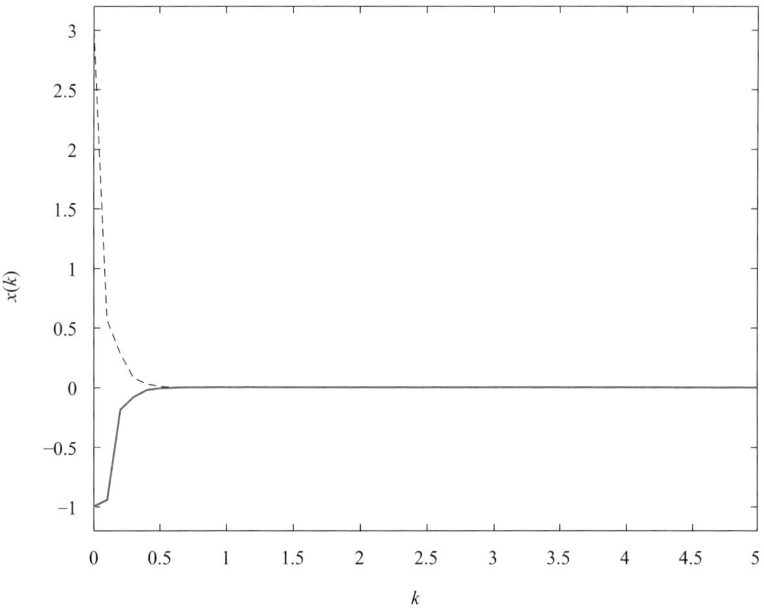

图 7.3　闭环系统的状态响应

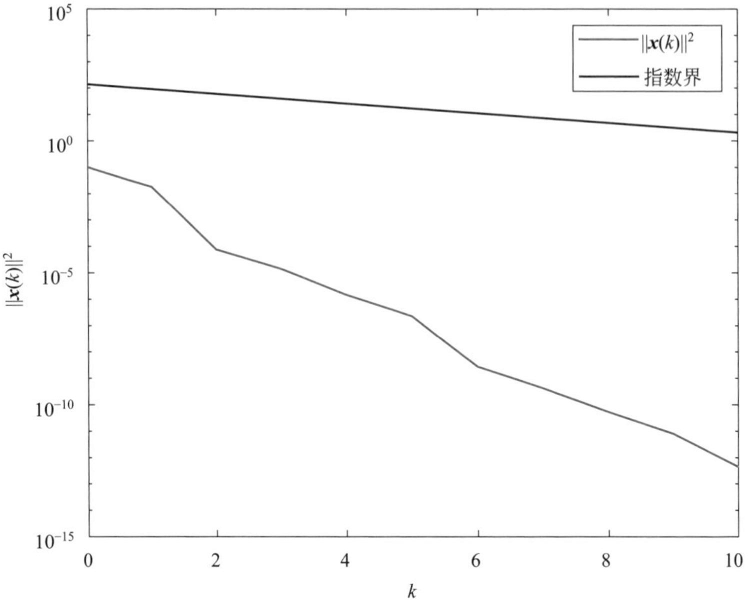

图 7.4　$\|\boldsymbol{x}(k)\|^2$ 和指数界

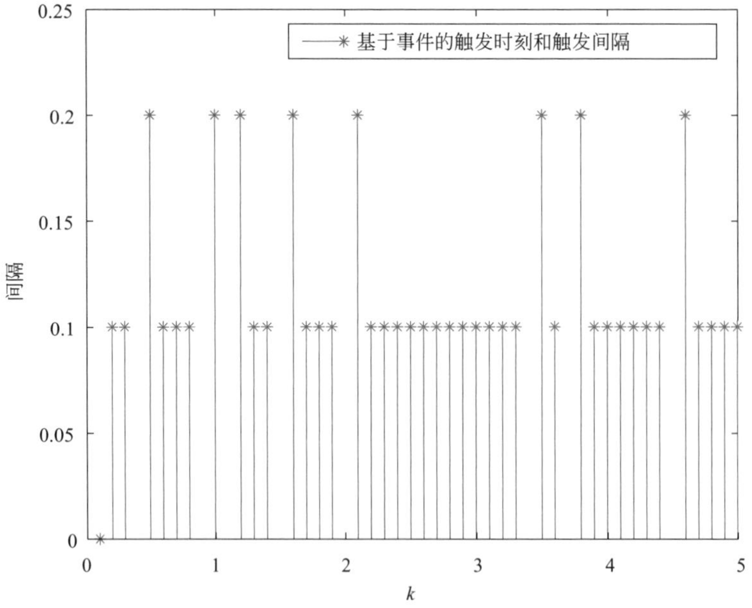

图 7.5　触发时刻和间隔

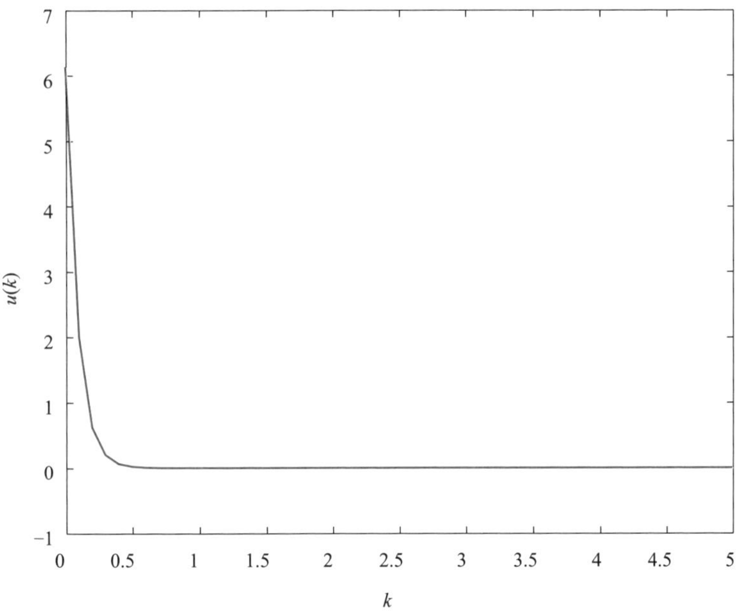

图 7.6　控制信号 $\boldsymbol{u}(k)$

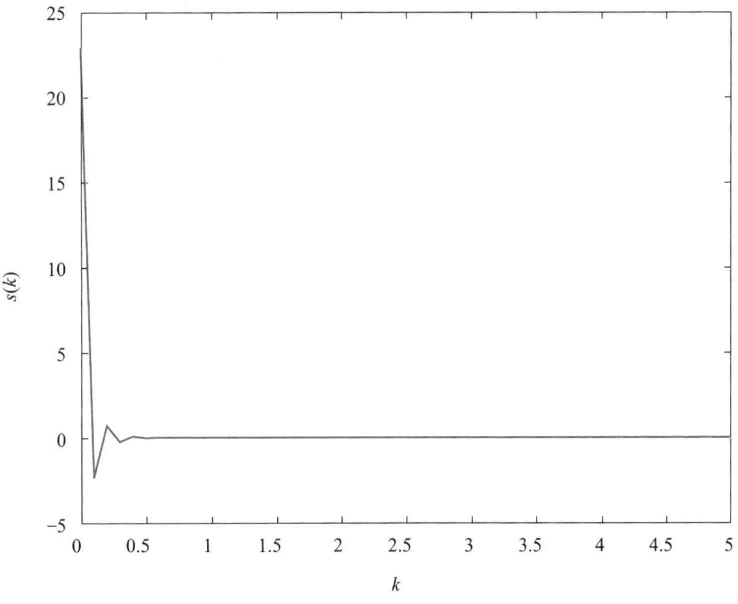

图 7.7　滑模变量 $\boldsymbol{s}(k)$

7.5 本章小结

本章研究了事件触发机制和 DoS 攻击下切换系统滑模控制问题，分析了 DoS 攻击与事件触发机制之间的相互关系。在事件触发机制下，设计输出反馈滑模控制律保证闭环切换系统均方指数稳定。最后，通过数值仿真验证所提方法的有效性。

参考文献

Befekadu G K, et al, 2015. Risk-sensitive control under markov modulated denial-of-service (dos) attack strategies. IEEE Transactions on Automatic Control, 60(12): 3299-3304.

De Persis C, et al, 2015. Input-to-state stabilizing control under denial-of-service. IEEE Transactions on Automatic Control, 60(11): 2930-2944.

Dimarogonas D V, et al, 2012. Distributed event-triggered control for multi-agent systems. IEEE Transactions on Automatic Control, 57(5): 1291-1297.

Dolk V S, et al, 2017. Event-triggered control systems under denial-of-service attacks. IEEE Transactions on Control of Network Systems, 4(1): 93-105.

Lu A Y, et al, 2018. Input-to-state stabilizing control for cyber-physical systems with multiple transmission channels under denial of service. IEEE Transactions on Automatic Control, 63(6): 1813-1820.

Song J, et al, 2020. An Event-triggered approach to sliding mode control of markovian jump Lur'e systems under hidden mode detections. IEEE Transactions on Systems, Man, and Cybernetics: Systems, 50(4): 1514-1525.

Su X J, et al, 2018. Sliding mode control of hybrid switched systems via an event-triggered mechanism. Automatica, 90: 294-303.

Sun Y C, et al, 2018. Periodic event-triggered resilient control for cyber-physical systems under denial-of-service attacks. Journal of the Franklin Institute, 355(13):5613-5631.

Wang Y J, et al, 2018. Dynamic event-triggered and self-triggered output feedback control of networked switched linear systems. Neurocomputing, 314:39-47.

Xiao X Q, et al, 2017. Event-triggered H_∞ filtering of continuous-time switched linear systems. Signal Processing, 141: 343-349.

Zou Y Y, et al, 2017. Mixed time/event-triggered distributed predictive control over wired-wireless networks. Journal of the Franklin Institute, 354(9): 3724-3743.

Digital Wave
Advanced Technology of Industrial Internet

Resilient Control for Cyber-Physical Systems: Design and Analysis

信息物理系统安全控制设计与分析

第8章

随机 DoS 攻击下的模糊系统滑模安全控制

8.1 概述

随机通信协议的主要思想是，以一种随机方式安排每个通信时刻传感器节点（或执行器节点）访问网络的顺序。Tabbara M.（2008）在连续系统框架下给出了随机通信协议定义。Donkers M.（2012）在离散系统框架下基于 Markov 过程建立了随机通信协议的数学模型，当前时刻调度信号与上一时刻调度信号相关。Zou L.（2019）提出的随机通信协议数学模型依赖于独立同分布的随机过程，当前时刻调度信号与上一时刻调度信号无关。Song J.（2019）首次研究了随机通信调度协议下一类不确定网络控制系统的滑模控制问题。基于类积分滑模面，设计了依赖调度信号的滑模控制器。对于区间二型 T-S 模糊系统，Dong Y.（2022）研究了随机通信协议调度下的模型预测控制问题。考虑到随机通信协议和未知隶属度函数的影响，基于 Non-PDC 控制策略设计了模糊控制器。

当随机通信调度协议选中的节点通过共享无线网络向控制器端传递数据时，网络层可能受到随机发生的 DoS 攻击。本章研究 DoS 攻击和随机通信调度协议下区间二型 T-S 模糊系统的滑模控制问题。与第 4 章网络攻击发生在控制器到执行器通道不同，本章网络攻击发生在传感器到控制器通道，二者的主要区别在于控制器可用信息不同。如何建立随机通信调度协议和 DoS 攻击的数学模型，并分析它们对控制器设计的影响，是本章考虑的重要问题。因此，我们首先建立了基于补偿方案的随机通信调度协议和网络攻击模型，给出了控制器端实际可用的状态信息。其次，考虑网络攻击的影响，设计了依赖实际状态信息的控制器隶属度函数。由于网络攻击导致控制器端无法获得调度信号，设计了控制增益不依赖调度信号的滑模控制器，保证了闭环系统的随机稳定性和滑模面的可达性。

8.2 问题描述

8.2.1 随机通信调度协议

考虑图 8.1 中的网络结构。为了减轻通信负担，用随机通信调度协议决定 n 个传感器节点的传输顺序。每个时刻只有一个传感器节点有机会访问网络，向控制器端发送数据。利用 Markov 链刻画随机通信协议的调度信号 $\tau(k)$，其模态在有限集合 $\mathbb{N} \overset{\text{def}}{=\!=} \{1,2,\cdots,n\}$ 中取值，转移概率矩阵为：

$$\pi_{\mu\nu} \overset{\text{def}}{=\!=} Pr\{\tau(k+1)=\nu|\tau(k)=\mu\} \tag{8.1}$$

其中，$0 \leqslant \pi_{\mu\nu} \leqslant 1$，$\mu$、$\nu \in \mathbb{N}$，$\sum_{\nu=1}^{n}\pi_{\mu\nu}=1$。

记 $\boldsymbol{x}(k) \overset{\text{def}}{=\!=} [x_1(k), x_2(k),\cdots, x_n(k)]^{\mathrm{T}}$ 为系统状态，$\boldsymbol{\Omega}_q \overset{\text{def}}{=\!=} \mathrm{diag}\{\delta_q^1, \delta_q^2,\cdots, \delta_q^p\}$ $(q=1, 2,\cdots,n)$ 为指示矩阵。当调度信号 $\tau(k)$ 为 q 时，在 k 时刻只有系统状态的第 q 个分量访问网络。

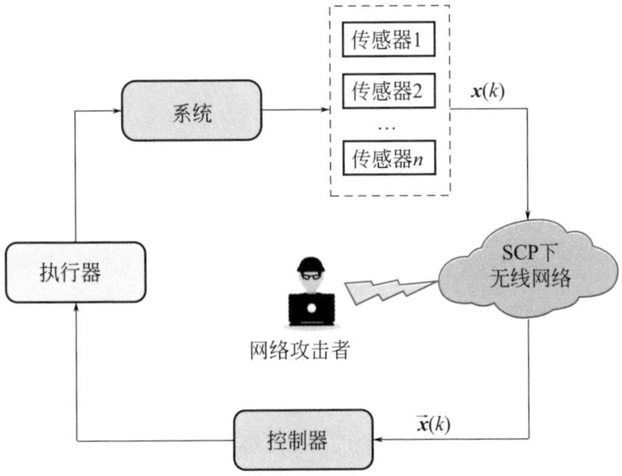

图 8.1 随机通信调度协议和 DoS 攻击下的网络结构

8.2.2 DoS 攻击及补偿策略

在工程实际中，DoS 攻击者可能对传输数据进行恶意破坏，攻击模型如下：

$$Pr\{\beta(k)=1\}=\hat{\beta},\quad Pr\{\beta(k)=0\}=1-\hat{\beta} \tag{8.2}$$

其中，$\beta(k)\in\{0, 1\}$ 为 Bernoulli 过程，$\beta(k)=1$ 表示攻击发生，$\hat{\beta}$ 表示攻击发生的概率。由于攻击者的资源总是有限的（Zhang H., 2015），本章假设 $\hat{\beta}\in[0, 1)$。

综上，在随机通信协议下，每个时刻只有调度信号 $\tau(k)$ 对应的数据 $x_{\tau(k)}(k)$ 有机会访问网络，在数据 $x_{\tau(k)}(k)$ 传输过程中可能遭受随机发生的 DoS 攻击。为了定量分析 DoS 攻击和随机通信调度协议的影响，本章基于补偿机制给出控制器端可以利用的信号：

$$\begin{aligned}\vec{\boldsymbol{x}}(k) =&(1-\beta(k))\boldsymbol{\Omega}_{\tau(k)}\boldsymbol{x}(\mathrm{k}) + \beta(k)\boldsymbol{\Omega}_{\tau(k)}\vec{\boldsymbol{x}}(k-1)\\ &+(\boldsymbol{I}-\boldsymbol{\Omega}_{\tau(k)})\,\vec{\boldsymbol{x}}(k-1),\ \tau(k) = 1, 2,\cdots, n\end{aligned} \tag{8.3}$$

对于 $\tau(k)=q$，有

$$\vec{\boldsymbol{x}}(k)=\begin{cases}[\vec{x}_1(k-1),\cdots,\vec{x}_q(k-1),\cdots,\vec{x}_n(k-1)]^{\mathrm{T}},\ 当\ \beta(k)=1\\ [\vec{x}_1(k-1),\cdots,x_q(k),\cdots,\vec{x}_n(k-1)]^{\mathrm{T}},\ 当\ \beta(k)=0\end{cases} \tag{8.4}$$

注释 8.1 式(8.3)第一项中 $\boldsymbol{\Omega}_{\tau(k)}\boldsymbol{x}(k)$ 反映随机通信协议选中待传的信号，第二项 $\beta(k)\boldsymbol{\Omega}_{\tau(k)}\,\vec{\boldsymbol{x}}(k-1)$ 和第三项 $(\boldsymbol{I}-\boldsymbol{\Omega}_{\tau(k)})\ \vec{\boldsymbol{x}}(k-1)$ 分别用来补偿由于 DoS 攻击没有传输成功的部分和由于通信协议没有发送的部分。在实际中，可以用一个信道标记字来标记调度信号 $\tau(k)$。当网络处于正常状态，即没有发生 DoS 攻击时，选中的状态分量 $x_{\tau(k)}$ 和调度信号 $\tau(k)$ 可以到达控制器端；当发生攻击时，控制器无法获得 $x_{\tau(k)}$ 和 $\tau(k)$ 的值。

8.2.3 离散时间区间二型 T-S 模糊系统

考虑一类离散时间区间二型 T-S 模糊系统，其第 i 个模糊规则如下：

规则 i：如果 $\chi_1(\boldsymbol{x}(k))$ 是 N_1^i，且……，且 $\chi_\alpha(\boldsymbol{x}(k))$ 是 N_α^i，那么

$$\boldsymbol{x}(k+1)=\boldsymbol{A}_i\boldsymbol{x}(k)+\boldsymbol{B}_i(\boldsymbol{u}(k)+\boldsymbol{d}(k,\boldsymbol{x}(k))),i=1,2,\cdots,\ell, \tag{8.5}$$

其中，$\chi_J(\boldsymbol{x}(k))$ 为前提变量；N_J^i 表示区间二型模糊集合；$\boldsymbol{x}(k)\in\mathbb{R}^n$ 为状态；$\boldsymbol{u}(k)\in\mathbb{R}^m$ 为控制输入；$\boldsymbol{A}_i$、$\boldsymbol{B}_i$ 为已知系统矩阵；干扰 $\boldsymbol{d}(k,\boldsymbol{x}(k))$ 满足假设 $\|\boldsymbol{d}(k,\boldsymbol{x}(k))\|\leqslant\varrho\|\boldsymbol{x}(k)\|$，其中 ϱ 为给定正标量。第 i 个模糊规则的激活区间为：

$$W_i(\boldsymbol{x}(k))=[\underline{m}_i(\boldsymbol{x}(k)),\bar{m}_i(\boldsymbol{x}(k))]$$

其中，$\underline{m}_i(\boldsymbol{x}(k))=\prod_{J=1}^{\alpha}\underline{\mu}_{N_J^i}(\chi_J(\boldsymbol{x}(k)))\geqslant 0,\bar{m}_i(\boldsymbol{x}(k))=\prod_{J=1}^{\alpha}\bar{\mu}_{N_J^i}(\chi_J(\boldsymbol{x}(k)))\geqslant 0$，上、下隶属度 $\bar{\mu}_{N_J^i}(\chi_J(\boldsymbol{x}(k)))$ 和 $\underline{\mu}_{N_J^i}(\chi_J(\boldsymbol{x}(k)))$ 满足 $0\leqslant\underline{\mu}_{N_J^i}(\chi_J(\boldsymbol{x}(k)))\leqslant\bar{\mu}_{N_J^i}(\chi_J(\boldsymbol{x}(k)))\leqslant 1$。

模糊子系统［式 (8.5)］的全局系统为：

$$\boldsymbol{x}(k+1)=\sum_{i=1}^{\ell}m_i(\boldsymbol{x}(k))\left[\boldsymbol{A}_i\boldsymbol{x}(k)+\boldsymbol{B}_i(\boldsymbol{u}(k)+d(k,\boldsymbol{x}(k)))\right] \tag{8.6}$$

其中，

$$m_i(\boldsymbol{x}(k))=\underline{m}_i(\boldsymbol{x}(k))\underline{v}_i(\boldsymbol{x}(k))+\bar{m}_i(\boldsymbol{x}(k))\bar{v}_i(\boldsymbol{x}(k)),\ \sum_{i=1}^{\ell}m_i(\boldsymbol{x}(k))=1$$

不确定系数 $\underline{v}_i(\boldsymbol{x}(k))$、$\bar{v}_i(\boldsymbol{x}(k))$ 满足

$$\underline{v}_i(\boldsymbol{x}(k)),\bar{v}_i(\boldsymbol{x}(k))\in[0,1],\underline{v}_i(\boldsymbol{x}(k))+\bar{v}_i(\boldsymbol{x}(k))=1$$

定义 8.1 ［Costa O. L. V. (2005)］如果对于任意 $\boldsymbol{x}(0)\in\mathbb{R}^n,\tau(0)\in\{1,2,\cdots,n\}$，有

$$\mathcal{E}\left\{\sum_{k=0}^{\infty}\|\boldsymbol{x}(k)\|^2|\,\boldsymbol{x}(0),\tau(0)\right\}<\infty \tag{8.7}$$

那么，DoS 攻击和随机通信调度协议下的区间二型 T-S 模糊系统［式 (8.6)］随机稳定。

本章的目的为设计合适的滑模控制器使得区间二型 T-S 模糊系统［式 (8.6)］随机稳定。

8.3
主要结果

设计如下类积分滑模函数：

$$\boldsymbol{s}(k)=(1-\hat{\beta})\boldsymbol{G}\boldsymbol{x}(k)-\hat{\beta}\boldsymbol{G}\boldsymbol{x}(k-1) \tag{8.8}$$

其中，$\boldsymbol{G}$ 为给定的矩阵。

正如在第 8.2 节中的讨论，由于随机通信调度协议和攻击的影响，控制器端可能无法获得系统状态 $\boldsymbol{x}(k)$，因此，本节利用基于补偿策略获得的状态信息 $\vec{\boldsymbol{x}}(k)$ 设计滑模控制器：

$$\boldsymbol{u}(k)=\frac{1}{(1-\hat{\beta})}\sum_{i=1}^{\ell}h_i(\vec{\boldsymbol{x}}(k))\boldsymbol{F}_i\vec{\boldsymbol{x}}(k)-\varrho\|\vec{\boldsymbol{x}}(k-1)\|\operatorname{sgn}(\vec{\boldsymbol{s}}(k)) \tag{8.9}$$

其中，$\vec{\boldsymbol{s}}(k)$ 为式 (8.8) 中的 $\boldsymbol{x}(k)$ 替换为 $\vec{\boldsymbol{x}}(k)$ 得到的变量，$\boldsymbol{F}_i$ 为待设计的控制器增益，隶属度函数 $h_i(\vec{\boldsymbol{x}}(k))$ 为

$$h_i(\vec{\boldsymbol{x}}(k))=\underline{m}_i(\vec{\boldsymbol{x}}(k))\underline{\alpha}_i(\vec{\boldsymbol{x}}(k))+\bar{m}_i(\vec{\boldsymbol{x}}(k))\bar{\alpha}_i(\vec{\boldsymbol{x}}(k)),\sum_{i=1}^{\ell}h_i(\vec{\boldsymbol{x}}(k))=1 \tag{8.10}$$

在式 (8.10) 中，$\underline{\alpha}_i(\vec{\boldsymbol{x}}(k))$ 和 $\bar{\alpha}_i(\vec{\boldsymbol{x}}(k))$ 满足 $\underline{a}_i(\tau(t))$、$\bar{a}_i(\tau(t))\in[0,1]$，$a_i(\tau(t))+\bar{a}_i(\tau(t))=1(i=1,2,\cdots,\ell)$，且可以根据实际需求进行选择。

注释 8.2　正如在注释 8.1 中的讨论，当发生攻击时，控制器端可能无法获得调度信号 $\tau(k)$。因此不能利用 $\tau(k)$ 设计控制增益 $\boldsymbol{F}_i$。另一方面，若没有发生攻击，根据模型 (8.3)，$\vec{\boldsymbol{x}}(k)$ 与调度信号 $\tau(k)$ 相关，即控制器［式 (8.9)］隐性地依赖调度信号 $\tau(k)$。这反映了 DoS 攻击与随机通信调度协议结合的特点。

注意到系统［式 (8.6)］的隶属度函数 $m_i(\boldsymbol{x}(k))$ 与控制器［式 (8.9)］的隶属度函数 $h_i(\vec{\boldsymbol{x}}(k))$ 不匹配。为了处理这些不匹配的隶属度函数，本节构造二者之间的等式关系如下：

$$h_i(\vec{\boldsymbol{x}}(k))=\xi_i(\boldsymbol{x}(k),\vec{\boldsymbol{x}}(k))m_i(\boldsymbol{x}(k)),i=1,2,\cdots,\ell, \tag{8.11}$$

以及

$$0<\xi_{i1}\leqslant\xi_i(\boldsymbol{x}(k),\vec{\boldsymbol{x}}(k))=\frac{h_i(\vec{\boldsymbol{x}}(k))}{m_i(\boldsymbol{x}(k))}\leqslant\xi_{i2}<\infty,\quad i=1,2,\cdots,\ell, \tag{8.12}$$

其中，

$$\xi_{i1}\overset{\text{def}}{=\!=}\min_{x(k),\vec{x}(k)}\frac{h_i(\vec{\boldsymbol{x}}(k))}{m_i(\boldsymbol{x}(k))}=\frac{\min_{\vec{x}(k)}h_i(\vec{\boldsymbol{x}}(k))}{\max_{\boldsymbol{x}(k)}m_i(\boldsymbol{x}(k))}$$

$$\xi_{i2}\overset{\text{def}}{=\!=}\max_{x(k),\vec{x}(k)}\frac{h_i(\vec{\boldsymbol{x}}(k))}{m_i(\boldsymbol{x}(k))}=\frac{\max_{\vec{x}(k)}h_i(\vec{\boldsymbol{x}}(k))}{\min_{X(k)}m_i(\boldsymbol{x}(k))}$$

另外，$\max_{X(k)}(\cdot)$ 和 $\min_{X(k)}(\cdot)(x(k)\in\{\boldsymbol{X}(k),\vec{\boldsymbol{x}}(k),(\boldsymbol{x}(k),\vec{\boldsymbol{x}}(k))\})$ 分别为相关参数的最大值和最小值。

注意到式 (8.12) 要求

$$0<h_i(\vec{\boldsymbol{x}}(k))/m_i(\boldsymbol{x}(k))<\infty$$

为此，需要满足

$$\min_{x(k)}m_i(\boldsymbol{x}(k))>0,\ \min_{\vec{x}(k)}h_i(\vec{\boldsymbol{x}}(k))>0$$

由于隶属度函数 $m_i(\boldsymbol{x}(k))$ 和 $h_i(\vec{\boldsymbol{x}}(k))$ 介于它们的上、下隶属度之间，容易看到，如果 $\underline{m}_i(\boldsymbol{x}(k))>0$，则有

$$\min_{x(k)}m_i(\boldsymbol{x}(k))>0,\ \min_{\vec{x}(k)}h_i(\vec{\boldsymbol{x}}(k))>0$$

事实上，根据

$$0<\underline{m}_i(\boldsymbol{x}(k))\leqslant m_i(\boldsymbol{x}(k))$$

有 $\min_{x(k)}m_i(\boldsymbol{x}(k))>0$。此外，根据关系式 (8.4)，$\vec{\boldsymbol{x}}(k)$ 和 $\boldsymbol{x}(k)$ 有相同的定义域。所以，$\underline{m}_i(\boldsymbol{x}(k))>0$ 的下界也是 $\underline{m}_i(\vec{\boldsymbol{x}}(k))$ 的下界。因此，有

$$0<\underline{m}_i(\vec{\boldsymbol{x}}(k))\leqslant h_i(\vec{\boldsymbol{x}}(k))$$

那么，不等式 $\min_{\vec{x}(k)}h_i(\vec{\boldsymbol{x}}(k))>0$ 成立。

为了保证 $\underline{m}_i(\boldsymbol{x}(k))>0$，我们考虑比建模区间更大的操作区域（Lam H. K., 2005）。例如，根据标准扇区非线性建模方法，$\underline{m}_i(\boldsymbol{x}(k))$ 通常表示为

$$\underline{m}_i(\boldsymbol{x}(k))=\frac{f(\boldsymbol{x}(k))-f_{\min}}{f_{\max}-f_{\min}}$$

或

$$\underline{m}_i(\boldsymbol{x}(k)) = \frac{f_{\max} - f(\boldsymbol{x}(k))}{f_{\max} - f_{\min}}$$

其中，f_{min} 和 f_{max} 分别为 $f(\boldsymbol{x}(k))$ 的最小值和最大值。在较大的操作区域内，隶属度函数 $\underline{m}_i(\boldsymbol{x}(k))$ 和 $\underline{m}_i(\boldsymbol{x}(k))$ 取值范围为 [0,1]。由于 $\underline{m}_i(\boldsymbol{x}(k))$ 关于 $f(\boldsymbol{x}(k))$ 线性单调递增 / 递减，边界值 $\underline{m}_i(\boldsymbol{x}(k))=0$ 或 $\underline{m}_i(\boldsymbol{x}(k))=1$ 将在较大操作域的左 / 右端点处取到。因此，在实际的建模区间内，$\underline{m}_i(\boldsymbol{x}(k))$ 的边界值 $\underline{m}_i(\boldsymbol{x}(k))=0$ 或 $\underline{m}_i(\boldsymbol{x}(k))=1$ 被排除在外。

简写 $\xi_i(\boldsymbol{x}(k), \vec{\boldsymbol{x}}(k))$ 为 $\xi_i(k)$。利用式 (8.3) 和式 (8.11)，可以将控制器［式 (8.9)］改写为

$$\begin{aligned}\boldsymbol{u}(k) = &\sum_{i=1}^{\ell} \xi_i(k) m_i(\boldsymbol{x}(k)) \frac{1}{(1-\hat{\beta})} \boldsymbol{F}_i[(1-\beta(k))\boldsymbol{\Omega}_{\tau(k)}\boldsymbol{x}(k) + \beta(k)\boldsymbol{\Omega}_{\tau(k)}\vec{\boldsymbol{x}}(k-1) \\ &+ (\boldsymbol{I} - \boldsymbol{\Omega}_{\tau(k)})\vec{\boldsymbol{x}}(k-1)] - \varrho \,\|\vec{\boldsymbol{x}}(k-1)\|\, \mathrm{sgn}(\vec{\boldsymbol{s}}(k))\end{aligned} \tag{8.13}$$

8.3.1 随机稳定性分析

下面将证明基于补偿策略［式 (8.3)］的滑模控制器［式 (8.13)］能够有效消除随机通信调度协议和 DOS 攻击的影响，保证被控模糊系统［式 (8.6)］的随机稳定性。

于是，将控制器［式 (8.13)］代入区间二型 T-S 模糊系统［式 (8.6)］中，得到闭环系统模型：

$$\begin{aligned}\boldsymbol{x}(k+1) = &\sum_{i=1}^{\ell}\sum_{j=1}^{\ell} \xi_j(k) m_i(\boldsymbol{x}(k)) m_j(\boldsymbol{x}(k)) \{[\boldsymbol{A}_i + \frac{1}{(1-\hat{\beta})}(1-\beta(k))\boldsymbol{B}_i\boldsymbol{F}_j\boldsymbol{\Omega}_{\tau(k)}]\boldsymbol{x}(k) \\ &+ \frac{1}{(1-\hat{\beta})}\boldsymbol{B}_i\boldsymbol{F}_j(\beta(k)\boldsymbol{\Omega}_{\tau(k)} + \boldsymbol{I} - \boldsymbol{\Omega}_{\tau(k)})\vec{\boldsymbol{x}}(k-1) \\ &- \varrho \,\|\vec{\boldsymbol{x}}(k-1)\|\, \boldsymbol{B}_i \mathrm{sgn}(\vec{\boldsymbol{s}}(k)) + \boldsymbol{B}_i d(k, \boldsymbol{x}(k))\}\end{aligned} \tag{8.14}$$

下面分析闭环系统［式 (8.14)］的随机稳定性。记 $\xi_i(k) \stackrel{\text{def}}{=\!=} \sum_{l=1}^{2} \varpi_{il}\xi_{il}$，其中，$\xi_{il}(l=1,2)$ 的定义由式 (8.12) 给出，$\bar{\omega}_{i1}$ 和 $\bar{\omega}_{i2}$ 为

$$\bar{\omega}_{i1}=\frac{\xi_i-\xi_{i2}}{\xi_{i1}-\xi_{i2}}\geqslant 0\quad \bar{\omega}_{i2}=\frac{\xi_{i1}-\xi_i}{\xi_{i1}-\xi_{i2}}\geqslant 0$$

满足条件$\sum_{l=1}^{2}\bar{\omega}_{il}=1$。

定理 8.1 给定参数 ξ_{jl} 和 $\xi_{ir}(i,j=1,2,\cdots,\ell;\ l,r=1,2)$，闭环系统［式(8.14)］随机稳定的充分条件是存在标量 $\zeta_1>0$ 和矩阵 $\mathcal{P}_\mu>0$、$\mathcal{R}_\mu>0(\mu=1,2,\cdots,n)$ 满足下面矩阵不等式

$$\boldsymbol{B}_i^{\mathrm{T}}\vec{\mathcal{P}}_\mu\boldsymbol{B}_i\leqslant\zeta_1\boldsymbol{I},\qquad \forall i,\mu \tag{8.15}$$

$$\sum_{i=1}^{\ell}\sum_{j=1}^{\ell}m_i(\boldsymbol{x}(k))m_j(\boldsymbol{x}(k))\xi_j(k)\boldsymbol{\Gamma}_{ij\mu}<0 \tag{8.16}$$

其中，

$$\vec{\mathcal{P}}_\mu\overset{\text{def}}{=\!=}\sum_{\nu=1}^{n}\pi_{\mu\nu}\mathcal{P}_\nu\qquad \vec{\mathcal{R}}_\mu\overset{\text{def}}{=\!=}\sum_{\nu=1}^{n}\pi_{\mu\nu}\mathcal{R}_\nu \tag{8.17}$$

以及

$$\boldsymbol{\Gamma}_{ij\mu}\overset{\text{def}}{=\!=}\begin{bmatrix}\boldsymbol{\Gamma}_{ij\mu}^{11} & * \\ \boldsymbol{\Gamma}_{ij\mu}^{21} & \boldsymbol{\Gamma}_{ij\mu}^{22}\end{bmatrix}\qquad \boldsymbol{M}_j\overset{\text{def}}{=\!=}\begin{bmatrix}\boldsymbol{M}_j^{11} & * \\ \boldsymbol{M}_j^{21} & \boldsymbol{M}_j^{22}\end{bmatrix}$$

$$\begin{aligned}\boldsymbol{\Gamma}_{ij\mu}^{11}\overset{\text{def}}{=\!=}&3(\boldsymbol{A}_i+\boldsymbol{B}_i\boldsymbol{F}_j\boldsymbol{\Omega}_\mu)^{\mathrm{T}}\vec{\mathcal{P}}_\mu(\boldsymbol{A}_i+\boldsymbol{B}_i\boldsymbol{F}_j\boldsymbol{\Omega}_\mu)+3\zeta_1\varrho^2\boldsymbol{I}\\&+\frac{\hat{\beta}}{(1-\hat{\beta})}(\boldsymbol{B}_i\boldsymbol{F}_j\boldsymbol{\Omega}_\mu)^{\mathrm{T}}\vec{\mathcal{P}}_\mu\boldsymbol{B}_i\boldsymbol{F}_j\boldsymbol{\Omega}_\mu+(1-\hat{\beta})\boldsymbol{\Omega}_\mu\vec{\mathcal{R}}_\mu\boldsymbol{\Omega}_\mu-\mathcal{P}_\mu\end{aligned}$$

$$\begin{aligned}\boldsymbol{\Gamma}_{ij\mu}^{21}\overset{\text{def}}{=\!=}&\frac{6}{(1-\hat{\beta})}[\boldsymbol{B}_i\boldsymbol{F}_j(\hat{\beta}\boldsymbol{\Omega}_\mu+\boldsymbol{I}-\boldsymbol{\Omega}_\mu)]^{\mathrm{T}}\vec{\mathcal{P}}_\mu(\boldsymbol{A}_i+\boldsymbol{B}_i\boldsymbol{F}_j\boldsymbol{\Omega}_\mu)\\&-\frac{2\hat{\beta}}{(1-\hat{\beta})}(\boldsymbol{B}_i\boldsymbol{F}_j\boldsymbol{\Omega}_\mu)^{\mathrm{T}}\vec{\mathcal{P}}_\mu\boldsymbol{B}_i\boldsymbol{F}_j\boldsymbol{\Omega}_\mu+2(1-\hat{\beta})(\hat{\beta}\boldsymbol{\Omega}_\mu+\boldsymbol{I}-\boldsymbol{\Omega}_\mu)\vec{\mathcal{R}}_\mu\boldsymbol{\Omega}_\mu\\&-2\hat{\beta}(1-\hat{\beta})\boldsymbol{\Omega}_\mu\vec{\mathcal{R}}_\mu\boldsymbol{\Omega}_\mu\end{aligned}$$

$$\boldsymbol{\Gamma}_{ij\mu}^{22}\overset{\text{def}}{=\!=}\frac{3}{(1-\hat{\beta})^2}[\boldsymbol{B}_i\boldsymbol{F}_j(\hat{\beta}\boldsymbol{\Omega}_\mu+\boldsymbol{I}-\boldsymbol{\Omega}_\mu)]^{\mathrm{T}}\vec{\mathcal{P}}_\mu[\boldsymbol{B}_i\boldsymbol{F}_j(\hat{\beta}\boldsymbol{\Omega}_\mu+\boldsymbol{I}-\boldsymbol{\Omega}_\mu)]$$

$$+\hat{\beta}(1-\hat{\beta})\boldsymbol{\Omega}_{\mu}\vec{\mathcal{R}}_{\mu}\boldsymbol{\Omega}_{\mu}+\frac{\hat{\beta}}{(1-\hat{\beta})}(\boldsymbol{B}_i\boldsymbol{F}_j\boldsymbol{\Omega}_{\mu})^{\mathrm{T}}\vec{\mathcal{P}}_{\mu}(\boldsymbol{B}_i\boldsymbol{F}_j\boldsymbol{\Omega}_{\mu})+3\zeta_1 m\varrho^2\boldsymbol{I}$$

$$+(\hat{\beta}\boldsymbol{\Omega}_{\mu}+\boldsymbol{I}-\boldsymbol{\Omega}_{\mu})\vec{\mathcal{R}}_{\mu}(\hat{\beta}\boldsymbol{\Omega}_{\mu}+\boldsymbol{I}-\boldsymbol{\Omega}_{\mu})-\mathcal{R}_{\mu}$$

证明:

选择候选 Lyapunov 函数:

$$\boldsymbol{V}_1(\boldsymbol{z}(k),\tau(k))=\boldsymbol{x}^{\mathrm{T}}(k)\mathcal{P}_{\tau(k)}\boldsymbol{x}(k)+\vec{\boldsymbol{x}}^{\mathrm{T}}(k-1)\mathcal{R}_{\tau(k)}\vec{\boldsymbol{x}}(k-1) \tag{8.18}$$

其中，$\boldsymbol{z}(k)=(\boldsymbol{x}^{\mathrm{T}}(k),\vec{\boldsymbol{x}}^{\mathrm{T}}(k-1))^{\mathrm{T}}$。令 $\tau(k)=\mu$，$\tau(k+1)=\nu$，有

$$\begin{aligned}
&\mathcal{E}\{\Delta\boldsymbol{V}_1(\boldsymbol{z}(k),\tau(k))|\boldsymbol{z}(k),\tau(k)\}\\
&\triangleq\mathcal{E}\{\boldsymbol{V}_1(\boldsymbol{z}(k+1),\tau(k+1)|\boldsymbol{z}(k),\tau(k))-\boldsymbol{V}_1(\boldsymbol{z}(k),\tau(k))\}\\
&=\mathcal{E}\{\boldsymbol{x}^{\mathrm{T}}(k+1)\vec{\mathcal{P}}_{\mu}\boldsymbol{x}(k+1)|\boldsymbol{z}(k),\tau(k)\}+\mathcal{E}\{\vec{\boldsymbol{x}}^{\mathrm{T}}(k)\vec{\mathcal{R}}_{\mu}\vec{\boldsymbol{x}}(k)|\boldsymbol{z}(k),\tau(k)\}\\
&\quad-\boldsymbol{x}^{\mathrm{T}}(k)\mathcal{P}_{\mu}\boldsymbol{x}(k)-\vec{\boldsymbol{x}}^{\mathrm{T}}(k-1)\mathcal{R}_{\mu}\vec{\boldsymbol{x}}(k-1)
\end{aligned} \tag{8.19}$$

注意到 $1-\beta(k)=1-\hat{\beta}+(\hat{\beta}-\beta(k))$ 和 $\beta(k)=\hat{\beta}-(\hat{\beta}-\beta(k))$。利用式 (8.14) 和式 (8.15)，有

$$\begin{aligned}
&\mathcal{E}\{\boldsymbol{x}^{\mathrm{T}}(k+1)\vec{\mathcal{P}}_{\mu}\boldsymbol{x}(k+1)|\boldsymbol{z}(k),\tau(k)\}\\
&\leqslant\sum_{i=1}^{\ell}\sum_{j=1}^{\ell}\xi_j(k)m_i(\boldsymbol{x}(k))m_j(\boldsymbol{x}(k))\{3[(\boldsymbol{A}_i+\boldsymbol{B}_i\boldsymbol{F}_j\boldsymbol{\Omega}_{\mu})\boldsymbol{x}(k)+\frac{1}{(1-\hat{\beta})}\boldsymbol{B}_i\boldsymbol{F}_j(\hat{\beta}\boldsymbol{\Omega}_{\mu}\\
&\quad+\boldsymbol{I}-\boldsymbol{\Omega}_{\mu})\vec{\boldsymbol{x}}(k-1)]^{\mathrm{T}}\vec{\mathcal{P}}_{\mu}[(\boldsymbol{A}_i+\boldsymbol{B}_i\boldsymbol{F}_j\boldsymbol{\Omega}_{\mu})\boldsymbol{x}(k)+\frac{1}{(1-\hat{\beta})}\boldsymbol{B}_i\boldsymbol{F}_j(\hat{\beta}\boldsymbol{\Omega}_{\mu}\\
&\quad+\boldsymbol{I}-\boldsymbol{\Omega}_{\mu})\vec{\boldsymbol{x}}(k-1)]+\frac{\hat{\beta}}{(1-\hat{\beta})}[\boldsymbol{B}_i\boldsymbol{F}_j\boldsymbol{\Omega}_{\mu}(\boldsymbol{x}(k)-\vec{\boldsymbol{x}}(k-1))]^{\mathrm{T}}\vec{\mathcal{P}}_{\mu}\boldsymbol{B}_i\boldsymbol{F}_j\boldsymbol{\Omega}_{\mu}(\boldsymbol{x}(k)\\
&\quad-\vec{\boldsymbol{x}}(k-1))+3\zeta_1 m\varrho^2\vec{\boldsymbol{x}}^{\mathrm{T}}(k-1)\vec{\boldsymbol{x}}(k-1)+3\zeta_1\varrho^2\boldsymbol{x}^{\mathrm{T}}(k)\boldsymbol{x}(k)\}
\end{aligned} \tag{8.20}$$

根据式 (8.3) 可得

$$\begin{aligned}
&\mathcal{E}\{\vec{\boldsymbol{x}}^{\mathrm{T}}(k)\vec{\mathcal{R}}_{\mu}\vec{\boldsymbol{x}}(k)|\boldsymbol{z}(k),\tau(k)\}\\
&=[(1-\hat{\beta})\boldsymbol{\Omega}_{\mu}\boldsymbol{x}(k)+(\hat{\beta}\boldsymbol{\Omega}_{\mu}+\boldsymbol{I}-\boldsymbol{\Omega}_{\mu})\vec{\boldsymbol{x}}(k-1)]^{\mathrm{T}}\vec{\mathcal{R}}_{\mu}[(1-\hat{\beta})\boldsymbol{\Omega}_{\mu}\boldsymbol{x}(k)\\
&\quad+(\hat{\beta}\boldsymbol{\Omega}_{\mu}+\boldsymbol{I}-\boldsymbol{\Omega}_{\mu})\vec{\boldsymbol{x}}(k-1)]+\hat{\beta}(1-\hat{\beta})[\boldsymbol{\Omega}_{\mu}(\boldsymbol{x}(k)-\vec{\boldsymbol{x}}(k-1))]^{\mathrm{T}}\\
&\quad\times\vec{\mathcal{R}}_{\mu}\boldsymbol{\Omega}_{\mu}(\boldsymbol{x}(k)-\vec{\boldsymbol{x}}(k-1))
\end{aligned} \tag{8.21}$$

将式 (8.20) 和式 (8.21) 代入式 (8.19) 中，可以得到

$$\mathcal{E}\{\Delta\boldsymbol{V}_1(\boldsymbol{z}(k),\tau(k))|\boldsymbol{z}(k),\tau(k)\}$$
$$\leqslant\sum_{i=1}^{\ell}\sum_{j=1}^{\ell}m_i(\boldsymbol{x}(k))m_j(\boldsymbol{x}(k))\boldsymbol{z}^{\mathrm{T}}(k)\xi_j(k)\boldsymbol{\Gamma}_{ij\mu}\boldsymbol{z}(k) \tag{8.22}$$

进一步，利用式 (8.16)，有

$$\mathcal{E}\{\Delta\boldsymbol{V}_1(\boldsymbol{z}(k),\tau(k))|\boldsymbol{z}(k),\tau(k)\}\leqslant-\sigma\|\boldsymbol{z}(k)\|^2<0 \tag{8.23}$$

其中，

$$\sigma=\min_{i,\mu,l}\lambda_{\min}\left\{-\xi_{il}\boldsymbol{\Gamma}_{ii\mu}\right\}+\min_{i,j,\mu,l,r}\lambda_{\min}\left\{-\left[\xi_{jl}\boldsymbol{\Gamma}_{ij\mu}+\xi_{ir}\boldsymbol{\Gamma}_{ji\mu}\right]\right\}>0$$

对不等式 (8.23) 两端取数学期望，有

$$\mathcal{E}\{\Delta\boldsymbol{V}_1(\boldsymbol{z}(k),\tau(k))\}\leqslant-\sigma\mathcal{E}\{\|\boldsymbol{z}(k)\|^2\} \tag{8.24}$$

同时关于 k 对式 (8.24) 两边从 0 到 $\mathcal{N}$ 求和 ($\mathcal{N}>0$)，有

$$\mathcal{E}\left\{\boldsymbol{V}_1(\boldsymbol{z}(\mathcal{N}+1),\tau(\mathcal{N}+1))\right\}-\mathcal{E}\left\{\boldsymbol{V}_1(\boldsymbol{z}(0),\tau(0))\right\}\leqslant-\sigma\mathcal{E}\left\{\sum_{k=0}^{\mathcal{N}}\|\boldsymbol{z}(k)\|^2\right\} \tag{8.25}$$

利用式 (8.25) 容易得到

$$\mathcal{E}\left\{\sum_{k=0}^{\mathcal{N}}\|\boldsymbol{z}(k)\|^2\right\}\leqslant\frac{\mathcal{E}\{\boldsymbol{V}_1(\boldsymbol{z}(0),\tau(0))}{\sigma}<\infty \tag{8.26}$$

令 $\mathcal{N}\to\infty$，根据定义 8.1，由式 (8.26) 可知区间二型模糊系统［式 (8.14)］是随机稳定的。证毕。

注释 8.3 需要指出，控制器［式 (8.9)］和系统模型［式 (8.6)］具有不匹配的隶属度函数，无法利用匹配隶属度函数的分析方法。式 (8.11) 构造了系统和控制器隶属度函数之间的关系，将不匹配的隶属度函数转化成了匹配的情况，如式 (8.14) 所示。

8.3.2 可达性分析

下面证明滑模控制律［式 (8.9)］能够驱动系统状态进入滑模面 $\boldsymbol{s}(k)=0$

的邻域：

$$\mathbb{D} \stackrel{\text{def}}{=} \left\{ \boldsymbol{s}(k) \| \| \boldsymbol{s}(k) \| \leqslant \sqrt{\frac{\aleph(k)}{\min_{\mu} \lambda_{\min}(\boldsymbol{\mathcal{W}}_{\mu})}} \right\}$$

其中，$\aleph(k) \stackrel{\text{def}}{=} 3\zeta_2(1-\hat{\beta})^2\varrho^2(m\|\vec{\boldsymbol{x}}(k-1)\|^2+\|\boldsymbol{x}(k)\|^2)$。

定理 8.2 给定参数 ξ_{jl} 和 $\xi_{ir}(i,j=1,2,\cdots,\ell;\ l,r=1,2)$，对于区间二型 T-S 模糊系统［式 (8.6)］和滑模控制律［式 (8.9)］，如果存在标量 ζ_1、ζ_2 和矩阵 $\boldsymbol{\mathcal{P}}_{\mu}>0$、$\boldsymbol{\mathcal{R}}_{\mu}>0$、$\boldsymbol{\mathcal{W}}_{\mu}>0$、$\boldsymbol{F}_i(\mu=1,2,\cdots,n)$ 满足式 (8.15) 和下面矩阵不等式

$$\boldsymbol{B}_i^{\mathrm{T}}\boldsymbol{G}^{\mathrm{T}}\vec{\boldsymbol{\mathcal{W}}}_{\mu}\boldsymbol{G}\boldsymbol{B}_i \leqslant \zeta_2 \boldsymbol{I}, \qquad \forall i,\mu \tag{8.27}$$

$$\sum_{i=1}^{\ell}\sum_{j=1}^{\ell} m_i(\boldsymbol{x}(k))m_j(\boldsymbol{x}(k))\xi_j(k)\boldsymbol{\Gamma}_{ij\mu}<0 \tag{8.28}$$

其中，

$$\vec{\boldsymbol{\mathcal{W}}}_{\mu} \stackrel{\text{def}}{=} \sum_{v=1}^{n}\pi_{\mu v}\boldsymbol{\mathcal{W}}_{\mu}, \hat{\boldsymbol{\Gamma}}_{ij\mu} \stackrel{\text{def}}{=} \begin{bmatrix} \hat{\boldsymbol{\Gamma}}_{ij\mu}^{11} & * \\ \hat{\boldsymbol{\Gamma}}_{ij\mu}^{21} & \hat{\boldsymbol{\Gamma}}_{ij\mu}^{22} \end{bmatrix}$$

以及

$$\begin{aligned}
\hat{\boldsymbol{\Gamma}}_{ij\mu}^{11} \stackrel{\text{def}}{=} & \boldsymbol{\Gamma}_{ij\mu}^{11} + 3[(1-\hat{\beta})(\boldsymbol{G}\boldsymbol{A}_i + \boldsymbol{G}\boldsymbol{B}_i\boldsymbol{F}_j\boldsymbol{\Omega}_{\mu}) - \hat{\beta}\boldsymbol{G}]^{\mathrm{T}}\vec{\boldsymbol{\mathcal{W}}}_{\mu}[(1-\hat{\beta})(\boldsymbol{G}\boldsymbol{A}_i + \boldsymbol{G}\boldsymbol{B}_i\boldsymbol{F}_j\boldsymbol{\Omega}_{\mu}) \\
& -\hat{\beta}\boldsymbol{G}] + \hat{\beta}(1-\hat{\beta})(\boldsymbol{G}\boldsymbol{B}_i\boldsymbol{F}_j\boldsymbol{\Omega}_{\mu})^{\mathrm{T}}\vec{\boldsymbol{\mathcal{W}}}_{\mu}\boldsymbol{G}\boldsymbol{B}_i\boldsymbol{F}_j\boldsymbol{\Omega}_{\mu} \\
\hat{\boldsymbol{\Gamma}}_{ij\mu}^{21} \stackrel{\text{def}}{=} & \boldsymbol{\Gamma}_{ij\mu}^{21} + 6[\boldsymbol{G}\boldsymbol{B}_i\boldsymbol{F}_j(\hat{\beta}\boldsymbol{\Omega}_{\mu} + \boldsymbol{I} - \boldsymbol{\Omega}_{\mu})]^{\mathrm{T}}\vec{\boldsymbol{\mathcal{W}}}_{\mu}[(1-\hat{\beta})(\boldsymbol{G}\boldsymbol{A}_i + \boldsymbol{G}\boldsymbol{B}_i\boldsymbol{F}_j\boldsymbol{\Omega}_{\mu}) - \hat{\beta}\boldsymbol{G}] \\
& -2\hat{\beta}(1-\hat{\beta})(\boldsymbol{G}\boldsymbol{B}_i\boldsymbol{F}_j\boldsymbol{\Omega}_{\mu})^{\mathrm{T}}\vec{\boldsymbol{\mathcal{W}}}_{\mu}\boldsymbol{G}\boldsymbol{B}_i\boldsymbol{F}_j\boldsymbol{\Omega}_{\mu} \\
\hat{\boldsymbol{\Gamma}}_{ij\mu}^{22} \stackrel{\text{def}}{=} & \boldsymbol{\Gamma}_{ij\mu}^{22} + 3[\boldsymbol{G}\boldsymbol{B}_i\boldsymbol{F}_j(\hat{\beta}\boldsymbol{\Omega}_{\mu} + \boldsymbol{I} - \boldsymbol{\Omega}_{\mu})]^{\mathrm{T}}\vec{\boldsymbol{\mathcal{W}}}_{\mu}[\boldsymbol{G}\boldsymbol{B}_i\boldsymbol{F}_j(\hat{\beta}\boldsymbol{\Omega}_{\mu} + \boldsymbol{I} - \boldsymbol{\Omega}_{\mu})] \\
& +\hat{\beta}(1-\hat{\beta})(\boldsymbol{G}\boldsymbol{B}_i\boldsymbol{F}_j\boldsymbol{\Omega}_{\mu})^{\mathrm{T}}\vec{\boldsymbol{\mathcal{W}}}_{\mu}\boldsymbol{G}\boldsymbol{B}_i\boldsymbol{F}_j\boldsymbol{\Omega}_{\mu}
\end{aligned}$$

那么，系统［式 (8.6)］的状态将被驱动到滑模域 $\mathbb{D}$ 内。

证明：

设计如下候选 Lyapunov 函数：

$$\boldsymbol{V}_2(\boldsymbol{z}(k),\tau(k))=\boldsymbol{V}_1(\boldsymbol{z}(k),\tau(k))+\boldsymbol{s}^{\mathrm{T}}(k)\boldsymbol{\mathcal{W}}_{\mu}\boldsymbol{s}(k) \tag{8.29}$$

根据式 (8.8)、式 (8.14) 和式 (8.27)，得

$$
\begin{aligned}
&\mathcal{E}\{\boldsymbol{s}^{\mathrm{T}}(k+1)\vec{\boldsymbol{\mathcal{W}}}_{\mu}\boldsymbol{s}(k+1)\mid \boldsymbol{z}(k),\tau(k)\} \\
&\leqslant \sum_{i=1}^{\ell}\sum_{j=1}^{\ell}\xi_j(k)m_i(\boldsymbol{x}(k))m_j(\boldsymbol{x}(k))\{3[((1-\hat{\beta})(\boldsymbol{G}\boldsymbol{A}_i+\boldsymbol{G}\boldsymbol{B}_i\boldsymbol{F}_j\boldsymbol{\Omega}_{\mu})-\hat{\beta}\boldsymbol{G})\boldsymbol{x}(k) \\
&+\boldsymbol{G}\boldsymbol{B}_i\boldsymbol{F}_j(\hat{\beta}\boldsymbol{\Omega}_{\mu}+\boldsymbol{I}-\boldsymbol{\Omega}_{\mu})\vec{\boldsymbol{x}}(k-1)]^{\mathrm{T}}\vec{\boldsymbol{\mathcal{W}}}_{\mu}[((1-\hat{\beta})(\boldsymbol{G}\boldsymbol{A}_i+\boldsymbol{G}\boldsymbol{B}_i\boldsymbol{F}_j\boldsymbol{\Omega}_{\mu})-\hat{\beta}\boldsymbol{G})\boldsymbol{x}(k) \\
&+\boldsymbol{G}\boldsymbol{B}_i\boldsymbol{F}_j(\hat{\beta}\boldsymbol{\Omega}_{\mu}+\boldsymbol{I}-\boldsymbol{\Omega}_{\mu})\vec{\boldsymbol{x}}(k-1)]+\hat{\beta}(1-\hat{\beta})[\boldsymbol{G}\boldsymbol{B}_i\boldsymbol{F}_j\boldsymbol{\Omega}_{\mu}(\boldsymbol{x}(k)-\vec{\boldsymbol{x}}(k-1))]^{\mathrm{T}} \\
&\times\vec{\boldsymbol{\mathcal{W}}}_{\mu}[\boldsymbol{G}\boldsymbol{B}_i\boldsymbol{F}_j\boldsymbol{\Omega}_{\mu}(\boldsymbol{x}(k)-\vec{\boldsymbol{x}}(k-1))]+3m\zeta_2(1-\hat{\beta})^2\varrho^2\vec{\boldsymbol{x}}^{\mathrm{T}}(k-1)\vec{\boldsymbol{x}}(k-1) \\
&+3\zeta_2(1-\hat{\beta})^2\varrho^2\boldsymbol{x}^{\mathrm{T}}(k)\boldsymbol{x}(k)\}
\end{aligned}
\tag{8.30}
$$

注意到

$$
\begin{aligned}
&\mathcal{E}\{\Delta\boldsymbol{V}_2(\boldsymbol{z}(k),\tau(k))|\boldsymbol{z}(k),\tau(k)\} \\
&=\mathcal{E}\{\Delta\boldsymbol{V}_1(\boldsymbol{z}(k),\tau(k))\}-\boldsymbol{s}^{\mathrm{T}}(k)\boldsymbol{\mathcal{W}}_{\mu}\boldsymbol{s}(k)+\mathcal{E}\{\boldsymbol{s}^{\mathrm{T}}(k+1)\vec{\boldsymbol{\mathcal{W}}}_{\mu}\boldsymbol{s}(k+1)|\boldsymbol{z}(k),\tau(k)\}
\end{aligned}
\tag{8.31}
$$

将式 (8.20)、式 (8.21) 和式 (8.30) 代入式 (8.31) 可得

$$
\begin{aligned}
&\mathcal{E}\{\Delta\boldsymbol{V}_2(\boldsymbol{z}(k),\tau(k))|\boldsymbol{z}(k),\tau(k)\} \\
&\leqslant \sum_{i=1}^{\ell}\sum_{j=1}^{\ell}m_i(\boldsymbol{x}(k))m_j(\boldsymbol{x}(k))\boldsymbol{z}^{\mathrm{T}}(k)\xi_j(k)\hat{\boldsymbol{\Gamma}}_{ij\mu}\boldsymbol{z}(k) \\
&-[\boldsymbol{s}^{\mathrm{T}}(k)\boldsymbol{\mathcal{W}}_{\mu}\boldsymbol{s}(k)-3\zeta_2(1-\hat{\beta})^2\varrho^2(m\|\vec{\boldsymbol{x}}(k-1)\|^2+\|\boldsymbol{x}(k)\|^2)] \\
&\leqslant \sum_{i=1}^{\ell}\sum_{j=1}^{\ell}m_i(\boldsymbol{x}(k))m_j(\boldsymbol{x}(k))\boldsymbol{z}^{\mathrm{T}}(k)\xi_j(k)\hat{\boldsymbol{\Gamma}}_{ij\mu}\boldsymbol{z}(k) \\
&-[\min_{\mu}\lambda_{\min}(\boldsymbol{\mathcal{W}}_{\mu})\|\boldsymbol{s}(k)\|^2-3\zeta_2(1-\hat{\beta})^2\varrho^2(m\|\vec{\boldsymbol{x}}(k-1)\|^2+\|\boldsymbol{x}(k)\|^2)]
\end{aligned}
\tag{8.32}
$$

因此，当

$$
\|\boldsymbol{s}(k)\|>\sqrt{\frac{\aleph(k)}{\min_{\mu}\lambda_{\min}(\boldsymbol{\mathcal{W}}_{\mu})}}
\tag{8.33}
$$

根据式 (8.28) 和式 (8.32)，有

$$
\mathcal{E}\{\Delta\boldsymbol{V}_2(\boldsymbol{z}(k),\tau(k))|\boldsymbol{z}(k),\tau(k)\}<0
\tag{8.34}
$$

对上式两边取数学期望，得 $\mathcal{E}\{\Delta\boldsymbol{V}_2(\boldsymbol{z}(k),\tau(k))\}<0$，因此，系统状态将被驱动到滑模域 $\mathbb{D}$。证毕。

8.3.3 优化求解算法

定理 8.1 和 8.2 分别给出了闭环系统随机稳定和指定滑模面 $\boldsymbol{s}(k)=0$ 可达的充分条件，本节基于线性矩阵不等式，给出保证定理 8.1 和 8.2 同时成立的求解算法。

定理 8.3 给定参数 ξ_{jl} 和 $\xi_{ir}(i,j=1,2,\cdots,\ell;\ l,r=1,2)$，如果存在标量 ζ_1、ζ_2 以及矩阵 $\boldsymbol{P}_\mu>0$、$\boldsymbol{\mathcal{R}}_\mu>0$、$\boldsymbol{W}_\mu>0$、$\boldsymbol{F}_i(\mu=1,2,\cdots,n)$ 满足如下矩阵不等式：

$$\begin{bmatrix} -\zeta_1\boldsymbol{I} & * \\ \boldsymbol{\Phi}_{i\mu} & -\boldsymbol{\Lambda} \end{bmatrix}<0, \qquad \forall i,\mu \tag{8.35}$$

$$\begin{bmatrix} -\zeta_2\boldsymbol{I} & * \\ \boldsymbol{\Theta}_{i\mu} & -\boldsymbol{\Upsilon} \end{bmatrix}<0, \qquad \forall i,\mu \tag{8.36}$$

$$\tilde{\boldsymbol{\Gamma}}_{ii\mu}<0, \qquad \forall i,\mu \tag{8.37}$$

$$\xi_{jl}\tilde{\boldsymbol{\Gamma}}_{ij\mu}+\xi_{ir}\tilde{\boldsymbol{\Gamma}}_{ji\mu}<0, \qquad \forall i<j,\ \ \forall l,r,\mu \tag{8.38}$$

其中，

$$\tilde{\boldsymbol{\Gamma}}_{ij\mu} \stackrel{\text{def}}{=\!=} \begin{bmatrix} \tilde{\boldsymbol{\Gamma}}_{ij\mu}^{11} & * & * & * & * & * & * \\ \tilde{\boldsymbol{\Gamma}}_{ij\mu}^{21} & -\frac{1}{3}\boldsymbol{\Lambda} & * & * & * & * & * \\ \tilde{\boldsymbol{\Gamma}}_{ij\mu}^{31} & 0 & -\boldsymbol{\Lambda} & * & * & * & * \\ \tilde{\boldsymbol{\Gamma}}_{ij\mu}^{41} & 0 & 0 & -\boldsymbol{\Sigma} & * & * & * \\ \tilde{\boldsymbol{\Gamma}}_{ij\mu}^{51} & 0 & 0 & 0 & -\boldsymbol{\Sigma} & * & * \\ \tilde{\boldsymbol{\Gamma}}_{ij\mu}^{61} & 0 & 0 & 0 & 0 & -\frac{1}{3}\boldsymbol{\Upsilon} & * \\ \tilde{\boldsymbol{\Gamma}}_{ij\mu}^{71} & 0 & 0 & 0 & 0 & 0 & -\boldsymbol{\Upsilon} \end{bmatrix}$$

$$\boldsymbol{M}_j \stackrel{\text{def}}{=\!=} \begin{bmatrix} \bar{\boldsymbol{M}}_j^{11} & \cdots & * \\ \vdots & \ddots & \vdots \\ \bar{\boldsymbol{M}}_j^{71} & \cdots & \bar{\boldsymbol{M}}_j^{77} \end{bmatrix}$$

$$\tilde{\boldsymbol{\Gamma}}_{ij\mu}^{11} \stackrel{\text{def}}{=} \begin{bmatrix} -\boldsymbol{P}_{\mu}^{-1} + 3\zeta_1 \varrho^2 \boldsymbol{I} & * \\ 0 & -\boldsymbol{\mathcal{R}}_{\mu} + 3m\zeta_1 \varrho^2 \boldsymbol{I} \end{bmatrix}$$

$$\tilde{\boldsymbol{\Gamma}}_{ij\mu}^{21} \stackrel{\text{def}}{=} \begin{bmatrix} \sqrt{\pi_{\mu 1}} & \sqrt{\pi_{\mu 2}} & \cdots & \sqrt{\pi_{\mu n}} \end{bmatrix}^{\mathrm{T}}$$

$$\otimes \begin{bmatrix} \boldsymbol{A}_i + \boldsymbol{B}_i \boldsymbol{F}_j \boldsymbol{\Omega}_{\mu} & \dfrac{1}{(1-\hat{\beta})} \boldsymbol{B}_i \boldsymbol{F}_j (\hat{\beta} \boldsymbol{\Omega}_{\mu} + \boldsymbol{I} - \boldsymbol{\Omega}_{\mu}) \end{bmatrix}$$

$$\tilde{\boldsymbol{\Gamma}}_{ij\mu}^{31} \stackrel{\text{def}}{=} \begin{bmatrix} \sqrt{\pi_{\mu 1}} & \sqrt{\pi_{\mu 2}} & \cdots & \sqrt{\pi_{\mu n}} \end{bmatrix}^{\mathrm{T}}$$

$$\otimes \begin{bmatrix} \sqrt{\dfrac{\hat{\beta}}{1-\hat{\beta}}} \boldsymbol{B}_i \boldsymbol{F}_j \boldsymbol{\Omega}_{\mu} & -\sqrt{\dfrac{\hat{\beta}}{1-\hat{\beta}}} \boldsymbol{B}_i \boldsymbol{F}_j \boldsymbol{\Omega}_{\mu} \end{bmatrix}$$

$$\tilde{\boldsymbol{\Gamma}}_{ij\mu}^{41} \stackrel{\text{def}}{=} \begin{bmatrix} \sqrt{\pi_{\mu 1}} \boldsymbol{\mathcal{R}}_1 & \sqrt{\pi_{\mu 2}} \boldsymbol{\mathcal{R}}_2 & \cdots & \sqrt{\pi_{\mu n}} \boldsymbol{\mathcal{R}}_n \end{bmatrix}^{\mathrm{T}}$$

$$\otimes \begin{bmatrix} (1-\hat{\beta}) \boldsymbol{\Omega}_{\mu} & -\sqrt{\hat{\beta}(1-\hat{\beta})} \boldsymbol{\Omega}_{\mu} \end{bmatrix}$$

$$\tilde{\boldsymbol{\Gamma}}_{ij\mu}^{51} \stackrel{\text{def}}{=} \begin{bmatrix} \sqrt{\pi_{\mu 1}} \boldsymbol{\mathcal{R}}_1 & \sqrt{\pi_{\mu 2}} \boldsymbol{\mathcal{R}}_2 & \cdots & \sqrt{\pi_{\mu n}} \boldsymbol{\mathcal{R}}_n \end{bmatrix}^{\mathrm{T}}$$

$$\otimes \begin{bmatrix} \sqrt{\hat{\beta}(1-\hat{\beta})} \boldsymbol{\Omega}_{\mu} & \hat{\beta} \boldsymbol{\Omega}_{\mu} + \boldsymbol{I} - \boldsymbol{\Omega}_{\mu} \end{bmatrix}$$

$$\tilde{\boldsymbol{\Gamma}}_{ij\mu}^{61} \stackrel{\text{def}}{=} \begin{bmatrix} \sqrt{\pi_{\mu 1}} & \sqrt{\pi_{\mu 2}} & \cdots & \sqrt{\pi_{\mu n}} \end{bmatrix}^{\mathrm{T}}$$

$$\otimes \begin{bmatrix} (1-\hat{\beta})(\boldsymbol{G}\boldsymbol{A}_i + \boldsymbol{G}\boldsymbol{B}_i \boldsymbol{F}_j \boldsymbol{\Omega}_{\mu}) - \hat{\beta} \boldsymbol{G} & \boldsymbol{G}\boldsymbol{B}_i \boldsymbol{F}_j (\hat{\beta} \boldsymbol{\Omega}_{\mu} + \boldsymbol{I} - \boldsymbol{\Omega}_{\mu}) \end{bmatrix}$$

$$\tilde{\boldsymbol{\Gamma}}_{ij\mu}^{71} \stackrel{\text{def}}{=} \begin{bmatrix} \sqrt{\pi_{\mu 1}} & \sqrt{\pi_{\mu 2}} & \cdots & \sqrt{\pi_{\mu n}} \end{bmatrix}^{\mathrm{T}}$$

$$\otimes \begin{bmatrix} \sqrt{\hat{\beta}(1-\hat{\beta})} \boldsymbol{G}\boldsymbol{B}_i \boldsymbol{F}_j \boldsymbol{\Omega}_{\mu} & -\sqrt{\hat{\beta}(1-\hat{\beta})} \boldsymbol{G}\boldsymbol{B}_i \boldsymbol{F}_j \boldsymbol{\Omega}_{\mu} \end{bmatrix}$$

以及

$$\boldsymbol{\Phi}_{i\mu} \stackrel{\text{def}}{=} \begin{bmatrix} \sqrt{\pi_{\mu 1}} \boldsymbol{B}_i^{\mathrm{T}} \cdots \sqrt{\pi_{\mu n}} \boldsymbol{B}_i^{\mathrm{T}} \end{bmatrix}^{\mathrm{T}}, \boldsymbol{\Lambda} \stackrel{\text{def}}{=} \operatorname{diag}\{\boldsymbol{P}_1, \cdots, \boldsymbol{P}_n\} \ \boldsymbol{\Upsilon} \stackrel{\text{def}}{=} \operatorname{diag}\{\boldsymbol{W}_1, \cdots, \boldsymbol{W}_n\}$$

$$\boldsymbol{\Sigma} \stackrel{\text{def}}{=} \operatorname{diag}\{\boldsymbol{\mathcal{R}}_1, \cdots, \boldsymbol{\mathcal{R}}_n\}, \ \boldsymbol{\Theta}_{i\mu} \stackrel{\text{def}}{=} \begin{bmatrix} \sqrt{\pi_{\mu 1}} \boldsymbol{B}_i^{\mathrm{T}} \boldsymbol{G}^{\mathrm{T}} \cdots \sqrt{\pi_{\mu n}} \boldsymbol{B}_i^{\mathrm{T}} \boldsymbol{G}^{\mathrm{T}} \end{bmatrix}^{\mathrm{T}}$$

那么闭环系统［式 (8.14)］随机稳定，且系统状态将被驱动到滑模域 $\mathbb{D}$。

证明:

条件 (8.35) 和 (8.36) 保证了不等式 (8.15) 和 (8.27) 成立。下面证明不等式 (8.37)、(8.38) 保证条件 (8.16) 和 (8.28)。

容易证明，

$$\sum_{i=1}^{\ell}\sum_{j=1}^{\ell} m_i(\boldsymbol{x}(k))m_j(\boldsymbol{x}(k))\xi_j(k)\tilde{\boldsymbol{\Gamma}}_{ij\mu}$$

$$=\sum_{i=1}^{\ell} m_i^2(\boldsymbol{x}(k))\xi_i(k)\tilde{\boldsymbol{\Gamma}}_{ii\mu}+\sum_{i=1}^{\ell}\sum_{j>i} m_i(\boldsymbol{x}(k))m_j(\boldsymbol{x}(k))\left[\xi_j(k)\tilde{\boldsymbol{\Gamma}}_{ij\mu}+\xi_i(k)\tilde{\boldsymbol{\Gamma}}_{ji\mu}\right] \tag{8.39}$$

注意到 $\sum_{l=1}^{2}\varpi_{il}=1$ 和 $\xi_i(k)=\sum_{l=1}^{2}\varpi_{il}\xi_{il}$，有

$$\xi_i(k)\boldsymbol{\Gamma}_{ii\mu}=\sum_{l=1}^{2}\varpi_{il}\xi_{il}\tilde{\boldsymbol{\Gamma}}_{ii\mu} \tag{8.40}$$

此外，

$$\xi_j(k)\tilde{\boldsymbol{\Gamma}}_{ij\mu}+\xi_i(k)\tilde{\boldsymbol{\Gamma}}_{ji\mu}$$

$$=\sum_{l=1}^{2}\left[\varpi_{jl}\xi_{jl}\tilde{\boldsymbol{\Gamma}}_{ij\mu}+\varpi_{il}\xi_{il}\tilde{\boldsymbol{\Gamma}}_{ji\mu}\right]$$

$$=\sum_{l=1}^{2}\left\{\sum_{r=1}^{2}\varpi_{ir}\varpi_{jl}\xi_{jl}\tilde{\boldsymbol{\Gamma}}_{ij\mu}+\sum_{r=1}^{2}\varpi_{jr}\varpi_{il}\xi_{il}\tilde{\boldsymbol{\Gamma}}_{ji\mu}\right\}$$

$$=\sum_{l=1}^{2}\sum_{r=1}^{2}\varpi_{ir}\varpi_{jl}\xi_{jl}\tilde{\boldsymbol{\Gamma}}_{ij\mu}+\sum_{l=1}^{2}\sum_{r=1}^{2}\varpi_{jr}\varpi_{il}\xi_{il}\tilde{\boldsymbol{\Gamma}}_{ji\mu}$$

$$=\sum_{l=1}^{2}\sum_{r=1}^{2}\varpi_{ir}\varpi_{jl}\xi_{jl}\tilde{\boldsymbol{\Gamma}}_{ij\mu}+\sum_{r=1}^{2}\sum_{l=1}^{2}\varpi_{jl}\varpi_{ir}\xi_{ir}\tilde{\boldsymbol{\Gamma}}_{ji\mu}$$

$$=\sum_{l=1}^{2}\sum_{r=1}^{2}\varpi_{ir}\varpi_{jl}\left[\xi_{jl}\tilde{\boldsymbol{\Gamma}}_{ij\mu}+\xi_{ir}\tilde{\boldsymbol{\Gamma}}_{ji\mu}\right] \tag{8.41}$$

利用式 (8.40)、式 (8.41) 以及式 (8.37)、式 (8.38)，由式 (8.39) 可以得到

$$\sum_{i=1}^{\ell}\sum_{j=1}^{\ell} m_i(\boldsymbol{x}(k))m_j(\boldsymbol{x}(k))\xi_j(k)\tilde{\boldsymbol{\Gamma}}_{ij\mu}$$

$$=\sum_{i=1}^{\ell} m_i^2(\boldsymbol{x}(k))\sum_{l=1}^{2}\varpi_{il}\xi_{il}\tilde{\boldsymbol{\Gamma}}_{ii\mu}$$

$$+\sum_{i=1}^{\ell}\sum_{j>i} m_i(\boldsymbol{x}(k))m_j(\boldsymbol{x}(k))\sum_{l=1}^{2}\sum_{r=1}^{2}\varpi_{ir}\varpi_{jl}\left[\xi_{jl}\tilde{\boldsymbol{\Gamma}}_{ij\mu}+\xi_{ir}\tilde{\boldsymbol{\Gamma}}_{ji\mu}\right]<0 \tag{8.42}$$

令 $\boldsymbol{P}_\mu=\boldsymbol{\mathcal{P}}_\mu^{-1}$，$\boldsymbol{W}_\mu=\boldsymbol{\mathcal{W}}_\mu^{-1}$。根据 Schur 补引理，由式 (8.42) 可得式 (8.28) 成立。利用式 (8.28)，有

$$\sum_{i=1}^{\ell}\sum_{j=1}^{\ell} m_i(\boldsymbol{x}(k))m_j(\boldsymbol{x}(k))\xi_j(k)\left\{\boldsymbol{\Gamma}_{ij\mu}+\begin{bmatrix}[(1-\hat{\beta})(\boldsymbol{G}\boldsymbol{A}_i+\boldsymbol{G}\boldsymbol{B}_i\boldsymbol{F}_j\boldsymbol{\Omega}_\mu)-\hat{\beta}\boldsymbol{G}]^{\mathrm{T}}\\ [\hat{\beta}(1-\hat{\beta})\boldsymbol{G}\boldsymbol{B}_i\boldsymbol{F}_j\boldsymbol{\Omega}_\mu]^{\mathrm{T}}\end{bmatrix}3\vec{\boldsymbol{\mathcal{W}}}_\mu\right.$$

$$\left.\times\left[(1-\hat{\beta})(\boldsymbol{G}\boldsymbol{A}_i+\boldsymbol{G}\boldsymbol{B}_i\boldsymbol{F}_j\boldsymbol{\Omega}_\mu)-\hat{\beta}\boldsymbol{G},\hat{\beta}(1-\hat{\beta})\boldsymbol{G}\boldsymbol{B}_i\boldsymbol{F}_j\boldsymbol{\Omega}_\mu\right]\right\}<0$$

由于 $\vec{\boldsymbol{\mathcal{W}}}_\mu>0$，可知式 (8.16) 成立。证毕。

注意到，由于同时存在 $\boldsymbol{P}_\mu$ 和 $\boldsymbol{P}_\mu^{-1}$，条件 (8.35) ～ (8.38) 为非线性不等式，下面利用锥补偿算法通过如下优化问题来处理这些非线性：

$$\min\ \mathrm{tr}\sum_{\mu=1}^{n}\boldsymbol{P}_\mu\boldsymbol{X}_\mu \tag{8.43}$$

满足式 (8.35)、式 (8.36) 以及下面不等式

$$\vec{\boldsymbol{\Gamma}}_{ii\mu}<0,\qquad \forall i,\mu \tag{8.44}$$

$$\xi_{jl}\vec{\boldsymbol{\Gamma}}_{ij\mu}+\xi_{ir}\vec{\boldsymbol{\Gamma}}_{ji\mu}<0,\ \forall i<j,\quad \forall l,r,\mu \tag{8.45}$$

$$\begin{bmatrix}\boldsymbol{X}_\mu & \boldsymbol{I}\\ \boldsymbol{I} & \boldsymbol{P}_\mu\end{bmatrix}\geqslant 0,\quad \forall\mu \tag{8.46}$$

其中，

$$\vec{\boldsymbol{\Gamma}}_{ij\mu}^{11}\overset{\text{def}}{=\!=}\begin{bmatrix}-\boldsymbol{X}_\mu+3\zeta_1\varrho^2\boldsymbol{I} & *\\ 0 & -\boldsymbol{\mathcal{R}}_\mu+3m\zeta_1\varrho^2\boldsymbol{I}\end{bmatrix}$$

$$\vec{\boldsymbol{\Gamma}}_{ij\mu} \stackrel{\text{def}}{=} \begin{bmatrix} \vec{\boldsymbol{\Gamma}}_{ij\mu}^{11} & * & * & * & * & * & * \\ \vec{\boldsymbol{\Gamma}}_{ij\mu}^{21} & -\frac{1}{3}\boldsymbol{\Lambda} & * & * & * & * & * \\ \vec{\boldsymbol{\Gamma}}_{ij\mu}^{31} & 0 & -\boldsymbol{\Lambda} & * & * & * & * \\ \vec{\boldsymbol{\Gamma}}_{ij\mu}^{41} & 0 & 0 & -\Sigma & * & * & * \\ \vec{\boldsymbol{\Gamma}}_{ij\mu}^{51} & 0 & 0 & 0 & -\Sigma & * & * \\ \vec{\boldsymbol{\Gamma}}_{ij\mu}^{61} & 0 & 0 & 0 & 0 & -\frac{1}{3}\boldsymbol{\Upsilon} & * \\ \vec{\boldsymbol{\Gamma}}_{ij\mu}^{71} & 0 & 0 & 0 & 0 & 0 & -\boldsymbol{\Upsilon} \end{bmatrix}$$

本节优化问题(8.43)的求解过程与4.3.3节优化求解算法中的步骤2类似。

8.4 仿真实例

考虑区间二型 T-S 模糊系统［式(8.5)］，其参数为：

$$\boldsymbol{A}_1 = \begin{bmatrix} 0.1 & 0 \\ 0.1 & -0.1 \end{bmatrix},\ \boldsymbol{A}_2 = \begin{bmatrix} 0.1 & 0 \\ -0.1 & 0.1 \end{bmatrix},\quad \boldsymbol{B}_1 = \begin{bmatrix} -1 \\ 1 \end{bmatrix},$$

$$\boldsymbol{A}_3 = \begin{bmatrix} 1 & 1 \\ -0.3 & 0.8 \end{bmatrix},\ \boldsymbol{B}_2 = \begin{bmatrix} 1 \\ -1 \end{bmatrix},\quad \boldsymbol{B}_3 = \begin{bmatrix} 1 \\ 1 \end{bmatrix},$$

系统［式(8.5)］的隶属度函数为

$$m_1(x_1(k))=(1-\sin^2(x_1(k)))\underline{m}_1(x_1(k))+\sin^2(x_1(k))\overline{m}_1(x_1(k)) \tag{8.47}$$

$$m_2(x_1(k))=0.4\underline{m}_2(x_1(k))+0.6\overline{m}_2(x_1(k)) \tag{8.48}$$

$$m_3(x_1(k))=1-m_1(x_1(k))-m_2(x_1(k)) \tag{8.49}$$

其中，$x_1(k)\in[-1,1]$ 以及

$$\underline{m}_1(x_1(k)) = 1-\frac{1}{1+\mathrm{e}^{-(2x_1(k)+5)}},\ \overline{m}_1(x_1(k)) = 1-\frac{1}{1+\mathrm{e}^{-(2x_1(k)+3)}},$$

$$\underline{m}_2(x_1(k)) = \frac{1}{1+\mathrm{e}^{-(2x_1(k)-5)}},\ \overline{m}_2(x_1(k)) = \frac{1}{1+\mathrm{e}^{-(2x_1(k)-3)}}.$$

假设攻击概率为 $\hat{\beta}$=0.1，转移概率矩阵为 $\begin{bmatrix} 0.5 & 0.5 \\ 0.4 & 0.6 \end{bmatrix}$，滑模矩阵 $\boldsymbol{G}$=[1　2]。控制器［式 (8.9)］中的隶属度函数选择为：

$$h_1(x_1(k))=0.2\underline{m}_1(\vec{x}_1(k))+0.8\overline{m}_1(\vec{x}_1(k)) \tag{8.50}$$

$$h_2(x_1(k))=\cos^2(\vec{x}_1(k))\underline{m}_2(\vec{x}_1(k))+(1-\cos^2(\vec{x}_1(k)))\overline{m}_2(x_1(k)) \tag{8.51}$$

$$h_3(x_1(k))=1-h_1(\vec{x}_1(k))-h_2(\vec{x}_1(k)) \tag{8.52}$$

利用系统隶属度函数 (8.47) ～ (8.49) 以及控制器隶属度函数 (8.50) ～ (8.52)，通过计算得到优化问题 (8.43) 中的参数为 ξ_{11}=0.0271，ξ_{12}=40.1606，ξ_{21}=0.11，ξ_{22}=46.6367，ξ_{31}=0.7969，ξ_{32}=1.2144。

通过求解最小化问题 (8.43)，得到如下控制增益：

$\boldsymbol{F}_1$=[0.0228　−0.0980]，$\boldsymbol{F}_2$=[−0.0512　−0.2100]，$\boldsymbol{F}_3$=[−0.0472　−0.1811]。

仿真中，初始值设为 $\boldsymbol{x}(0)$=[1　−1]^{T}，干扰设为 $d(k,\boldsymbol{x}(k))=\varrho(x_1^2(k)+x_2^2(k))$，其中 ϱ=0.02。图 8.2 为攻击概率 $\hat{\beta}$=0.1 时的开环状态响应曲线。图 8.3、图 8.4 给出攻击概率为 $\hat{\beta}$=0.1 和 $\hat{\beta}$=0.3 时系统状态 $\boldsymbol{x}(k)$ 和控制输入 $u(k)$ 在闭环情况下的曲线。由图 8.3、图 8.4 可以看出，随着攻击概率增加，

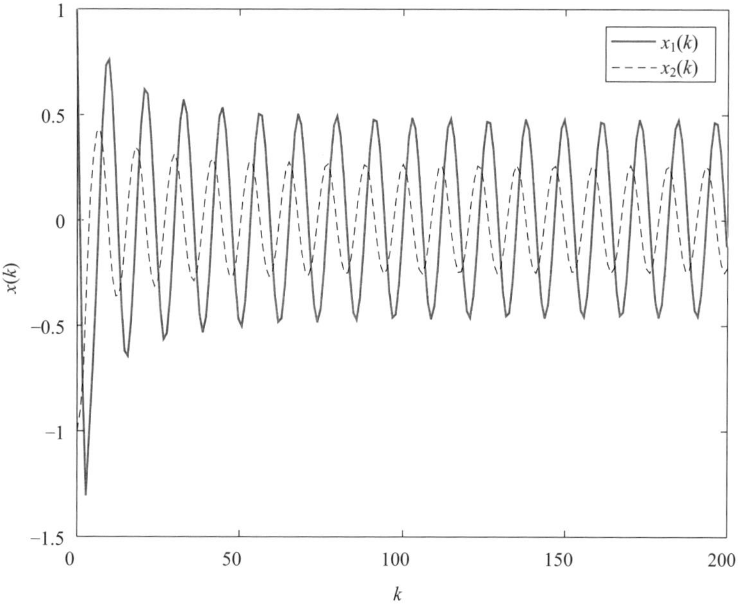

图 8.2　开环时的状态响应

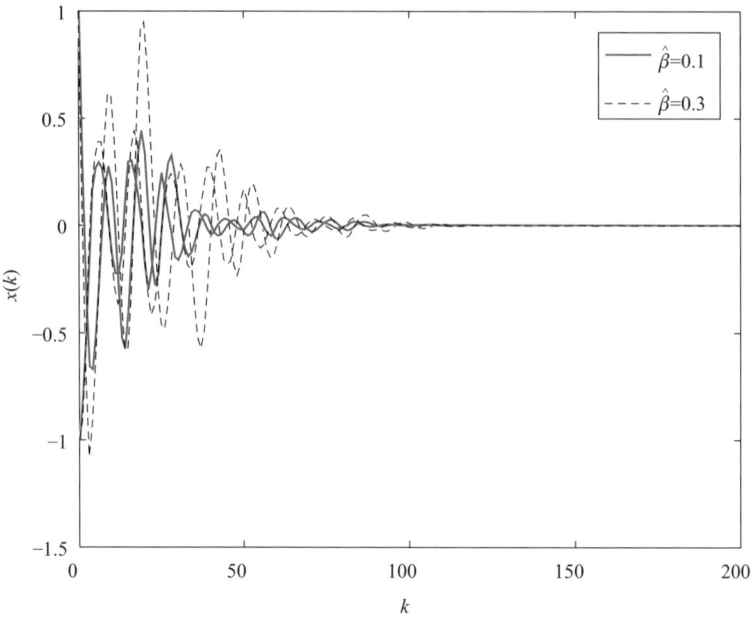

图 8.3　不同攻击概率 $\hat{\beta}$ 对应的系统状态

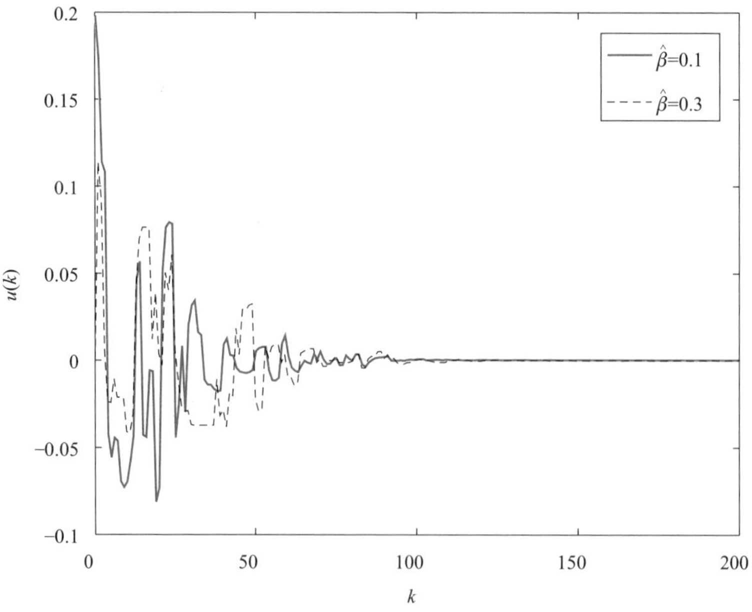

图 8.4　不同攻击概率 $\hat{\beta}$ 对应的控制输入

状态的收敛速度下降，这可能是控制器可用信息量减少的原因。

此外，我们考虑了不同的初始值和转移概率矩阵（如表 8.1 和表 8.2 所示），检验初始状态 $\boldsymbol{x}(0)$ 和调度信号 $\boldsymbol{\tau}(k)$ 对控制性能的影响。图 8.5、图 8.6 分别刻画了表 8.1 中情况 1 和情况 2 对应的状态和控制曲线，攻击概率 $\hat{\beta}=0.1$，转移概率矩阵为 $\begin{bmatrix} 0.5 & 0.5 \\ 0.4 & 0.6 \end{bmatrix}$。图 8.7、图 8.8 给出表 8.2 中情况 a 和情况 b 对应的状态和控制曲线，其中的攻击概率 $\hat{\beta}=0.1$，初始状态 $\boldsymbol{x}(0)=[1 \quad -1]^{\mathrm{T}}$。由图 8.5 ～图 8.8 可以看出，虽然初始状态和调度信号会影响系统的控制性能，但设计的滑模控制器始终可以镇定被控系统。

表8.1　初始状态的值

	情况 1	情况 2
$\boldsymbol{x}(0)$	$[-1 \quad 1]^{\mathrm{T}}$	$[0.5 \quad 0.5]^{\mathrm{T}}$

表8.2　转移概率矩阵

	情况 a	情况 b
转移概率矩阵	$\begin{pmatrix} 0.3 & 0.7 \\ 0.6 & 0.4 \end{pmatrix}$	$\begin{pmatrix} 0 & 1 \\ 1 & 0 \end{pmatrix}$

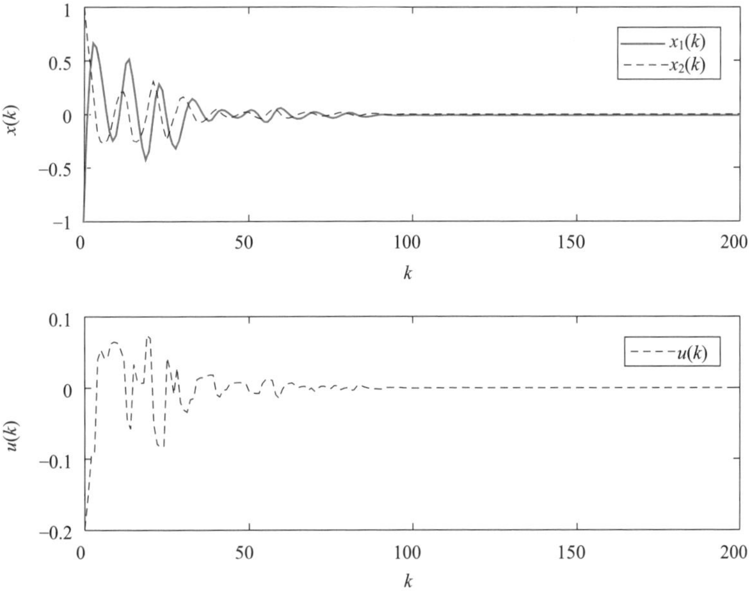

图 8.5　表 8.1 中的情况 1

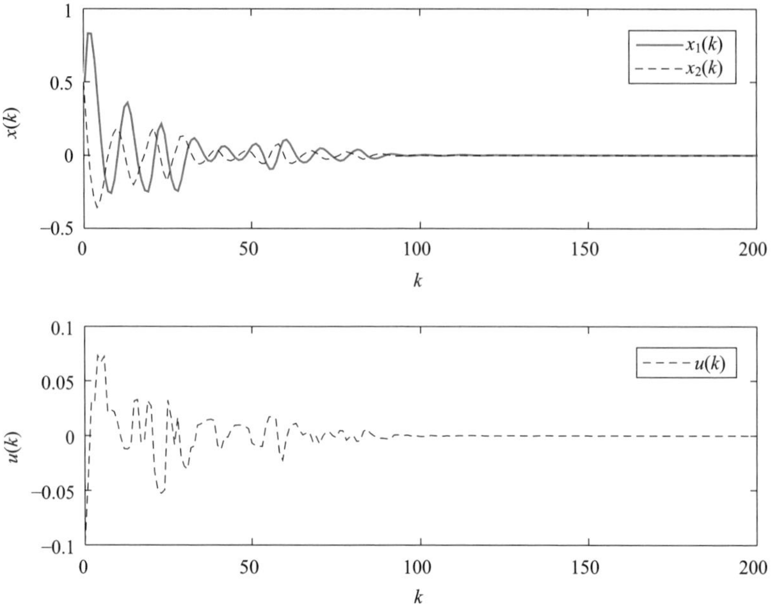

图 8.6　表 8.1 中的情况 2

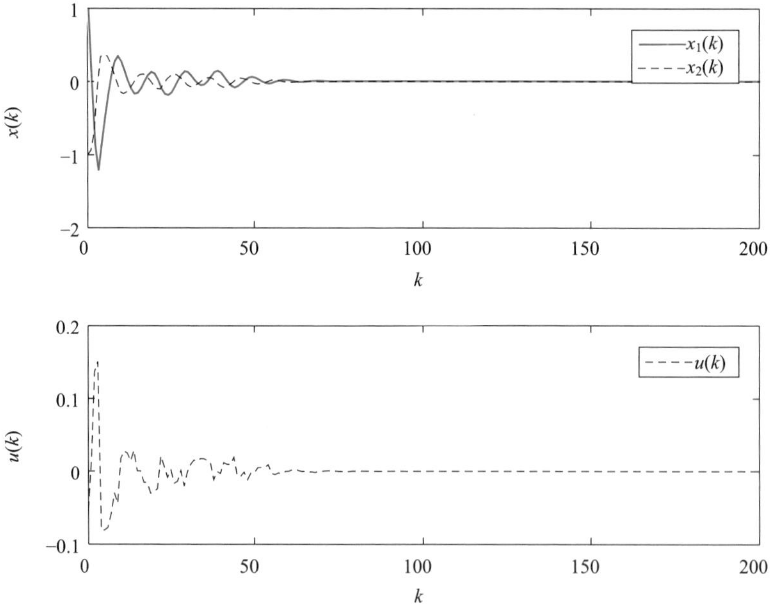

图 8.7　表 8.2 中的情况 a

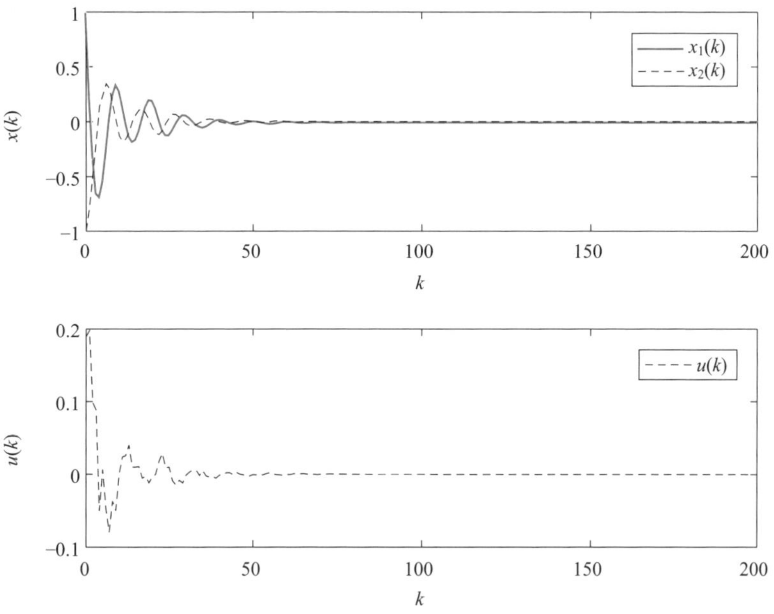

图 8.8　表 8.2 中的情况 b

8.5
本章小结

本章研究了 DoS 攻击下区间二型 T-S 模糊系统的安全滑模控制问题。用随机通信协议调度传感器节点的传输顺序，在测量信号传输过程中可能遭受随机发生的 DoS 攻击。基于网络攻击和随机通信调度协议模型，设计了控制增益不依赖调度信号的滑模控制器。构造了系统和控制器隶属度函数之间的等式关系，给出了闭环系统随机稳定和滑模面可达的充分条件。

参考文献

Costa O L V, et al, 2005. Discrete-time Markov jump linear systems. London: Springer.

Dong Y, et al, 2022. Effcient model predictive control for nonlinear systems in interval type-2 T-S fuzzy form under round-robin protocol. IEEE Transactions on Fuzzy Systems, 30(1): 63-74.

Donkers M, et al, 2012. Stability analysis of stochastic networked control systems. Automatica, 48(5): 917-925.

Lam H K, et al, 2005. Stability analysis of fuzzy control systems subject to uncertain grades of membership. IEEE Transactions on Systems, Man, and Cybernetics, 35(6): 1322-1325.

Song J, et al, 2019. On H_∞ sliding mode control under stochastic communication protocol. IEEE Transactions on Automatic Control, 64(5): 2174-2181.

Tabbara M, et al, 2008. Input-output stability of networked control systems with stochastic protocols and channels. IEEE Transactions on Automatic Control, 53(5):1160-1175.

Zhang H, et al, 2015. Optimal denial-of-service attack scheduling with energy constraint. IEEE Transactions on Automatic Control, 60(11): 3023-3028.

Zou L, et al, 2019. Recursive filtering for time-varying systems with random access protocol. IEEE Transactions on Automatic Control, 64(2): 720-727.

Digital Wave
Advanced Technology of
Industrial Internet

Resilient Control for Cyber-Physical Systems: Design and Analysis

信息物理系统安全控制设计与分析

第9章

间歇性 DoS 攻击下的模糊系统滑模安全控制

9.1
概述

第 8 章研究了 DoS 攻击服从已知 Bernoulli 分布的情况。但在实际中，我们可能无法获得攻击的统计特性，特别是，恶意 DoS 攻击未必服从某种概率分布（Wu C., 2020）。因此，De Persis C.（2015）引入更一般的攻击模型，利用攻击频率和持续时间描述间歇性 DoS 攻击。基于该模型，Chen X.（2018）研究了周期性 DoS 攻击下的事件触发鲁棒控制问题。Ge H.（2019）研究了 DoS 攻击下一类 T-S 模糊系统的安全控制问题，设计了基于 Non-PDC 策略的控制器，构建了系统和控制器隶属度函数之间的不等式关系，建立了隶属度不依赖的稳定性条件。对于区间二型 T-S 模糊系统，第 8 章服从 Bernoulli 分布的 DoS 攻击处理方法不能直接推广到基于攻击频率和持续时间的 DoS 攻击。

本章研究状态不可测时，间歇性 DoS 攻击下区间二型 T-S 模糊系统的滑模控制问题。借鉴平均驻留时间思想，引入攻击次数和攻击时长刻画攻击的间歇性。根据发生和未发生攻击时控制器端可用信息的不同，基于不匹配的隶属度函数，设计了切换的状态估计器和滑模控制器，保证了滑模面的可达性。基于切换 Lyapunov 函数，建立了闭环系统输入-状态稳定的充分条件，估计了可接受的攻击上限。

9.2
问题描述

9.2.1 区间二型 T-S 模糊系统

考虑一类区间二型 T-S 模糊系统：

$$\dot{\boldsymbol{x}}(t)=\sum_{i=1}^{\lambda}h_i(\boldsymbol{x}(t))[\boldsymbol{A}_i\boldsymbol{x}(t)+\boldsymbol{B}_i(\boldsymbol{u}(t)+\boldsymbol{\phi}(t,\boldsymbol{x}(t)))] \tag{9.1}$$

$$\boldsymbol{y}(t)=\boldsymbol{C}\boldsymbol{x}(t) \tag{9.2}$$

其中，$\boldsymbol{x}(t)\in\mathbb{R}^n$ 为状态，$\boldsymbol{u}(t)\in\mathbb{R}^m$ 为控制输入，$\boldsymbol{y}(t)\in\mathbb{R}^p$ 是测量输出，A_i、B_i 和 C 为已知矩阵，干扰 $\boldsymbol{\phi}(t,\boldsymbol{x}(t))$ 满足假设 $\|\boldsymbol{\phi}(t,\boldsymbol{x}(t))\|\leqslant b\|\boldsymbol{y}(t)\|$，$b$ 为已知正数。隶属度函数 $h_i(\boldsymbol{x}(t))$ 为：

$$h_i(\boldsymbol{x}(t))=\underline{h}_i(\boldsymbol{x}(t))\underline{v}_i(\boldsymbol{x}(t))+\overline{h}_i(\boldsymbol{x}(t))\overline{v}_i(\boldsymbol{x}(t)),\ \sum_{i=1}^{\lambda}h_i(\boldsymbol{x}(t))=1 \tag{9.3}$$

在式 (9.3) 中，不确定系数 $\underline{v}_i(\boldsymbol{x}(t))$ 和 $\overline{v}_i(\boldsymbol{x}(t))$ 满足

$$\underline{v}_i(\boldsymbol{x}(t)),\overline{v}_i(\boldsymbol{x}(t))\in[0,1],\ \underline{v}_i(\boldsymbol{x}(t))+\overline{v}_i(\boldsymbol{x}(t))=1$$

$\underline{h}_i(\boldsymbol{x}(t))$ 和 $\overline{h}_i(\boldsymbol{x}(t))$ 由下式给出：

$$\underline{h}_i(\boldsymbol{x}(t))=\prod_{\ell=1}^{m}\underline{\mu}_{\Phi_\ell^i}(\chi_\ell(\boldsymbol{x}(t)))\geqslant 0,\ \overline{h}_i(\boldsymbol{x}(t))=\prod_{\ell=1}^{m}\overline{\mu}_{\Phi_\ell^i}(\chi_\ell(\boldsymbol{x}(t)))\geqslant 0$$

其中，Φ_ℓ^i 为第 i 个模糊规则中对应第 ℓ 个前提变量的模糊集合，下、上隶属度 $\underline{\mu}_{\Phi_\ell^i}(\chi_\ell(\boldsymbol{x}(t)))$ 和 $\overline{\mu}_{\Phi_\ell^i}(\chi_\ell(\boldsymbol{x}(t)))$ 满足

$$0\leqslant\underline{\mu}_{\Phi_\ell^i}(\chi_\ell(\boldsymbol{x}(t)))\leqslant\overline{\mu}_{\Phi_\ell^i}(\chi_\ell(\boldsymbol{x}(t)))\leqslant 1$$

9.2.2 间歇性 DoS 攻击模型

本章假设测量输出通过无线网络由传感器发送给控制器过程中可能受到间歇性的 DoS 攻击。“间歇性”指 DoS 攻击不是连续发生的。为了描述其间断特性，我们记 $\{t_n\}_{n\in\mathbb{N}}(t_0\geqslant 0)$ 为 DoS 攻击发生的时刻集合，在这些时刻，DoS 攻击从 0（无攻击）到 1（有攻击）进行切换。令 $T_n\overset{\text{def}}{=\!=}\{t_n\}\cup[t_n,t_n+\sigma_n)$ 为第 n 次攻击发生的时间区间，σ_n 为攻击时长。

对于给定的时间段$\left[\vec{t}_b,\vec{t}_e\right]$，记

$$\Omega\left(\vec{t}_b,\vec{t}_e\right)\overset{\text{def}}{=\!=}\bigcup\nolimits_{n\in\mathbb{N}}T_n\bigcap\left[\vec{t}_b,\vec{t}_e\right],\ \ \varDelta\left(\vec{t}_b,\vec{t}_e\right)\overset{\text{def}}{=\!=}\left[\vec{t}_b,\vec{t}_e\right]\setminus\Omega\left(\vec{t}_b,\vec{t}_e\right)$$

分别表示有攻击和无攻击的时间区间的集合。相应地，有攻击和无攻击的总时间长度分别记为 $|\Omega(\vec{t}_b,\vec{t}_e)|$ 和 $|\varDelta(\vec{t}_b,\vec{t}_e)|$。在时间区间 $[\vec{t}_b,\vec{t}_e)$ 内，DoS 攻击发生的总次数记为 $n(\vec{t}_b,\vec{t}_e)$。

由于本章所考虑的 DoS 攻击不具有某种已知的统计特性，仅仅知道

是间歇性发生的。因此，为了描述这种“间歇性”DoS 攻击的特性，我们对 DoS 攻击总次数 $n(\vec{t}_b,\vec{t}_e)$ 和攻击时长 $|\Omega(\vec{t}_b,\vec{t}_e)|$ 做如下假设：

假设 9.1 （DoS 攻击频率）存在常数 $\kappa \geqslant 0$ 和 $\tau_a>0$ 满足

$$n(\vec{t}_b,\vec{t}_e) \leqslant \kappa + \frac{\vec{t}_e - \vec{t}_b}{\tau_a} \tag{9.4}$$

假设 9.2 （DoS 攻击持续时间）存在常数 $\gamma \geqslant 0$ 和 $\mathcal{T}>1$ 满足

$$\left|\Omega(\vec{t}_b,\vec{t}_e)\right| \leqslant \gamma + \frac{\vec{t}_e - \vec{t}_b}{\mathcal{T}} \tag{9.5}$$

注释 9.1 假设 9.1 和假设 9.2 对 DoS 攻击频率和持续时间进行了限制，τ_a 和 $\dfrac{1}{\mathcal{T}}$ 分别表示相邻两次 DoS 攻击之间的驻留时间和 DoS 攻击占总时间区间 $[\vec{t}_b,\vec{t}_e]$ 的比例。条件 $\tau_a>0$ 和 $\mathcal{T}>1$ 保证了 DoS 攻击不会一直发生。常数 κ、γ 为保证式 (9.4) 和式 (9.5) 成立的调整项。

针对区间二型 T-S 模糊系统［式 (9.1)、式 (9.2)］，这里假设系统状态信息不可测，同时测量输出信号传输过程中可能受到间歇性 DoS 攻击。下面我们将设计滑模控制器保证间歇性 DoS 攻击下区间 T-S 模糊系统［式 (9.1)、式 (9.2)］的输入-状态稳定。

9.3 主要结果

本节将设计状态估计器估计不可测的状态。当没有攻击时，估计器可以利用测量输出信息 $\boldsymbol{y}(t)$；当发生攻击时，测量输出信息 $\boldsymbol{y}(t)$ 无法成功传输到估计器端。考虑到攻击是否发生对估计器可用信息的影响，下面设计切换状态估计器。

记 $\hat{\boldsymbol{x}}(t)$ 为估计状态。当未发生攻击时，即 $t\in\varDelta(\vec{t}_b,\vec{t}_e)$，估计器动态方程如下：

$$\dot{\hat{\boldsymbol{x}}}(t)=\sum_{i=1}^{\lambda}w_i(\hat{\boldsymbol{x}}(t))[\boldsymbol{A}_i\hat{\boldsymbol{x}}(t)+\boldsymbol{B}_iu(t)+\boldsymbol{L}_i^{(0)}(\boldsymbol{y}(t)-\boldsymbol{C}\hat{\boldsymbol{x}}(t))] \tag{9.6}$$

其中，$\boldsymbol{L}_i^{(0)}(i=1,2,\cdots,\lambda)$ 为设计观测器增益。当发生攻击时，即 $t\in\varOmega(\vec{t}_b,\vec{t}_e)$，估计器设计为：

$$\dot{\hat{\boldsymbol{x}}}(t)=\sum_{i=1}^{\lambda}w_i(\hat{\boldsymbol{x}}(t))(\boldsymbol{A}_i\hat{\boldsymbol{x}}(t)+\boldsymbol{B}_iu(t)-\boldsymbol{L}_i^{(1)}\boldsymbol{C}\hat{\boldsymbol{x}}(t)) \tag{9.7}$$

其中，$\boldsymbol{L}_i^{(1)}(i=1,2,\cdots,\lambda)$ 为设计矩阵。

估计器［式 (9.6)、式 (9.7)］中隶属度函数为：

$$w_i(\hat{\boldsymbol{x}}(t))=\underline{h}_i(\hat{\boldsymbol{x}}(t))\underline{a}_i(\hat{\boldsymbol{x}}(t))+\overline{h}_i(\hat{\boldsymbol{x}}(t))\overline{a}_i(\hat{\boldsymbol{x}}(t)),\ \sum_{i=1}^{\lambda}w_i(\hat{\boldsymbol{x}}(t))=1 \tag{9.8}$$

式 (9.8) 中，系数 $\underline{a}_i(\hat{\boldsymbol{x}}(t))$、$\overline{a}_i(\hat{\boldsymbol{x}}(t))$ 根据实际需求进行选择，满足条件

$$\underline{a}_i(\hat{\boldsymbol{x}}(t)),\overline{a}_i(\hat{\boldsymbol{x}}(t))\in[0,1],\underline{a}_i(\hat{\boldsymbol{x}}(t))+\overline{a}_i(\hat{\boldsymbol{x}}(t))=1$$

记 $\tilde{\boldsymbol{x}}(t)\overset{\text{def}}{=\!=}\boldsymbol{x}(t)-\hat{\boldsymbol{x}}(t)$ 为估计误差。利用系统［式 (9.1)］以及估计器［式 (9.6)、式 (9.7)］，得到不同攻击状态下的估计误差系统。当 $t\in\varDelta(\vec{t}_b,\vec{t}_e)$，即未发生 DoS 攻击时，估计误差系统为：

$$\dot{\tilde{\boldsymbol{x}}}(t)=\sum_{i=1}^{\lambda}w_i(\hat{\boldsymbol{x}}(t))\Big[(\boldsymbol{A}_i-\boldsymbol{L}_i^{(0)}\boldsymbol{C})\tilde{\boldsymbol{x}}(t)+\boldsymbol{B}_i\boldsymbol{\phi}(t,\boldsymbol{x}(t))\Big]+\boldsymbol{v}(t) \tag{9.9}$$

当 $t\in\varOmega(\vec{t}_b,\vec{t}_e)$，即发生攻击时，估计误差系统为：

$$\dot{\tilde{\boldsymbol{x}}}=\sum_{i=1}^{\lambda}w_i(\hat{\boldsymbol{x}}(t))(\boldsymbol{A}_i\tilde{\boldsymbol{x}}(t)+\boldsymbol{B}_i\boldsymbol{\phi}(t,\boldsymbol{x}(t))+\boldsymbol{L}_i^{(1)}\boldsymbol{C}\hat{\boldsymbol{x}}(t))+\boldsymbol{v}(t) \tag{9.10}$$

在式 (9.9)、式 (9.10) 中，$\boldsymbol{v}(t)$ 的表达式为

$$\boldsymbol{v}(t)=\sum_{i=1}^{\lambda}(h_i(\boldsymbol{x}(t))-w_i(\hat{\boldsymbol{x}}(t)))[\boldsymbol{A}_i\boldsymbol{x}(t)+\boldsymbol{B}_i(\boldsymbol{u}(t)+\boldsymbol{\phi}(t,\boldsymbol{x}(t)))] \tag{9.11}$$

9.3.1 滑模控制器设计和可达性分析

基于状态估计值 $\hat{\boldsymbol{x}}(t)$，构造如下积分型滑模函数：

$$\boldsymbol{s}(t)=\boldsymbol{D}\hat{\boldsymbol{x}}(t)-\boldsymbol{D}\int_0^t\sum_{i=1}^{\lambda}\sum_{j=1}^{\lambda}w_i(\hat{\boldsymbol{x}}(t))w_j(\hat{\boldsymbol{x}}(t))(\boldsymbol{A}_i+\boldsymbol{B}_i\boldsymbol{K}_j)\hat{\boldsymbol{x}}(z)\mathrm{d}z \tag{9.12}$$

其中，$\boldsymbol{K}_j$ 为设计矩阵，$\boldsymbol{D}$ 为给定矩阵，满足 $\boldsymbol{DB}_i>0$(或 $\boldsymbol{DB}_i<0$)($i=1,2,\cdots,\lambda$)，状态估计值 $\hat{\boldsymbol{x}}(t)$ 根据是否发生 DoS 攻击分别利用式 (9.7) 和式 (9.6) 进行计算。

因此，当没有攻击时，即 $t\in\varDelta(\vec{t}_b,\vec{t}_e)$，根据式 (9.6)，有

$$\begin{aligned}\dot{\boldsymbol{s}}(t)=&\boldsymbol{D}(w)\boldsymbol{u}(t)+\sum_{i=1}^{\lambda}w_i(\hat{\boldsymbol{x}}(t))\boldsymbol{DL}_i^{(0)}\boldsymbol{C}\tilde{\boldsymbol{x}}(t)\\&-\sum_{i=1}^{\lambda}\sum_{j=1}^{\lambda}w_i(\hat{\boldsymbol{x}}(t))w_j(\hat{\boldsymbol{x}}(t))\boldsymbol{DB}_i\boldsymbol{K}_j\hat{\boldsymbol{x}}(t)\end{aligned} \tag{9.13}$$

其中，$\boldsymbol{D}(w)\overset{\text{def}}{=\!=}\sum\limits_{i=1}^{\lambda}w_i(\hat{\boldsymbol{x}}(t))\boldsymbol{DB}_i$。当攻击发生时，即 $t\in\varOmega(\vec{t}_b,\vec{t}_e)$，根据式 (9.7)，有

$$\begin{aligned}\dot{s}(t)=&\boldsymbol{D}(\boldsymbol{w})\boldsymbol{u}(t)-\sum_{i=1}^{\lambda}w_i(\hat{\boldsymbol{x}}(t))\boldsymbol{DL}_i^{(1)}\boldsymbol{C}\tilde{\boldsymbol{x}}(t)\\&-\sum_{i=1}^{\lambda}\sum_{j=1}^{\lambda}w_i(\hat{\boldsymbol{x}}(t))w_j(\hat{\boldsymbol{x}}(t))\boldsymbol{DB}_i\boldsymbol{K}_j\hat{\boldsymbol{x}}(t)\end{aligned} \tag{9.14}$$

在式 (9.14) 中 $\boldsymbol{D}(\boldsymbol{w})$ 的定义与式 (9.13) 相同。

类似于第 9.3 节的讨论，当发生与未发生攻击时，控制器的可用信息也不相同。因此，基于切换估计器［式 (9.6)、式 (9.7)］，设计下面切换滑模控制器：

$$\begin{aligned}\boldsymbol{u}(t)=&\sum_{j=1}^{\lambda}w_j(\hat{\boldsymbol{x}}(t))\boldsymbol{K}_j\hat{\boldsymbol{x}}(t)-\boldsymbol{D}^{-1}(\boldsymbol{w})\sum_{i=1}^{\lambda}w_i(\hat{\boldsymbol{x}}(t))\boldsymbol{DL}_i^{(0)}(\boldsymbol{y}(t)-\boldsymbol{C}\hat{\boldsymbol{x}}(t))\\&-\mu\mathrm{sgn}(\boldsymbol{D}(\boldsymbol{w})\boldsymbol{s}(t)),\ \text{当}\ t\in\varDelta(\vec{t}_b,\vec{t}_e)\end{aligned} \tag{9.15}$$

和

$$\boldsymbol{u}(t)=\sum_{j=1}^{\lambda}w_j(\hat{\boldsymbol{x}}(t))\boldsymbol{K}_j\hat{\boldsymbol{x}}(t)+\boldsymbol{D}^{-1}(\boldsymbol{w})\sum_{i=1}^{\lambda}w_i(\hat{\boldsymbol{x}}(t))\boldsymbol{D}\boldsymbol{L}_i^{(1)}\boldsymbol{C}\hat{\boldsymbol{x}}(t)$$

$$-\mu\operatorname{sgn}(\boldsymbol{D}(\boldsymbol{w})\boldsymbol{s}(t)),\ \text{当}\ t\in\Omega(\vec{t}_b,\vec{t}_e) \tag{9.16}$$

定理 9.1 考虑区间二型 T-S 模糊系统［式 (9.1)、式 (9.2)］，受到满足假设 9.1 和 9.2 的间歇性 DoS 攻击，那么，滑模控制律［式 (9.15)、式 (9.16)］能够保证状态轨迹被驱动到指定滑模面 $\boldsymbol{s}(t)$=0。

证明:

选择 Lyapunov 函数

$$\boldsymbol{U}(t)=\frac{1}{2}\boldsymbol{s}^{\mathrm{T}}(t)\boldsymbol{s}(t) \tag{9.17}$$

首先考虑 DoS 攻击没有发生的情况，即当 $t\in\varDelta(\vec{t}_b,\vec{t}_e)$ 时，根据式 (9.13)，由式 (9.17) 得到：

$$\dot{\boldsymbol{U}}(t)=\boldsymbol{s}^{\mathrm{T}}(t)\sum_{i=1}^{\lambda}w_i(\hat{\boldsymbol{x}}(t))\boldsymbol{D}\boldsymbol{B}_i\boldsymbol{u}(t)+\boldsymbol{s}^{\mathrm{T}}(t)\sum_{i=1}^{\lambda}w_i(\hat{\boldsymbol{x}}(t))\boldsymbol{D}\boldsymbol{L}_i^{(0)}\boldsymbol{C}\tilde{\boldsymbol{x}}(t)$$

$$-\boldsymbol{s}^{\mathrm{T}}(t)\sum_{i=1}^{\lambda}\sum_{j=1}^{\lambda}w_i(\hat{\boldsymbol{x}}(t))w_j(\hat{\boldsymbol{x}}(t))\boldsymbol{D}\boldsymbol{B}_i\boldsymbol{K}_j\hat{\boldsymbol{x}}(t) \tag{9.18}$$

将控制律［式 (9.15)］代入式 (9.18)，得

$$\dot{\boldsymbol{U}}(t)=\boldsymbol{s}^{\mathrm{T}}(t)\boldsymbol{D}(\boldsymbol{w})\left[\sum_{j=1}^{\lambda}w_j(\hat{\boldsymbol{x}}(t))\boldsymbol{K}_j\hat{\boldsymbol{x}}(t)-\boldsymbol{D}^{-1}(\boldsymbol{w})\sum_{i=1}^{\lambda}w_i(\hat{\boldsymbol{x}}(t))\boldsymbol{D}\boldsymbol{L}_i^{(0)}(\boldsymbol{y}(t)-\boldsymbol{C}\hat{\boldsymbol{x}}(t))\right.$$

$$\left.-\mu\operatorname{sgn}(\boldsymbol{D}(\boldsymbol{w})\boldsymbol{s}(t))\right]+\boldsymbol{s}^{\mathrm{T}}(t)\sum_{i=1}^{\lambda}w_i(\hat{\boldsymbol{x}}(t))\boldsymbol{D}\boldsymbol{L}_i^{(0)}\boldsymbol{C}\tilde{\boldsymbol{x}}(t)$$

$$-\boldsymbol{s}^{\mathrm{T}}(t)\sum_{i=1}^{\lambda}\sum_{j=1}^{\lambda}w_i(\hat{\boldsymbol{x}}(t))w_j(\hat{\boldsymbol{x}}(t))\boldsymbol{D}\boldsymbol{B}_i\boldsymbol{K}_j\hat{\boldsymbol{x}}(t)$$

$$\leqslant-\mu\|\boldsymbol{D}(\boldsymbol{w})\boldsymbol{s}(t)\|\leqslant 0 \tag{9.19}$$

进一步考虑 DoS 攻击发生的情况，即当 $t\in\Omega(\vec{t}_b,\vec{t}_e)$ 时，由式 (9.14) 和式 (9.17) 得到：

$$\dot{\boldsymbol{U}}(t)=\boldsymbol{s}^{\mathrm{T}}(t)\boldsymbol{D}(\boldsymbol{w})\boldsymbol{u}(t)-\boldsymbol{s}^{\mathrm{T}}(t)\sum_{i=1}^{\lambda}w_i(\hat{\boldsymbol{x}}(t))\boldsymbol{D}\boldsymbol{L}_i^{(1)}\boldsymbol{C}\hat{\boldsymbol{x}}(t)$$

$$-\boldsymbol{s}^{\mathrm{T}}(t)\sum_{i=1}^{\lambda}\sum_{j=1}^{\lambda}w_i(\hat{\boldsymbol{x}}(t))w_j(\hat{\boldsymbol{x}}(t))\boldsymbol{D}\boldsymbol{B}_i\boldsymbol{K}_j\hat{\boldsymbol{x}}(t) \tag{9.20}$$

将滑模控制律［式 (9.16)］代入式 (9.20)，有

$$\begin{aligned}\dot{\boldsymbol{U}}(t)=&\,\boldsymbol{s}^{\mathrm{T}}(t)\boldsymbol{D}(\boldsymbol{w})\left\{\sum_{j=1}^{\lambda}w_j(\hat{\boldsymbol{x}}(t))K_j\hat{\boldsymbol{x}}(t)+\boldsymbol{D}^{-1}(\boldsymbol{w})\sum_{i=1}^{\lambda}w_i(\hat{\boldsymbol{x}}(t))\boldsymbol{D}\boldsymbol{L}_i^{(1)}\boldsymbol{C}\hat{\boldsymbol{x}}(t)\right.\\&\left.-\mu\mathrm{sgn}(\boldsymbol{D}(\boldsymbol{w})\boldsymbol{s}(t))\right\}-\boldsymbol{s}^{\mathrm{T}}(t)\sum_{i=1}^{\lambda}w_i(\hat{\boldsymbol{x}}(t))\boldsymbol{D}\boldsymbol{L}_i^{(1)}\boldsymbol{C}\hat{\boldsymbol{x}}(t)\\&-\boldsymbol{s}^{\mathrm{T}}(t)\sum_{i=1}^{\lambda}\sum_{j=1}^{\lambda}w_i(\hat{\boldsymbol{x}}(t))w_j(\hat{\boldsymbol{x}}(t))\boldsymbol{D}\boldsymbol{B}_i\boldsymbol{K}_j\hat{\boldsymbol{x}}(t)\\&\leqslant-\mu\|\boldsymbol{D}(\boldsymbol{w})\boldsymbol{s}(t)\|\leqslant 0\end{aligned} \tag{9.21}$$

因此，由式 (9.19) 和式 (9.21) 可知，对于所有 $t\geqslant 0$，都有 $\dot{\boldsymbol{U}}(t)\leqslant 0$。因此，控制器［式 (9.15)、式 (9.16)］能够驱动区间二型 T-S 模糊系统［式 (9.1)、式 (9.2)］的状态到指定滑模面 $\boldsymbol{s}(t)=0$。

注释 9.2 由式 (9.21) 可以看出，即使在攻击发生时，也有 $\dot{\boldsymbol{U}}(t)\leqslant 0$，这可能是估计器［式 (9.7)］提供了一定程度的补偿。

9.3.2 误差系统稳定性

根据滑模控制理论，当状态轨迹位于滑模面上时，有 $\boldsymbol{s}(t)=0$ 和 $\dot{\boldsymbol{s}}(t)=0$。因此可以得到，当没有攻击时，即 $t\in\varDelta(\vec{t}_b,\vec{t}_e)$，利用式 (9.13) 可以得到如下等效控制律：

$$u_{eq}=\sum_{j=1}^{\lambda}w_j(\hat{\boldsymbol{x}}(t))K_j\hat{\boldsymbol{x}}(t)-\boldsymbol{D}^{-1}(\boldsymbol{w})\sum_{i=1}^{\lambda}w_i(\hat{\boldsymbol{x}}(t))\boldsymbol{D}\boldsymbol{L}_i^{(0)}\boldsymbol{C}\tilde{\boldsymbol{x}}(t) \tag{9.22}$$

将式 (9.22) 代入式 (9.6) 得到滑模动态：

$$\dot{\hat{\boldsymbol{x}}}(t)=\sum_{i=1}^{\lambda}\sum_{j=1}^{\lambda}w_i(\hat{\boldsymbol{x}}(t))w_j(\hat{\boldsymbol{x}}(t))\left\{(\boldsymbol{A}_i+\boldsymbol{B}_i\boldsymbol{K}_j)\hat{\boldsymbol{x}}(t)-\boldsymbol{B}_i\boldsymbol{D}^{-1}(\boldsymbol{w})\sum_{i=1}^{\lambda}w_i(\hat{\boldsymbol{x}}(t))\boldsymbol{D}\boldsymbol{L}_i^{(0)}\boldsymbol{C}\hat{\boldsymbol{x}}(t)\right.$$
$$\left.+\boldsymbol{L}_i^{(0)}\boldsymbol{C}\tilde{\boldsymbol{x}}(t)\right\} \tag{9.23}$$

当发生攻击时，即 $t\in\Omega(\vec{t}_b,\vec{t}_e)$，根据式 (9.14) 得到等效控制律

$$\boldsymbol{u}_{eq}=\sum_{j=1}^{\lambda}w_j(\hat{\boldsymbol{x}}(t))\boldsymbol{K}_j\hat{\boldsymbol{x}}(t)+\boldsymbol{D}^{-1}(\boldsymbol{w})\sum_{i=1}^{\lambda}w_i(\hat{\boldsymbol{x}}(t))\boldsymbol{D}\boldsymbol{L}_i^{(1)}\boldsymbol{C}\hat{\boldsymbol{x}}(t) \tag{9.24}$$

将式 (9.24) 代入式 (9.7) 得到如下滑模动态：

$$\dot{\hat{\boldsymbol{x}}}(t)=\sum_{i=1}^{\lambda}\sum_{j=1}^{\lambda}w_i(\hat{\boldsymbol{x}}(t))w_j(\hat{\boldsymbol{x}}(t))\left\{(\boldsymbol{A}_i+\boldsymbol{B}_i\boldsymbol{K}_j)\hat{\boldsymbol{x}}(t)+\boldsymbol{B}_i\boldsymbol{D}^{-1}(\boldsymbol{w})\sum_{i=1}^{\lambda}w_i(\hat{\boldsymbol{x}}(t))\boldsymbol{D}\boldsymbol{L}_i^{(1)}\boldsymbol{C}\hat{\boldsymbol{x}}(t)\right.$$
$$\left.-\boldsymbol{L}_i^{(1)}\boldsymbol{C}\hat{\boldsymbol{x}}(t)\right\} \tag{9.25}$$

下面分析误差系统［式 (9.9) 和式 (9.10)］以及滑模动态［式 (9.23) 和式 (9.25)］的稳定性。为此，设计切换 Lyapunov 函数

$$\boldsymbol{V}(t)=\begin{cases}\hat{\boldsymbol{x}}^{\mathrm{T}}(t)\boldsymbol{D}^{\mathrm{T}}\boldsymbol{P}\boldsymbol{D}\hat{\boldsymbol{x}}(t)+\tilde{\boldsymbol{x}}^{\mathrm{T}}(t)\boldsymbol{W}_1\tilde{\boldsymbol{x}}(t)\overset{\text{def}}{=\!=}\boldsymbol{V}_1(t), & t\in\varDelta(\vec{t}_b,\vec{t}_e)\\ \hat{\boldsymbol{x}}^{\mathrm{T}}(t)\boldsymbol{D}^{\mathrm{T}}\boldsymbol{P}\boldsymbol{D}\hat{\boldsymbol{x}}(t)+\tilde{\boldsymbol{x}}^{\mathrm{T}}(t)\boldsymbol{W}_2\tilde{\boldsymbol{x}}(t)\overset{\text{def}}{=\!=}\boldsymbol{V}_2(t), & t\in\Omega(\vec{t}_b,\vec{t}_e)\end{cases} \tag{9.26}$$

下面首先分析有攻击和无攻击时 Lyapunov 函数 (9.26) 的单调性。其次，给出误差系统［式 (9.9) 和式 (9.10)］以及滑模动态［式 (9.23) 和式 (9.25)］输入-状态稳定的充分条件。

定理 9.2 对于给定参数 $\alpha_1>0$、$\alpha_2>0$，如果存在矩阵 $\boldsymbol{W}_1>0$、$\boldsymbol{W}_2>0$、$\boldsymbol{P}>0$、$\boldsymbol{Q}>0$、$\boldsymbol{K}_j$、$\boldsymbol{L}_i^{(0)}$ 和 $\boldsymbol{L}_i^{(1)}$ 满足

$$\sum_{i=1}^{\lambda}\sum_{j=1}^{\lambda}w_i(\hat{\boldsymbol{x}}(t))w_j(\hat{\boldsymbol{x}}(t))\boldsymbol{\varXi}_{ij}<0 \tag{9.27}$$

$$\sum_{i=1}^{\lambda}\sum_{j=1}^{\lambda}w_i(\hat{\boldsymbol{x}}(t))w_j(\hat{\boldsymbol{x}}(t))\boldsymbol{\varPi}_{ij}<0 \tag{9.28}$$

其中，

$$\boldsymbol{\Xi}_{ij} \stackrel{\text{def}}{=} \begin{bmatrix} \boldsymbol{\Xi}_{ij}^{11} & * \\ b\boldsymbol{C} & \boldsymbol{\Xi}_{ij}^{22} \end{bmatrix}, \quad \boldsymbol{\Pi}_{ij} \stackrel{\text{def}}{=} \begin{bmatrix} \boldsymbol{\Pi}_{ij}^{11} & * \\ \boldsymbol{\Pi}_{ij}^{21} & \boldsymbol{\Pi}_{ij}^{22} \end{bmatrix}$$

$$\boldsymbol{\Xi}_{ij}^{11} \stackrel{\text{def}}{=} \boldsymbol{D}^{\mathrm{T}}\boldsymbol{PD}(\boldsymbol{A}_i+\boldsymbol{B}_i\boldsymbol{K}_j)+(\boldsymbol{A}_i+\boldsymbol{B}_i\boldsymbol{K}_j)^{\mathrm{T}}\boldsymbol{D}^{\mathrm{T}}\boldsymbol{PD}+\alpha_1\boldsymbol{D}^{\mathrm{T}}\boldsymbol{PD}+b^2\boldsymbol{C}^{\mathrm{T}}\boldsymbol{C}$$

$$\boldsymbol{\Xi}_{ij}^{22} \stackrel{\text{def}}{=} \boldsymbol{W}_1(\boldsymbol{A}_i-\boldsymbol{L}_i^{(0)}\boldsymbol{C})+(\boldsymbol{A}_i-\boldsymbol{L}_i^{(0)}\boldsymbol{C})^{\mathrm{T}}\boldsymbol{W}_1+\alpha_1\boldsymbol{W}_1+\boldsymbol{W}_1\boldsymbol{Q}_1^{-1}\boldsymbol{W}_1+\boldsymbol{W}_1\boldsymbol{B}_i\boldsymbol{B}_i^{\mathrm{T}}\boldsymbol{W}_1+b^2\boldsymbol{C}^{\mathrm{T}}\boldsymbol{C}$$

$$\boldsymbol{\Pi}_{ij}^{11} \stackrel{\text{def}}{=} \boldsymbol{D}^{\mathrm{T}}\boldsymbol{PD}(\boldsymbol{A}_i+\boldsymbol{B}_i\boldsymbol{K}_j)+(\boldsymbol{A}_i+\boldsymbol{B}_i\boldsymbol{K}_j)^{\mathrm{T}}\boldsymbol{D}^{\mathrm{T}}\boldsymbol{PD}-\alpha_2\boldsymbol{D}^{\mathrm{T}}\boldsymbol{PD}+b^2\boldsymbol{C}^{\mathrm{T}}\boldsymbol{C}$$

$$\boldsymbol{\Pi}_{ij}^{21} \stackrel{\text{def}}{=} \boldsymbol{W}_2\boldsymbol{L}_i^{(1)}\boldsymbol{C}+b^2\boldsymbol{C}^{\mathrm{T}}\boldsymbol{C}$$

$$\boldsymbol{\Pi}_{ij}^{22} \stackrel{\text{def}}{=} \boldsymbol{W}_2\boldsymbol{A}_i+\boldsymbol{A}_i^{\mathrm{T}}\boldsymbol{W}_2-\alpha_2\boldsymbol{W}_2+\boldsymbol{W}_2\boldsymbol{Q}^{-1}\boldsymbol{W}_2+\boldsymbol{W}_2\boldsymbol{B}_i\boldsymbol{B}_i^{\mathrm{T}}\boldsymbol{W}_2+b^2\boldsymbol{C}^{\mathrm{T}}\boldsymbol{C}$$

那么，有

$$\dot{\boldsymbol{V}}(t)=\begin{cases}\dot{\boldsymbol{V}}_1(t)\leqslant-\alpha_1\boldsymbol{V}_1(t)+\boldsymbol{v}^{\mathrm{T}}(t)Qv(t), & t\in\varDelta(\vec{t}_b,\vec{t}_e)\\ \dot{\boldsymbol{V}}_2(t)\leqslant\alpha_2\boldsymbol{V}_2(t)+\boldsymbol{v}^{\mathrm{T}}(t)Qv(t), & t\in\varOmega(\vec{t}_b,\vec{t}_e)\end{cases} \tag{9.29}$$

证明：

设计候选 Lyapunov 函数 (9.26)。首先分析 $t\in\varDelta(\vec{t}_b,\vec{t}_e)$，即没有攻击时，利用式 (9.26) 中 $\boldsymbol{V}_1(t)$ 的表达式、误差系统［式 (9.9)］以及滑模动态［式 (9.23)］，有

$$\begin{aligned}
&\dot{\boldsymbol{V}}_1(t)+\alpha_1\boldsymbol{V}_1(t)\\
&=2\hat{\boldsymbol{x}}^{\mathrm{T}}(t)\boldsymbol{D}^{\mathrm{T}}\boldsymbol{PD}\dot{\hat{\boldsymbol{x}}}(t)+2\tilde{\boldsymbol{x}}^{\mathrm{T}}(t)\boldsymbol{W}_1\dot{\tilde{\boldsymbol{x}}}(t)+\alpha_1(\hat{\boldsymbol{x}}^{\mathrm{T}}(t)\boldsymbol{D}^{\mathrm{T}}\boldsymbol{PD}\hat{\boldsymbol{x}}(t)+\tilde{\boldsymbol{x}}^{\mathrm{T}}(t)\boldsymbol{W}_1\tilde{\boldsymbol{x}}(t))\\
&\leqslant 2\hat{\boldsymbol{x}}^{\mathrm{T}}(t)\boldsymbol{D}^{\mathrm{T}}\boldsymbol{PD}\sum_{i=1}^{\lambda}\sum_{j=1}^{\lambda}w_i(\hat{\boldsymbol{x}}(t))w_j(\hat{\boldsymbol{x}}(t))\Bigg[(\boldsymbol{A}_i+\boldsymbol{B}_i\boldsymbol{K}_j)\hat{\boldsymbol{x}}(t)\\
&\quad-\boldsymbol{B}_i\boldsymbol{D}^{-1}(\boldsymbol{w})\sum_{i=1}^{\lambda}w_i(\hat{\boldsymbol{x}}(t))\boldsymbol{D}\boldsymbol{L}_i^{(0)}\boldsymbol{C}\tilde{\boldsymbol{x}}(t)+\boldsymbol{L}_i^{(0)}\boldsymbol{C}\tilde{\boldsymbol{x}}(t)\Bigg]\\
&\quad+2\tilde{\boldsymbol{x}}^{\mathrm{T}}(t)\boldsymbol{W}_1\sum_{i=1}^{\lambda}w_i(\hat{\boldsymbol{x}}(t))[(\boldsymbol{A}_i-\boldsymbol{L}_i^{(0)}\boldsymbol{C})\tilde{\boldsymbol{x}}(t)+\boldsymbol{B}_i\boldsymbol{\phi}(t,\boldsymbol{x}(t))]\\
&\quad+2\tilde{\boldsymbol{x}}^{\mathrm{T}}(t)\boldsymbol{W}_1\boldsymbol{v}(t)+\alpha_1(\hat{\boldsymbol{x}}^{\mathrm{T}}(t)\boldsymbol{D}^{\mathrm{T}}\boldsymbol{PD}\hat{\boldsymbol{x}}(t)+\tilde{\boldsymbol{x}}^{\mathrm{T}}(t)\boldsymbol{W}_1\tilde{\boldsymbol{x}}(t))
\end{aligned} \tag{9.30}$$

注意到 $\boldsymbol{D}(\boldsymbol{w})\stackrel{\text{def}}{=}\sum_{i=1}^{\lambda}w_i(\hat{\boldsymbol{x}}(t))\boldsymbol{D}\boldsymbol{B}_i$，由不等式 (9.30) 可得

$$
\begin{aligned}
&\dot{\boldsymbol{V}}_1(t)+\alpha_1\boldsymbol{V}_1(t)\\
&\leqslant\sum_{i=1}^{\lambda}\sum_{j=1}^{\lambda}w_i(\hat{\boldsymbol{x}}(t))w_j(\hat{\boldsymbol{x}}(t))[2\hat{\boldsymbol{x}}^{\mathrm{T}}(t)\boldsymbol{D}^{\mathrm{T}}\boldsymbol{P}\boldsymbol{D}(\boldsymbol{A}_i+\boldsymbol{B}_i\boldsymbol{K}_j)\hat{\boldsymbol{x}}(t)\\
&\quad+2\tilde{\boldsymbol{x}}^{\mathrm{T}}(t)\boldsymbol{W}_1(\boldsymbol{A}_i-\boldsymbol{L}_i^{(0)}\boldsymbol{C})\tilde{\boldsymbol{x}}(t)+2\tilde{\boldsymbol{x}}^{\mathrm{T}}(t)\boldsymbol{W}_1\boldsymbol{B}_i\boldsymbol{\phi}(t,\boldsymbol{x}(t))]\\
&\quad+2\tilde{\boldsymbol{x}}^{\mathrm{T}}(t)\boldsymbol{W}_1\boldsymbol{\nu}(t)+\alpha_1(\hat{\boldsymbol{x}}^{\mathrm{T}}(t)\boldsymbol{D}^{\mathrm{T}}\boldsymbol{P}\boldsymbol{D}\hat{\boldsymbol{x}}(t)+\tilde{\boldsymbol{x}}^{\mathrm{T}}(t)\boldsymbol{W}_1\tilde{\boldsymbol{x}}(t))
\end{aligned}
\tag{9.31}
$$

根据假设 $\|\boldsymbol{\phi}(t,\boldsymbol{x}(t))\|\leqslant b\|\boldsymbol{y}(t)\|$，并利用关系式 $\boldsymbol{y}(t)=\boldsymbol{C}(\tilde{\boldsymbol{x}}(t)+\hat{\boldsymbol{x}}(t))$，有

$$
2\tilde{\boldsymbol{x}}^{\mathrm{T}}(t)\boldsymbol{W}_1\boldsymbol{B}_i\boldsymbol{\phi}(t,\boldsymbol{x}(t))\leqslant\tilde{\boldsymbol{x}}^{\mathrm{T}}(t)\boldsymbol{W}_1\boldsymbol{B}_i\boldsymbol{B}_i^{\mathrm{T}}\boldsymbol{W}_1\tilde{\boldsymbol{x}}(t)+b^2(\tilde{\boldsymbol{x}}(t)+\hat{\boldsymbol{x}}(t))^{\mathrm{T}}\boldsymbol{C}^{\mathrm{T}}\boldsymbol{C}(\tilde{\boldsymbol{x}}(t)+\hat{\boldsymbol{x}}(t))
\tag{9.32}
$$

$$
2\tilde{\boldsymbol{x}}^{\mathrm{T}}(t)\boldsymbol{W}_1\boldsymbol{\nu}(t)\leqslant 2\tilde{\boldsymbol{x}}^{\mathrm{T}}(t)\boldsymbol{W}_1\boldsymbol{Q}^{-1}\boldsymbol{W}_1\tilde{\boldsymbol{x}}(t)+\boldsymbol{\nu}^{\mathrm{T}}(t)\boldsymbol{Q}\boldsymbol{\nu}(t)
\tag{9.33}
$$

记 $\boldsymbol{\eta}(t)\stackrel{\mathrm{def}}{=}[\hat{\boldsymbol{x}}(t)\tilde{\boldsymbol{x}}(t)]^{\mathrm{T}}$。利用式 (9.32) 和式 (9.33)，由不等式 (9.31) 进一步得到：

$$
\dot{\boldsymbol{V}}_1(t)+\alpha_1\boldsymbol{V}_1(t)\leqslant\sum_{i=1}^{\lambda}\sum_{j=1}^{\lambda}w_i(\hat{\boldsymbol{x}}(t))w_j(\hat{\boldsymbol{x}}(t))\boldsymbol{\eta}^{\mathrm{T}}(t)\boldsymbol{\Xi}_{ij}\boldsymbol{\eta}(t)+\boldsymbol{\nu}^{\mathrm{T}}(t)\boldsymbol{Q}\boldsymbol{\nu}(t)
\tag{9.34}
$$

于是，当条件 (9.27) 成立时，由式 (9.34) 可得

$$
\dot{\boldsymbol{V}}_1(t)\leqslant-\alpha_1\boldsymbol{V}_1(t)+\boldsymbol{\nu}^{\mathrm{T}}(t)\boldsymbol{Q}\boldsymbol{\nu}(t)
\tag{9.35}
$$

下面分析发生攻击时的情况，即 $t\in\varOmega(\vec{t}_b,\vec{t}_e)$，根据式 (9.26) 中 $\boldsymbol{V}_2(t)$ 的表达式、误差系统［式 (9.10)］以及滑模动态［式 (9.25)］，可以得到：

$$
\begin{aligned}
\dot{\boldsymbol{V}}_2(t)-\alpha_2\boldsymbol{V}_2(t)=&\sum_{i=1}^{\lambda}\sum_{j=1}^{\lambda}w_i(\hat{\boldsymbol{x}}(t))w_j(\hat{\boldsymbol{x}}(t))[2\hat{\boldsymbol{x}}^{\mathrm{T}}(t)\boldsymbol{D}^{\mathrm{T}}\boldsymbol{P}\boldsymbol{D}(\boldsymbol{A}_i+\boldsymbol{B}_i\boldsymbol{K}_j)\hat{\boldsymbol{x}}(t)\\
&+2\tilde{\boldsymbol{x}}^{\mathrm{T}}(t)\boldsymbol{W}_2\boldsymbol{A}_i\tilde{\boldsymbol{x}}(t)+2\tilde{\boldsymbol{x}}^{\mathrm{T}}(t)\boldsymbol{W}_2\boldsymbol{L}_i^{(1)}\boldsymbol{C}\hat{\boldsymbol{x}}(t)+2\tilde{\boldsymbol{x}}^{\mathrm{T}}(t)\boldsymbol{W}_2\boldsymbol{B}_i\boldsymbol{\phi}(t,\boldsymbol{x}(t))]\\
&+2\tilde{\boldsymbol{x}}^{\mathrm{T}}(t)\boldsymbol{W}_2\boldsymbol{\nu}(t)-\alpha_2(\hat{\boldsymbol{x}}^{\mathrm{T}}(t)\boldsymbol{D}^{\mathrm{T}}\boldsymbol{P}\boldsymbol{D}\hat{\boldsymbol{x}}(t)+\tilde{\boldsymbol{x}}^{\mathrm{T}}(t)\boldsymbol{W}_2\tilde{\boldsymbol{x}}(t))
\end{aligned}
\tag{9.36}
$$

采用类似于 $t\in\varDelta(\vec{t}_b,\vec{t}_e)$ 时的推导方法，可得

$$
\dot{\boldsymbol{V}}_2(t)-\alpha_2\boldsymbol{V}_2(t)\leqslant\sum_{i=1}^{\lambda}\sum_{j=1}^{\lambda}w_i(\hat{\boldsymbol{x}}(t))w_j(\hat{\boldsymbol{x}}(t))\boldsymbol{\eta}^{\mathrm{T}}(t)\boldsymbol{\varPi}_{ij}\boldsymbol{\eta}(t)+\boldsymbol{\nu}^{\mathrm{T}}(t)\boldsymbol{Q}\boldsymbol{\nu}(t)
\tag{9.37}
$$

当条件 (9.28) 成立时，由式 (9.37) 可以得到：

$$
\dot{\boldsymbol{V}}_2(t)\leqslant\alpha_2\boldsymbol{V}_2(t)+\boldsymbol{\nu}^{\mathrm{T}}(t)\boldsymbol{Q}\boldsymbol{\nu}(t)
\tag{9.38}
$$

证毕。

定理 9.2 分析了攻击发生和未发生的情况下 Lyapunov 函数 $\boldsymbol{V}(t)$ 的单调性。从不等式 (9.29) 可以看到，对于无攻击的情况，即 $t\in\Delta(\vec{t}_b,\vec{t}_e)$ 时，若 $\|\boldsymbol{\eta}(t)\|$ 满足

$$\|\boldsymbol{\eta}(t)\|>\sqrt{\frac{\lambda_{\max}\{\boldsymbol{Q}\}}{\alpha_1\lambda_{\min}\{\bar{\boldsymbol{P}}_1\}}}\|\boldsymbol{v}(t)\|$$

其中，$\bar{\boldsymbol{P}}_1\overset{\text{def}}{=}\mathrm{diag}\{\boldsymbol{D}^{\mathrm{T}}\boldsymbol{P}\boldsymbol{D},\boldsymbol{W}_1\}$，将有 $\dot{\boldsymbol{V}}_1(t)<0$。亦即，Lyapunov 函数 $\boldsymbol{V}(t)$ 在区域

$$\left\{\boldsymbol{\eta}(t)\middle|\|\boldsymbol{\eta}(t)\|\leqslant\sqrt{\frac{\lambda_{\max}\{\boldsymbol{Q}\}}{\alpha_1\lambda_{\min}\{\bar{\boldsymbol{P}}_1\}}}\|\boldsymbol{v}(t)\|\right\}$$

外单调递减。但是，当有攻击时，即 $t\in\Omega(\vec{t}_b,\vec{t}_e)$ 时，从式 (9.29) 第二个式子可以看出，Lyapunov 函数值可能会增加。换言之，由于可能发生的 DoS 攻击，Lyapunov 函数 (9.26) 沿着闭环系统状态轨迹不一定是单调递减的，从而也就不能由式 (9.29) 直接得出闭环系统的稳定性。因此，下面将对式 (9.29) 做进一步分析，并给出闭环系统输入-状态稳定的充分条件。

定理 9.3 对于给定参数 $\alpha_1>0$、$\alpha_2>0$、$\lambda_1>1$、$\lambda_2>1$、$\rho^*>0$，满足条件

$$\frac{\ln\lambda_1\lambda_2}{\rho^*}<\tau_a,\ \frac{1}{T}<\frac{\alpha_1-\rho^*}{\alpha_1+\alpha_2} \tag{9.39}$$

如果存在矩阵 $\boldsymbol{W}_1>0$、$\boldsymbol{W}_2>0$、$\boldsymbol{P}>0$、$\boldsymbol{Q}>0$、$\boldsymbol{K}_j$、$\boldsymbol{L}_i^{(0)}$ 和 $\boldsymbol{L}_i^{(1)}$ 满足条件 (9.27)、(9.28) 以及

$$\bar{\boldsymbol{P}}_1\leqslant\lambda_1\bar{\boldsymbol{P}}_2,\ \bar{\boldsymbol{P}}_2\leqslant\lambda_2\bar{\boldsymbol{P}}_1 \tag{9.40}$$

其中，$\bar{\boldsymbol{P}}_2\overset{\text{def}}{=}\mathrm{diag}\{\boldsymbol{D}^{\mathrm{T}}\boldsymbol{P}\boldsymbol{D},\boldsymbol{W}_2\}$，那么，误差系统［式 (9.9) 和式 (9.10)］以及滑模动态［式 (9.23) 和式 (9.25)］都是输入-状态稳定的。

证明:

要证明误差系统［式 (9.9) 和式 (9.10)］以及滑模动态［式 (9.23) 和式 (9.25)］的输入-状态稳定性，根据第 4 章输入-状态稳定性定义 4.1，

需证明当 $t \geqslant 0$ 时，式 (4.1) 成立。不失一般性，设 $t\in[t_n,t_{n+1})(n\in\mathbb{N})$，$t_n$ 为第 n 次发生攻击的时刻。记 $\hat{t}_n \stackrel{\text{def}}{=} t_n+\sigma_n$，$\sigma_n$ 为第 n 次攻击持续时长。因此，$t\in[t_n,\hat{t}_n)$ 为发生攻击的时间段，$t\in[\hat{t}_n,t_{n+1})$ 为未发生攻击时间段。

当发生攻击时，即 $t\in[t_n,\hat{t}_n)\subset\Omega(\vec{t}_b,\vec{t}_e)$，在式 (9.29) 第二个式子左右两边乘以 $\mathrm{e}^{-\alpha_2 t}$，并对变量 $z\stackrel{\text{def}}{=}t$ 从 t_n 到 t 进行积分；当未发生攻击时，即 $t\in[\hat{t}_n,t_{n+1})\subset\varDelta(\vec{t}_b,\vec{t}_e)$，在式 (9.29) 中第一个式子左右两边乘以 $\mathrm{e}^{\alpha_1 t}$，并对变量 z 从 $\hat{t}_n$ 到 t 进行积分。经过上述运算可得

$$\boldsymbol{V}(t)\leqslant\begin{cases}\mathrm{e}^{-\alpha_1(t-\hat{t}_n)}\boldsymbol{V}_1(\hat{t}_n)+\int_{\hat{t}_n}^{t}\mathrm{e}^{-\alpha_1(t-z)}\boldsymbol{v}^{\mathrm{T}}(z)\boldsymbol{Q}\boldsymbol{v}(z)\mathrm{d}z, & t\in[\hat{t}_n,t_{n+1}),\ n\in\mathbb{N}\\ \mathrm{e}^{\alpha_2(t-t_n)}\boldsymbol{V}_2(t_n)+\int_{t_n}^{t}\mathrm{e}^{\alpha_2(t-z)}\boldsymbol{v}^{\mathrm{T}}(z)\boldsymbol{Q}\boldsymbol{v}(z)\mathrm{d}z, & t\in[t_n,\hat{t}_n),\ n\in\mathbb{N}\end{cases} \tag{9.41}$$

当条件 (9.40) 成立时，利用式 (9.26) 中 Lyapunov 函数定义，有

$$\boldsymbol{V}_1(\hat{t}_n)=\boldsymbol{\eta}(\hat{t}_n)\bar{\boldsymbol{P}}_1\boldsymbol{\eta}(\hat{t}_n)\leqslant\lambda_1\boldsymbol{\eta}(\hat{t}_n^-)\bar{\boldsymbol{P}}_2\boldsymbol{\eta}(\hat{t}_n^-)=\lambda_1\boldsymbol{V}_2(\hat{t}_n^-) \tag{9.42}$$

类似地，如果条件 (9.40) 成立，利用式 (9.26) 中 Lyapunov 函数定义，有

$$\boldsymbol{V}_2(t_n)\leqslant\lambda_2\boldsymbol{V}_1(t_n^-) \tag{9.43}$$

下面分两种情况（即 $t\in[t_n,\hat{t}_n)$ 和 $t\in[\hat{t}_n,t_{n+1})$）进行讨论，证明误差系统［式 (9.9) 和式 (9.10)］以及滑模动态［式 (9.23) 和式 (9.25)］的输入-状态稳定性。

当 $t\in[\hat{t}_n,t_{n+1})$，根据式 (9.41) 和式 (9.42)、式 (9.43) 可得

$$\begin{aligned}\boldsymbol{V}(t)\leqslant{}&\lambda_1\lambda_2\mathrm{e}^{-\alpha_1(t-\hat{t}_n)+\alpha_2(\hat{t}_n-t_n)}\boldsymbol{V}_1(t_n^-)+\lambda_1\mathrm{e}^{-\alpha_1(t-\hat{t}_n)}\int_{t_n}^{\hat{t}_n}\mathrm{e}^{\alpha_2(\hat{t}_n-z)}\ \boldsymbol{v}^{\mathrm{T}}(z)\boldsymbol{Q}\boldsymbol{v}(z)\mathrm{d}z\\&+\int_{\hat{t}_n}^{t}\mathrm{e}^{-\alpha_1(t-z)}\ \boldsymbol{v}^{\mathrm{T}}(z)\boldsymbol{Q}\boldsymbol{v}(z)\mathrm{d}z\\\leqslant{}&\lambda_1^2\lambda_2^2\mathrm{e}^{-\alpha_1(t-\hat{t}_n)+\alpha_2(\hat{t}_n-t_n)-\alpha_1(t_n-\hat{t}_{n-1})+\alpha_2(\hat{t}_{n-1}-t_{n-1})}\boldsymbol{V}_1(t_{n-1}^-)\\&+\lambda_1^2\lambda_2\int_{t_{n-1}}^{\hat{t}_{n-1}}\mathrm{e}^{-\alpha_1(t-\hat{t}_n)+\alpha_2(\hat{t}_n-t_n)-\alpha_1(t_n-\hat{t}_{n-1})}\mathrm{e}^{\alpha_2(\hat{t}_{n-1}-z)}\ \boldsymbol{v}^{\mathrm{T}}(z)\boldsymbol{Q}\boldsymbol{v}(z)\mathrm{d}z\\&+\lambda_1\lambda_2\int_{\hat{t}_{n-1}}^{t_n}\mathrm{e}^{-\alpha_1(t-\hat{t}_n)+\alpha_2(\hat{t}_n-t_n)}\mathrm{e}^{-\alpha_1(t_n-z)}\ \boldsymbol{v}^{\mathrm{T}}(z)\boldsymbol{Q}\boldsymbol{v}(z)\mathrm{d}z\end{aligned}$$

$$+\lambda_1\int_{t_n}^{\hat{t}_n}\mathrm{e}^{-\alpha_1\left(t-\hat{t}_n\right)}\mathrm{e}^{\alpha_2\left(\hat{t}_n-z\right)}\ \boldsymbol{v}^{\mathrm{T}}(z)\boldsymbol{Q}\boldsymbol{v}(z)\mathrm{d}z$$

$$+\int_{\hat{t}_n}^{t}\mathrm{e}^{-\alpha_1(t-z)}\ \boldsymbol{v}^{\mathrm{T}}(z)\boldsymbol{Q}\boldsymbol{v}(z)\mathrm{d}z$$

$$\leqslant\cdots$$

$$\leqslant\lambda_1^{n(0,t)}\lambda_2^{n(0,t)}\mathrm{e}^{-\alpha_1\left(t-\hat{t}_n\right)+\alpha_2\left(\hat{t}_n-t_n\right)+\cdots-\alpha_1\left(t_1-\hat{t}_0\right)+\alpha_2\left(\hat{t}_0-0\right)}\boldsymbol{V}_1(0)$$

$$+\lambda_1^{n\left(\hat{t}_0,t\right)+1}\lambda_2^{n\left(\hat{t}_0,t\right)}\int_0^{\hat{t}_0}\mathrm{e}^{-\alpha_1\left(t-\hat{t}_n\right)+\alpha_2\left(\hat{t}_n-t_n\right)+\cdots-\alpha_1\left(t_1-\hat{t}_0\right)}\mathrm{e}^{\alpha_2\left(\hat{t}_0-z\right)}\ \boldsymbol{v}^{\mathrm{T}}(z)\boldsymbol{Q}\boldsymbol{v}(z)\mathrm{d}z$$

$$+\lambda_1^{n\left(t_1,t\right)}\lambda_2^{n\left(t_1,t\right)}\int_{\hat{t}_0}^{t_1}\mathrm{e}^{-\alpha_1\left(t-\hat{t}_n\right)+\alpha_2\left(\hat{t}_n-t_n\right)+\cdots+\alpha_2\left(\hat{t}_1-t_1\right)}\mathrm{e}^{-\alpha_1\left(t_1-z\right)}\ \boldsymbol{v}^{\mathrm{T}}(z)\boldsymbol{Q}\boldsymbol{v}(z)\mathrm{d}z$$

$$+\cdots$$

$$+\lambda_1^{n\left(\hat{t}_n,t\right)}\lambda_2^{n\left(\hat{t}_n,t\right)}\int_{\hat{t}_n}^{t}\mathrm{e}^{-\alpha_1(t-z)}\ \boldsymbol{v}^{\mathrm{T}}(z)\boldsymbol{Q}\boldsymbol{v}(z)\mathrm{d}z \tag{9.44}$$

注意到 $|\Omega(\vec{t}_b,\vec{t}_e)|$ 和 $|\varDelta(\vec{t}_b,\vec{t}_e)|$ 分别为区间 $[\vec{t}_b,\vec{t}_e]$ 内发生攻击和未发生攻击的总时长，利用式 (9.44) 可以进一步得到：

$$\boldsymbol{V}(t)\leqslant\lambda_1^{n(0,t)}\lambda_2^{n(0,t)}\mathrm{e}^{\alpha_2|\Omega(0,t)|-\alpha_1|\varDelta(0,t)|}\boldsymbol{V}_1(0)$$

$$+\lambda_1^{n\left(\hat{t}_0,t\right)+1}\lambda_2^{n\left(\hat{t}_0,t\right)}\int_0^{\hat{t}_0}\mathrm{e}^{\alpha_2|\Omega(z,t)|-\alpha_1|\varDelta(z,t)|}\ \boldsymbol{v}^{\mathrm{T}}(z)\boldsymbol{Q}\boldsymbol{v}(z)\mathrm{d}z$$

$$+\lambda_1^{n\left(t_1,t\right)}\lambda_2^{n\left(t_1,t\right)}\int_{\hat{t}_0}^{t_1}\mathrm{e}^{\alpha_2|\Omega(z,t)|-\alpha_1|\varDelta(z,t)|}\ \boldsymbol{v}^{\mathrm{T}}(z)\boldsymbol{Q}\boldsymbol{v}(z)\mathrm{d}z$$

$$+\cdots$$

$$+\lambda_1^{n\left(\hat{t}_n,t\right)}\lambda_2^{n\left(\hat{t}_n,t\right)}\int_{\hat{t}_n}^{t}\mathrm{e}^{\alpha_2|\Omega(z,t)|-\alpha_1|\varDelta(z,t)|}\ \boldsymbol{v}^{\mathrm{T}}(z)\boldsymbol{Q}\boldsymbol{v}(z)\mathrm{d}z$$

$$\leqslant\lambda_1^{n(0,t)}\lambda_2^{n(0,t)}\mathrm{e}^{\alpha_2|\Omega(0,t)|-\alpha_1|\varDelta(0,t)|}\boldsymbol{V}_1(0)$$

$$+\int_0^{t}\lambda_1^{n(z,t)}\lambda_2^{n(z,t)}\mathrm{e}^{\alpha_2|\Omega(z,t)|-\alpha_1|\varDelta(z,t)|}\ \boldsymbol{v}^{\mathrm{T}}(z)\boldsymbol{Q}\boldsymbol{v}(z)\mathrm{d}z \tag{9.45}$$

根据假设 9.1 和 9.2，有

$$\alpha_2\left|\Omega(z,t)\right|-\alpha_1\left|\varDelta(z,t)\right|\leqslant(\alpha_1+\alpha_2)\gamma+\left(\frac{\alpha_1+\alpha_2}{\mathcal{T}}-\alpha_1\right)(t-z) \tag{9.46}$$

利用不等式 (9.46)，由式 (9.45) 可得

$$\boldsymbol{V}(t) \leqslant \mathrm{e}^{\kappa\ln(\lambda_1\lambda_2)+(\alpha_1+\alpha_2)\gamma}\mathrm{e}^{\left(\frac{\lambda_1\lambda_2}{\tau_a}+\frac{\alpha_1+\alpha_2}{\mathcal{T}}-\alpha_1\right)t}\boldsymbol{V}_1(0)$$

$$+\int_0^t \mathrm{e}^{\kappa\ln(\lambda_1\lambda_2)+(\alpha_1+\alpha_2)\gamma}\mathrm{e}^{\left(\frac{\lambda_1\lambda_2}{\tau_a}+\frac{\alpha_1+\alpha_2}{\mathcal{T}}-\alpha_1\right)(t-z)}\boldsymbol{v}^{\mathrm{T}}(z)\boldsymbol{Q}\boldsymbol{v}(z)\mathrm{d}z \tag{9.47}$$

另一方面，根据函数 $\boldsymbol{V}(t)$ 的定义［式 (9.26)］，容易得到

$$\boldsymbol{V}(t) \geqslant \lambda_{\min}\{\bar{\boldsymbol{P}}_1\}\|\boldsymbol{\eta}(t)\|^2，\ \boldsymbol{V}_1(0) \leqslant \lambda_{\max}\{\bar{\boldsymbol{P}}_1\}\|\boldsymbol{\eta}(0)\|^2 \tag{9.48}$$

式 (9.48) 结合式 (9.39) 和式 (9.47) 式可得

$$\|\boldsymbol{\eta}(t)\|^2 \leqslant \bar{\epsilon}_1\mathrm{e}^{-\hbar t}\|\boldsymbol{\eta}(0)\|^2+\int_0^t \bar{\epsilon}_2\mathrm{e}^{-\hbar(t-z)}\|\boldsymbol{v}_t\|_\infty^2\,\mathrm{d}z$$

$$\leqslant \bar{\epsilon}_1\mathrm{e}^{-\hbar t}\|\boldsymbol{\eta}(0)\|^2+\frac{1}{\hbar}\bar{\epsilon}_2\ \|\boldsymbol{v}_t\|_\infty^2 \tag{9.49}$$

其中，$\hbar=-\left(\rho^*+\dfrac{\alpha_1+\alpha_2}{\mathcal{T}}-\alpha_1\right)>0$，以及

$$\bar{\epsilon}_1 \overset{\text{def}}{=\!=} \mathrm{e}^{\kappa\ln(\lambda_1\lambda_2)+(\alpha_1+\alpha_2)\gamma}\frac{\lambda_{\max}\{\bar{\boldsymbol{P}}_1\}}{\lambda_{\min}\{\bar{\boldsymbol{P}}_1\}}，\ \bar{\epsilon}_2 \overset{\text{def}}{=\!=} \mathrm{e}^{\kappa\ln(\lambda_1\lambda_2)+(\alpha_1+\alpha_2)\gamma}\frac{\lambda_{\max}\{\boldsymbol{Q}\}}{\lambda_{\min}\{\bar{\boldsymbol{P}}_1\}}$$

接下来分析 $t\in[t_n,\hat{t}_n)$ 的情况，采用类似于 $t\in[\hat{t}_n,t_{n+1})$ 时的证明方法，可以得到

$$\|\boldsymbol{\eta}(t)\|^2 \leqslant \tilde{\epsilon}_1\mathrm{e}^{-\hbar t}\|\boldsymbol{\eta}(0)\|^2+\frac{1}{\hbar}\tilde{\epsilon}_2\ \|\boldsymbol{v}_t\|_\infty^2 \tag{9.50}$$

其中，

$$\tilde{\epsilon}_1 \overset{\text{def}}{=\!=} \mathrm{e}^{\kappa\ln(\lambda_1\lambda_2)+(\alpha_1+\alpha_2)\gamma}\frac{\lambda_{\max}\{\bar{\boldsymbol{P}}_1\}}{\lambda_{\min}\{\bar{\boldsymbol{P}}_2\}}，\ \tilde{\epsilon}_2 \overset{\text{def}}{=\!=} \mathrm{e}^{\kappa\ln(\lambda_1\lambda_2)+(\alpha_1+\alpha_2)\gamma}\frac{\lambda_{\max}\{\boldsymbol{Q}\}}{\lambda_{\min}\{\bar{\boldsymbol{P}}_2\}}$$

记 $\epsilon_1 \overset{\text{def}}{=\!=} \max\{\bar{\epsilon}_1,\tilde{\epsilon}_1\}$，$\epsilon_2 \overset{\text{def}}{=\!=} \max\{\bar{\epsilon}_2,\tilde{\epsilon}_2\}$。根据式 (9.49) 和式 (9.50)，有

$$\|\boldsymbol{\eta}(t)\|^2 \leqslant \epsilon_1\mathrm{e}^{-\hbar t}\|\boldsymbol{\eta}(0)\|^2+\frac{1}{\hbar}\epsilon_2\ \|\boldsymbol{v}_t\|_\infty^2,\forall t\geqslant 0 \tag{9.51}$$

记

$$\varphi_1(\|\boldsymbol{\eta}(0)\|,t) \overset{\text{def}}{=\!=} \sqrt{\epsilon_1\mathrm{e}^{-\hbar t}}\ \|\boldsymbol{\eta}(0)\|，\ \varphi_2(\|\boldsymbol{v}_t\|_\infty) \overset{\text{def}}{=\!=} \sqrt{\frac{1}{\hbar}\epsilon_2}\ \|\boldsymbol{v}_t\|_\infty \tag{9.52}$$

利用式 (9.52)，由式 (9.51) 得

$$\|\boldsymbol{\eta}(t)\| \leqslant \varphi_1(\|\boldsymbol{\eta}(0)\|,t)+\varphi_2(\|\boldsymbol{\nu}_t\|_\infty) \tag{9.53}$$

于是，按照定义 4.1，由式 (9.53) 可知误差系统［式 (9.9) 和式 (9.10)］以及滑动模态［式 (9.23) 和式 (9.25)］是输入-状态稳定的。证毕。

注释 9.3 在不等式 (9.39) 中，条件 $(\ln\lambda_1\lambda_2)/\rho^*<\tau_a$ 说明相邻两次 DoS 攻击之间的驻留时间下界为 $(\ln\lambda_1\lambda_2)/\rho^*$，条件 $1/\mathcal{T}<(\alpha_1-\rho^*)/(\alpha_1+\alpha_2)$ 说明攻击占总时长的比例 $1/\mathcal{T}$ 上界为 $(\alpha_1-\rho^*)/(\alpha_1+\alpha_2)$。因此，条件 (9.39) 给出了可接受的攻击上限，在该上限内，误差系统［式 (9.9) 和式 (9.10)］以及滑动模态［式 (9.23) 和式 (9.25)］的输入-状态稳定性可以保证。

注释 9.4 基于切换 Lyapunov 函数 (9.26)，定理 9.3 分析了误差系统［式 (9.9) 和式 (9.10)］以及滑动模态［式 (9.23) 和式 (9.25)］的输入-状态稳定性。尽管根据定理 9.2，Lyapu-nov 函数 (9.26) 沿着闭环系统状态轨迹不一定是单调递减的，但根据定理 9.3，在可接受的攻击上限内，误差系统［式 (9.9) 和式 (9.10)］以及滑动模态［式 (9.23) 和式 (9.25)］的输入-状态稳定性可以得到保证。

由于定理 9.3 中的条件 (9.27)、(9.28) 是非线性的，很难用已有的软件包直接求解。下面给出基于线性矩阵不等式的稳定性条件。

定理 9.4 对于给定的满足条件 (9.39) 的参数 $\alpha_1>0$、$\alpha_2>0$、$\lambda_1>1$、$\lambda_2>1$ 和 $\rho^*>0$，如果存在矩阵 $\boldsymbol{W}_1>0$、$\boldsymbol{W}_2>0$、$\boldsymbol{Q}>0$、$\boldsymbol{Z}>0$、$\boldsymbol{F}_j$、$\boldsymbol{Y}_i^{(1)}$、$\vec{\boldsymbol{Y}}_i^{(2)}$ 和 $\vec{\boldsymbol{H}}_i$ 满足条件 (9.40) 以及

$$\hat{\boldsymbol{\Xi}}_{ii}<0,\quad \forall i \tag{9.54}$$

$$\hat{\boldsymbol{\Xi}}_{ij}+\hat{\boldsymbol{\Xi}}_{ji}<0,\quad \forall j>i \tag{9.55}$$

$$\hat{\boldsymbol{\Pi}}_{ii}<0,\quad \forall i \tag{9.56}$$

$$\hat{\boldsymbol{\Pi}}_{ij}+\hat{\boldsymbol{\Pi}}_{ji}<0,\quad \forall j>i \tag{9.57}$$

其中，

$$\hat{\boldsymbol{\Xi}}_{ij}\overset{\text{def}}{=}\begin{bmatrix}\hat{\boldsymbol{\Xi}}_{ij}^{11} & * \\ \hat{\boldsymbol{\Xi}}_{ij}^{21} & \hat{\boldsymbol{\Xi}}_{ij}^{22}\end{bmatrix},\quad \hat{\boldsymbol{\Pi}}_{ij}\overset{\text{def}}{=}\begin{bmatrix}\hat{\boldsymbol{\Pi}}_{ij}^{11} & * \\ \hat{\boldsymbol{\Pi}}_{ij}^{21} & \hat{\boldsymbol{\Pi}}_{ij}^{22}\end{bmatrix},$$

$$\hat{\boldsymbol{\Xi}}_{ij}^{11}\overset{\text{def}}{=}\begin{bmatrix}He(\boldsymbol{A}_i\boldsymbol{Z}+\boldsymbol{B}_i\boldsymbol{F}_j)+\alpha_1\boldsymbol{Z} & * \\ b^2\boldsymbol{C}^{\mathrm{T}}\boldsymbol{C}\boldsymbol{Z} & He(\boldsymbol{W}_1\boldsymbol{A}_i-\boldsymbol{Y}_i^{(1)}\boldsymbol{C})+\alpha_1\boldsymbol{W}_1+b^2\boldsymbol{C}^{\mathrm{T}}\boldsymbol{C}\end{bmatrix},$$

$$\hat{\boldsymbol{\Xi}}_{ij}^{21}\overset{\text{def}}{=}\begin{bmatrix}b\boldsymbol{C}\boldsymbol{Z} & 0 \\ 0 & \boldsymbol{W}_1 \\ 0 & \boldsymbol{B}_i^{\mathrm{T}}\boldsymbol{W}_1\end{bmatrix},\quad \hat{\boldsymbol{\Xi}}_{ij}^{22}\overset{\text{def}}{=}-\mathrm{diag}\{\boldsymbol{I},\boldsymbol{Q},\boldsymbol{I}\},$$

$$\hat{\boldsymbol{\Pi}}_{ij}^{11}\overset{\text{def}}{=}\begin{bmatrix}He(\boldsymbol{A}_i\boldsymbol{Z}+\boldsymbol{B}_i\boldsymbol{F}_j)-\alpha_2\boldsymbol{Z} & * \\ \vec{\boldsymbol{Y}}_i^{(2)}+\vec{\boldsymbol{H}}_i+b^2\boldsymbol{C}^{\mathrm{T}}\boldsymbol{C}\boldsymbol{Z} & He(\boldsymbol{W}_2\boldsymbol{A}_i)-\alpha_2\boldsymbol{W}_2+b^2\boldsymbol{C}^{\mathrm{T}}\boldsymbol{C}\end{bmatrix},$$

$$\hat{\boldsymbol{\Pi}}_{ij}^{21}\overset{\text{def}}{=}\begin{bmatrix}b\boldsymbol{C}\boldsymbol{Z} & 0 \\ 0 & \boldsymbol{W}_2 \\ 0 & \boldsymbol{B}_i^{\mathrm{T}}\boldsymbol{W}_2\end{bmatrix},\ \hat{\boldsymbol{\Pi}}_{ij}^{22}\overset{\text{def}}{=}-\mathrm{diag}\{\boldsymbol{I},\boldsymbol{Q},\boldsymbol{I}\},\ \vec{\boldsymbol{H}}_i\overset{\text{def}}{=}\boldsymbol{W}_2\boldsymbol{L}_i^{(1)}\boldsymbol{C}\boldsymbol{Z}-\vec{\boldsymbol{Y}}_i^{(2)}$$

那么，误差系统［式 (9.9)、式 (9.10)］和滑模动态［式 (9.23)、式 (9.25)］输入-状态稳定。同时，控制器和观测器增益分别为 $\boldsymbol{K}_j=\boldsymbol{F}_j\boldsymbol{Z}^{-1}$ 和 $\boldsymbol{L}_i^{(0)}=\boldsymbol{W}_1^{-1}\boldsymbol{Y}_i^{(1)}$。

证明:

显然，只需证明条件 (9.54) ～ (9.57) 能够保证定理 9.3 中的条件 (9.27)、(9.28) 成立。

如果条件 (9.54)、(9.55) 成立，则有

$$\sum_{i=1}^{\lambda}\sum_{j=1}^{\lambda}w_i(\hat{\boldsymbol{x}}(t))w_j(\hat{\boldsymbol{x}}(t))\hat{\boldsymbol{\Xi}}_{ij}$$

$$=\sum_{i=1}^{\lambda}w_i^2(\hat{\boldsymbol{x}}(t))\hat{\boldsymbol{\Xi}}_{ii}+\sum_{i=1}^{\lambda}\sum_{j>i}w_i(\hat{\boldsymbol{x}}(t))w_j(\hat{\boldsymbol{x}}(t))(\hat{\boldsymbol{\Xi}}_{ij}+\hat{\boldsymbol{\Xi}}_{ji})<0 \tag{9.58}$$

令 $\boldsymbol{Z}\overset{\text{def}}{=}(\boldsymbol{D}^{\mathrm{T}}\boldsymbol{P}\boldsymbol{D})^{-1}$，注意到 $\boldsymbol{F}_j=\boldsymbol{K}_j\boldsymbol{Z}$，$\boldsymbol{Y}_i^{(1)}=\boldsymbol{W}_1\boldsymbol{L}_i^{(0)}$，根据式 (9.58) 容易得到式 (9.27)。

类似于式 (9.58) 的证明，当条件 (9.56)、(9.57) 成立时有

$$\sum_{i=1}^{\lambda}\sum_{j=1}^{\lambda} w_i(\hat{\boldsymbol{x}}(t))w_j(\hat{\boldsymbol{x}}(t))\hat{\boldsymbol{\Pi}}_{ij} < 0 \tag{9.59}$$

令 $\boldsymbol{W}_2\boldsymbol{L}_i^{(1)}\boldsymbol{CZ} \overset{\text{def}}{=} \vec{\boldsymbol{Y}}_i^{(2)} + \vec{\boldsymbol{H}}_i$，利用不等式 (9.59) 容易得到式 (9.28)。证毕。

通过求解条件 (9.54) ～ (9.56)，可以得到矩阵变量 $\boldsymbol{Z}$、$\boldsymbol{W}_2$、$\vec{\boldsymbol{Y}}_i^{(2)}$ 和 $\vec{\boldsymbol{H}}_i$。根据关系式 $\vec{\boldsymbol{H}}_i=\boldsymbol{W}_2\boldsymbol{L}_i^{(1)}\boldsymbol{CZ}-\vec{\boldsymbol{Y}}_i^{(2)}$，观测器增益 $\boldsymbol{L}_i^{(1)}$ 可由下式得到：

$$\begin{bmatrix} -\varsigma\boldsymbol{I} & \vec{\boldsymbol{H}}_i+\vec{\boldsymbol{Y}}_i^{(2)}-\boldsymbol{W}_2\boldsymbol{L}_i^{(1)}\boldsymbol{CZ} \\ * & -\boldsymbol{I} \end{bmatrix} < 0 \tag{9.60}$$

其中，ς 为充分小的正标量。

作为总结，下面给出估计器［式 (9.6)、式 (9.7)］和控制器［式 (9.15)、式 (9.16)］的求解算法：

步骤 1. 设定满足条件 (9.39) 的参数 $\alpha_1>0$、$\alpha_2>0$、$\lambda_1>1$、$\lambda_2>1$、$\rho^*>0$ 并且求解不等式 (9.54) ～ (9.57)。如果找到可行解，转向步骤 2；否则，修改这些参数。

步骤 2. 得到矩阵 $\boldsymbol{W}_1$、$\boldsymbol{W}_2$、$\boldsymbol{Q}$、$\boldsymbol{Z}$、$\boldsymbol{F}_j$、$\boldsymbol{Y}_i^{(1)}$、$\vec{\boldsymbol{Y}}_i^{(2)}$ 和 $\vec{\boldsymbol{H}}_i$、$\boldsymbol{K}_j=\boldsymbol{F}_j\boldsymbol{Z}^{-1}$、$\boldsymbol{L}_i^{(0)}=\boldsymbol{W}_1^{-1}\boldsymbol{Y}_i^{(1)}$。

步骤 3. 给定很小的正标量 ς，求解式 (9.60)，得到 $\boldsymbol{L}_i^{(1)}$。

步骤 4. 得到估计器［式 (9.6)、式 (9.7)］和控制器［式 (9.15)、式 (9.16)］。

9.4 仿真实例

考虑由如下方程描述的单连杆机械手：

$$J\ddot{q}+G\dot{q}+N\sin q=v \tag{9.61}$$

$$L\dot{v}+Rv=u(t)-F\dot{q} \tag{9.62}$$

其中，q、$\dot{q}$ 和 $\ddot{q}$ 分别表示连杆的位置、速度和加速度；$u(t)$ 为控制输入；$N\in[N_1,N_2]$ 为连杆上不确定的重力，$N_1=0.5$，$N_2=1.5$。其他参数见表 9.1。

表9.1　模型［式(9.61)、式(9.62)］中的符号说明

符号	物理意义	取值
v	转矩	2N·m
J	机械惯量	$1\text{kg}\cdot\text{m}^2$
G	关节处的黏性摩擦系数	1N·m·s/rad
F	反电动势系数	0.2N·m/A
R	电枢电阻	1Ω
L	电感系数	0.1H

令 $x_1(t)=q$，$x_2(t)=\dot{q}$ 以及 $x_3(t)=\ddot{q}$，系统［式(9.61)、式(9.62)］的状态空间方程为：

$$\begin{bmatrix}\dot{x}_1(t)\\ \dot{x}_2(t)\\ \dot{x}_3(t)\end{bmatrix}=\begin{bmatrix}0 & 1 & 0\\ -\dfrac{N}{J}\dfrac{\sin(x_1(t))}{x_1(t)} & -\dfrac{G}{J} & \dfrac{1}{J}\\ 0 & -\dfrac{F}{L} & -\dfrac{R}{L}\end{bmatrix}\begin{bmatrix}x_1(t)\\ x_2(t)\\ x_3(t)\end{bmatrix}+\begin{bmatrix}0\\ 0\\ \dfrac{1}{L}\end{bmatrix}u(t)$$

假设 $-179.4270°\leqslant x_1(t)\leqslant 179.4270°$，非线性函数 $f(x)\overset{\text{def}}{=\!=}-N\dfrac{\sin(x_1(t))}{x_1(t)}$ 满足 $f(x)\in[f_{\min},f_{\max}]$，其中，$f_{\min}=-N_2$，$f_{\max}=-\theta N_1$，$\theta=0.01/\pi$。求解方程

$$\begin{cases}f(x)=f_{\min}h_1(x_1(t))+f_{\max}h_2(x_1(t))\\ h_1(x_1(t))+h_2(x_1(t))=1\end{cases}$$

可得

$$h_1(x_1(t))=\begin{cases}\dfrac{f_{\max}+N\dfrac{\sin(x_1(t))}{x_1(t)}}{f_{\max}-f_{\min}}, & x_1(t)\neq 0\\ 1, & x_1(t)=0\end{cases}$$

$$h_2(x_1(t))=\begin{cases}\dfrac{-N\dfrac{\sin(x_1(t))}{x_1(t)}-f_{\min}}{f_{\max}-f_{\min}}, & x_1(t)\neq 0\\ 0, & x_1(t)=0\end{cases}$$

选择上、下隶属度函数为：

$$\bar{h}_1(x_1(t))=\begin{cases}\dfrac{f_{\max}+N_2\dfrac{\sin(x_1(t))}{x_1(t)}}{f_{\max}-f_{\min}}, & x_1(t)\neq 0\\ 1, & x_1(t)=0\end{cases}$$

$$\underline{h}_1(x_1(t))=\begin{cases}\dfrac{f_{\max}+N_1\dfrac{\sin(x_1(t))}{x_1(t)}}{f_{\max}-f_{\min}}, & x_1(t)\neq 0\\ 1, & x_1(t)=0\end{cases}$$

$$\bar{h}_2(x_1(t))=\begin{cases}\dfrac{-N_1\dfrac{\sin(x_1(t))}{x_1(t)}-f_{\min}}{f_{\max}-f_{\min}}, & x_1(t)\neq 0\\ 0, & x_1(t)=0\end{cases}$$

$$\underline{h}_2(x_1(t))=\begin{cases}\dfrac{-N_2\dfrac{\sin(x_1(t))}{x_1(t)}-f_{\min}}{f_{\max}-f_{\min}}, & x_1(t)\neq 0\\ 0, & x_1(t)=0\end{cases}$$

单连杆机械手的模糊规则为：

系统规则 1：如果 $x_1(t)$ 是“大约 0 rad”，那么

$$\dot{\boldsymbol{x}}(t)=\boldsymbol{A}_1\boldsymbol{x}(t)+\boldsymbol{B}_1u(t)$$

系统规则 2：如果 $x_1(t)$ 是“大约 π rad 或 −π rad”，那么

$$\dot{\boldsymbol{x}}(t)=\boldsymbol{A}_2\boldsymbol{x}(t)+\boldsymbol{B}_2u(t)$$

其中，

$$\boldsymbol{A}_1=\begin{bmatrix}0 & 1 & 0\\ -\dfrac{N_2}{J} & -\dfrac{G}{J} & \dfrac{1}{J}\\ 0 & -\dfrac{F}{L} & -\dfrac{R}{L}\end{bmatrix},\ \boldsymbol{A}_2=\begin{bmatrix}0 & 1 & 0\\ -\theta\dfrac{N_1}{J} & -\dfrac{G}{J} & \dfrac{1}{J}\\ 0 & -\dfrac{F}{L} & -\dfrac{R}{L}\end{bmatrix},\boldsymbol{B}_2=\boldsymbol{B}_1=\begin{bmatrix}0\\ 0\\ \dfrac{1}{L}\end{bmatrix}$$

于是，得到单连杆机械手系统［式 (9.61)、式 (9.62)］的区间二型 T-S 模糊模型：

$$\dot{\boldsymbol{x}}(t)=\sum_{i=1}^{2}h_i(x_1(t))\ [\boldsymbol{A}_i\boldsymbol{x}(t)+\boldsymbol{B}_i(u(t)+\boldsymbol{\phi}(t,\boldsymbol{x}(t)))]$$

$$\boldsymbol{y}(t)=\boldsymbol{C}\boldsymbol{x}(t)$$

其中，外部干扰 $\boldsymbol{\phi}(t,\boldsymbol{x}(t))=0.01\sin(t)$。

假设单连杆机械手系统状态信息不可测，同时，系统输出信号可能受到间歇性的 DoS 攻击，式 (9.39) 中攻击相关参数为：$\alpha_1=3$，$\alpha_2=2$，$\lambda_1=1.2$，$\lambda_2=2$，$\rho^*=0.8855$，$\tau_a=1$，$\mathcal{T}=3$。式 (9.8) 中上、下隶属度函数的系数设为 $\underline{a}_i(\hat{x}_1(t))=\tanh(\hat{x}_1^2(t))$，$\overline{a}_i(\hat{x}_1(t))=1-\underline{a}_i(\hat{x}_1(t))$。

下面设计滑模控制器［式 (9.15)、式 (9.16)］保证 DoS 攻击下单连杆机械手的输入-状态稳定。根据第 9.3.2 节中的求解算法，可得

$$\boldsymbol{K}_1=[-8.0067\quad -4.9521\quad -0.3529],\ \boldsymbol{K}_2=[-9.3618\quad -5.8237\quad -0.5478],$$

$$\boldsymbol{L}_1^{(0)}=[5.8277\quad 9.6165\quad -10.7785]^{\mathrm{T}},\ \boldsymbol{L}_2^{(0)}=[5.8277\quad 11.1133\quad -10.7785]^{\mathrm{T}},$$

$$\boldsymbol{L}_1^{(1)}=10^{-5}[0.7731\quad 0.4982\quad 0.0633]^{\mathrm{T}},\ \boldsymbol{L}_2^{(1)}=[0\quad 0\quad 0]^{\mathrm{T}}。$$

注意到观测器增益 $\boldsymbol{L}_1^{(1)}$ 和 $\boldsymbol{L}_2^{(1)}$ 非常小。这说明当攻击发生时，估计器［式 (9.7)］中的第三项 $-\boldsymbol{L}_i^{(1)}\boldsymbol{C}\hat{\boldsymbol{x}}(t)$ 和滑模控制器［式 (9.16)］中的第二项 $\boldsymbol{D}^{-1}(w)\sum_{i=1}^{\lambda}w_i(\hat{\boldsymbol{x}}(t))\boldsymbol{D}\boldsymbol{L}_i^{(1)}\boldsymbol{C}\hat{\boldsymbol{x}}(t)$ 基本不起作用。

当 $N=N_2$，$\boldsymbol{x}(0)=\left[\dfrac{2\pi}{3}\quad 0\quad 0\right]^{\mathrm{T}}$，$\hat{\boldsymbol{x}}(0)=\left[-\dfrac{2\pi}{3}\quad 0\quad 0\right]^{\mathrm{T}}$ 时，仿真结果如图 9.1 ～图 9.3 所示。为减轻抖震现象，用 $\|\boldsymbol{D}(\boldsymbol{w})s(t)\|/(\|\boldsymbol{D}(\boldsymbol{w})s(t)\|+0.01)$ 代替控制器［式 (9.15)、式 (9.16)］中的项 $\mathrm{sgn}(\boldsymbol{D}(\boldsymbol{w})s(t))$。黄色区域表示 DoS 攻击发生的时间区间。仿真结果显示，当发生攻击时，虽然 Lyapunov 函数值可能增加，但单连杆机械手的输入-状态稳定性依然能够保证。

为了说明攻击的影响，考虑变化攻击信号中 $\mathcal{T}$ 的值，当 $\mathcal{T}=2$ 时，图 9.4 ～图 9.5 给出了状态 $\boldsymbol{x}(t)$、误差 $\boldsymbol{e}(t)$、滑模函数 $s(t)$、控制输入 $u(t)$ 的曲线。仿真结果显示，当 $\mathcal{T}$ 的值减小，即攻击占总时长的比例 $\dfrac{1}{\mathcal{T}}$ 增加，收敛速度将会变慢。

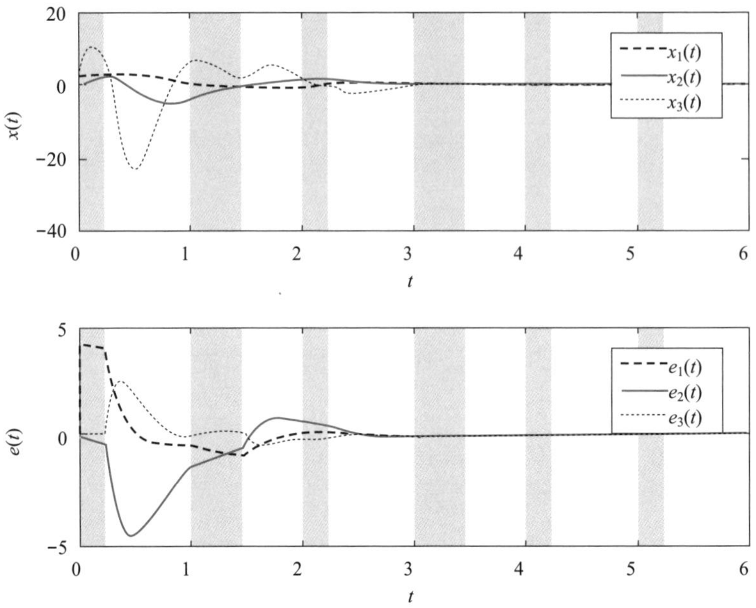

图 9.1　$\mathcal{T}=3$ 时 $\boldsymbol{x}(t)$ 和 $\boldsymbol{e}(t)$ 的变化曲线

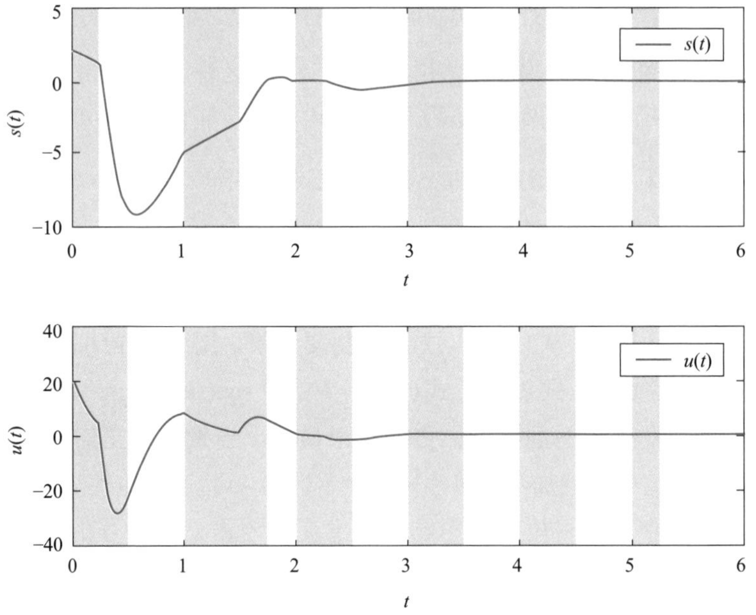

图 9.2　$\mathcal{T}=3$ 时 $\boldsymbol{s}(t)$ 和 $\boldsymbol{u}(t)$ 的变化曲线

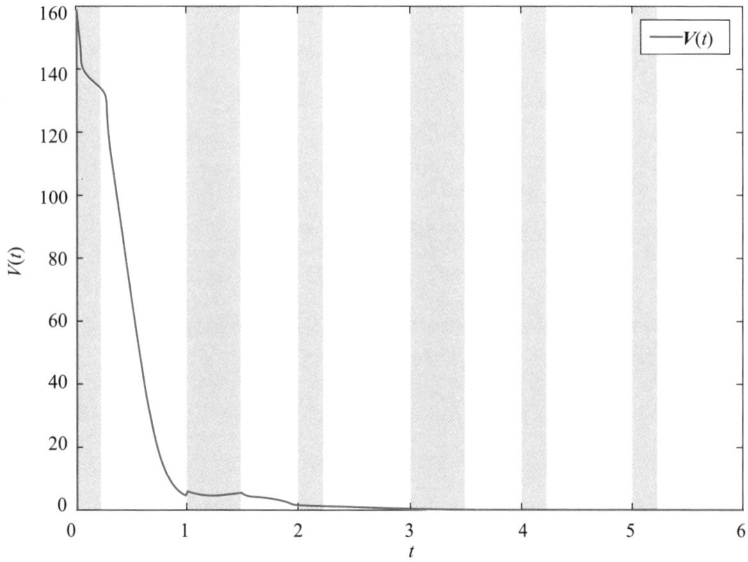

图 9.3 $\mathcal{T}=3$ 时 Lyapunov 函数 $\boldsymbol{V}(t)$ 的变化曲线

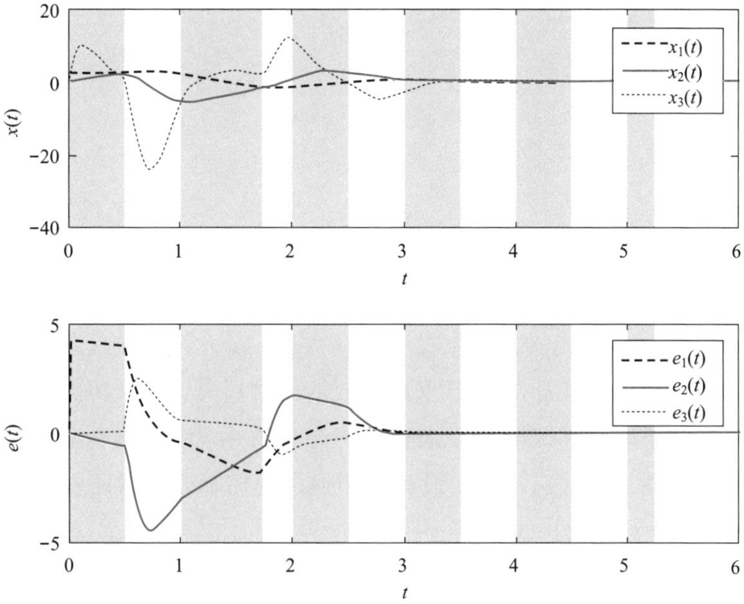

图 9.4 $\mathcal{T}=2$ 时 $\boldsymbol{x}(t)$ 和 $\boldsymbol{e}(t)$ 的变化曲线

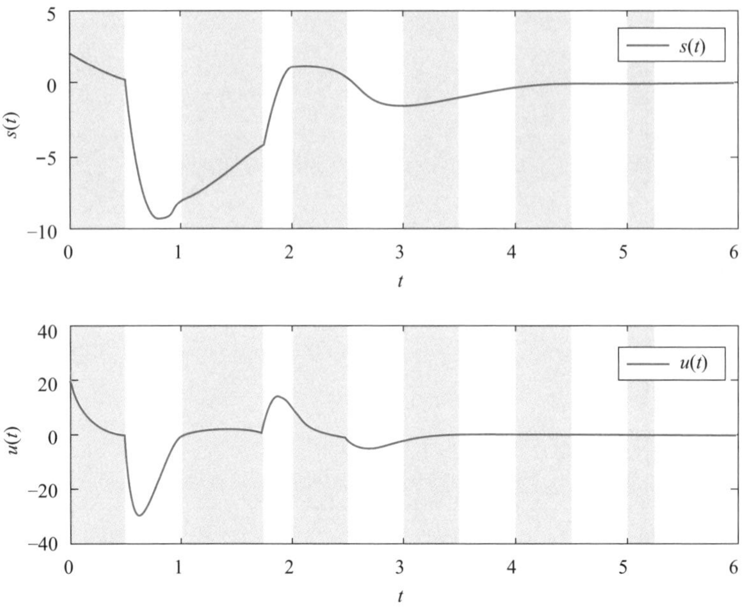

图 9.5　$\mathcal{T}=2$ 时 $\boldsymbol{s}(t)$ 和 $\boldsymbol{u}(t)$ 的变化曲线

9.5 本章小结

本章研究了间歇 DoS 攻击下区间二型 T-S 模糊系统的滑模控制问题。根据 DoS 攻击发生与未发生两种状态，设计了切换状态估计器估计不可测的状态，并补偿 DoS 攻击造成的测量损失。基于切换 Lyapunov 函数，建立了闭环系统输入-状态稳定的充分条件。考虑到攻击发生与未发生时控制器可用信息不同，设计了切换滑模控制律，保证了指定滑模面的可达性。

参考文献

Chen X, et al, 2018. Event-based robust stabilization of uncertain networked control systems under quantization and denial-of-service attacks. Information Sciences, 459: 369-386.

De Persis C, et al, 2015. Input-to-state stabilizing control under denial-of-service. IEEE Transactions on Automatic Control, 60(11): 2930-2944.

Ge H, et al, 2019. Security control of networked T-S fuzzy system under intermittent DoS jamming attack with event-Based predictor. International Journal of Fuzzy Systems, 21(3): 700-714.

Wu C, et al, 2020. Active defense-based resilient sliding mode control under denial-of-service attacks. IEEE Transactions on Information Forensics and Security,15: 237-249.